地统计学在海洋渔业中的应用

陈新军　方学燕　杨铭霞　冯永玖　贾涛　著

科学出版社

北　京

内 容 简 介

地统计学是在大量理论研究工作基础上形成的一门新的统计学分支。地统计学应用在海洋渔业上，一方面可以探讨其空间分布的异质性及自相关性，其次可对资源丰度空间分布、热点区域和中心渔场进行预测。本书共分 4 章：第 1 章为地统计学的基本概念及其在海洋渔业中的应用现状；第 2 章为东南太平洋茎柔鱼种群结构及其空间异质性分析，采用地统计学中空间异质性理论对茎柔鱼种群结构及其空间异质性进行分析；第 3 章基于地统计学的理论和方法开展秘鲁外海茎柔鱼资源的空间分布特征及变异机理研究；第 4 章为基于地统计学的西北太平洋柔鱼资源丰度空间变异研究。

本书可供应用数学、海洋生物、水产和渔业研究等专业的科研人员，高等院校师生及从事相关专业生产、管理部门的工作人员使用和阅读。

审图号:GS(2019)64 号

图书在版编目(CIP)数据

地统计学在海洋渔业中的应用 / 陈新军等著.—北京:科学出版社, 2019.6
ISBN 978-7-03-061346-2

Ⅰ.①地… Ⅱ.①陈… Ⅲ.①地质统计学-应用-海洋渔业 Ⅳ.①S975

中国版本图书馆 CIP 数据核字 (2019) 第 107554 号

责任编辑：韩卫军 / 责任校对：彭 映
责任印制：罗 科 / 封面设计：墨创文化

科学出版社出版
北京东黄城根北街16号
邮政编码：100717
http://www.sciencep.com

成都锦瑞印刷有限责任公司印刷
科学出版社发行 各地新华书店经销
*
2019 年 6 月第 一 版 开本：720×1000 B5
2019 年 6 月第一次印刷 印张：12 1/2
字数：250 000

定价：98.00 元

本书得到国家自然科学基金项目(NSFC41276156)、“双一流”学科、上海市高峰学科Ⅰ类(水产学)的资助

前　　言

地统计学是以具有空间分布特点的区域化变量理论为基础，研究自然现象的空间变异与空间结构的一门学科。地统计学最早于 1985 年被引入渔业研究领域，最初用于分析渔业数据和进行生物量估计，之后在估计鱼类资源丰度、渔业调查和评估、空间异质性及群体分布结构研究等方面得到广泛应用。地统计学相对于传统的统计来说，明显的优势在于基于空间自相关的计算建模与估值分析。地统计学在海洋渔业的应用，首先可以探讨其空间分布的异质性及自相关性，其次可以对其资源丰度空间分布进行预测，甚至更可以对其资源量进行评估，也可以用来预测热点区域和中心渔场。近年来，上海海洋大学大洋渔业资源可持续开发省部共建教育部重点实验室和陈新军教授研究团队，利用多年来的科学研究成果，组织有关研究人员对地统计学在海洋渔业中的应用成果进行总结，为地统计学在国内海洋渔业领域的广泛应用提供技术支撑。

本书共分 4 章。第 1 章为地统计学的基本概念及其在海洋渔业中的应用现状；第 2 章为东南太平洋茎柔鱼种群结构及其空间异质性分析，利用智利、哥斯达黎加、秘鲁外海海域多年的茎柔鱼资源探捕调查数据，依据茎柔鱼外部形态、角质颚及耳石形态特征数据，采用地统计学中空间异质性理论对茎柔鱼种群结构及其空间异质性进行分析；第 3 章为基于地统计学的秘鲁外海茎柔鱼资源分布的初步研究，以我国鱿钓生产统计数据为基础，基于地统计学的理论和方法，开展秘鲁外海茎柔鱼资源的空间分布特征及变异机理研究，掌握秘鲁外海茎柔鱼高产海域的分布规律，为渔业资源可持续开发与科学管理提供参考及理论支撑；第 4 章为基于地统计学的西北太平洋柔鱼资源丰度空间变异研究，采用地统计学方法，利用空间相关性、空间插值估计、变异函数分析、空间各向变异分析等计算手段，对西北太平洋柔鱼资源丰度的空间变化及规律进行了研究，同时结合海表温度等海洋环境因子对其差异及变化进行解释。

本书通读性好，实用性强。本书可为从事水生生物资源基础研究和应用研究的科学家提供新的研究方法和研究手段；同时也可作为渔业资源学、渔场学、渔情预报学等课程的参考教材。

由于时间仓促，覆盖内容广，国内同类参考资料较少，书中难免会存在一些疏漏。望各读者提出批评和指正。

作者

2018 年 8 月 8 日

目　　录

第1章　绪　　论

1.1　地统计学的基本概念

1.1.1　地统计学的概念

地统计学是以具有空间分布特点的区域化变量理论为基础，研究自然现象的空间变异与空间结构的一门学科。它是针对像矿产、资源、生物群落、地貌等有着特定的地域分布特征而发展的统计学，由于最先在地学领域应用，故称为地统计学。

地统计学的主要理论是法国著名统计学家 G. Matheron 创立的，经过不断完善和改进，目前已成为具有坚实理论基础和实用价值的数学工具。地统计学的应用范围十分广泛，不仅可以研究空间分布数据的结构性和随机性、空间相关性和依赖性、空间格局与变异，还可以对空间数据进行最优、无偏内插估计，以及模拟空间数据的离散性及波动性。地统计学由分析空间变异与结构的变异函数及其参数和空间局部估计的克里金(Kriging)插值法两个主要部分组成，目前已在地球物理、生态等领域应用。

1.1.2　地统计学的理论与方法

1.1.2.1　基本理论

地统计学处理的对象为区域化变量，即在空间分布的变量。通常一个区域化变量具有两个性质：①在局部的某一点，区域化变量的取值是随机的；②对整个区域而言，存在一个总体或平均的结构，相邻区域化变量的取值具有该结构所表达的相关关系。区域化变量的两大特点是随机性和结构性。基于此，地统计学引入随机函数及其概率分布模型为理论基础，对区域化变量加以研究。区域化变量可以看作是随机变量的一个现实(realization)。对于随机变量而言，必须在已知多个现实的前提下，才可以总结出其随机函数的概率分布。

而对地学数据来讲，往往我们只有一些采样点，它们可以看作随机变量的一个现实，所以也没有办法来推断整个概率分布情况。为此，必须制定一些假设，即平稳性假设，假定在某个局部范围内空间分布是均匀的。

地统计学的主要用途是研究对象空间自相关结构(或空间变异结构)的探测以及变量值的估计和模拟。不管哪一种用途，地统计学分析的核心是根据样本点来确定研究对象(某一变量)随空间位置而变化的规律，以此去推算未知点的属性值。这个规律，就是变异函数。通常，我们利用采样点及变异函数的计算公式得出样本点的实验变异函数，拟合后的曲线为经验变异函数。观察该变异函数的分布图像，寻找地统计学提供的某一种理论模型或者多个理论模型的线性组合进行拟合。常见的理论模型有：线性模型、球状模型、指数模型、高斯模型、幂指数模型等。

1.1.2.2 基本方法

运用地统计学进行空间分析基本包括以下几个步骤，即数据探索性分析，空间连续性的量化模型，未知点属性值的估计，对未知点局部及空间整体不确定性的预测。用户可根据自己的需要截止到中间某一项。数据探索性分析主要是通过频率分布图、散点图、位置图等对数据的统计分布特征做初步的考察，这个过程最容易发现的问题就是数据的集聚，以及异常点极值的出现。通常，可利用适当的变换，如对数变换来解决。

地统计学的研究方法包括局部估值(local estimation)、局部不确定性(local uncertainty)预测、随机模拟及多点地统计学四种。

1. 局部估值

局部估值是地统计学中最为传统的一种计算方法，最初应用于矿产部门，作为矿产储量计算的基本方法取得了相当丰硕的成果。在地统计学领域，克里金(Kriging)是局部估值的主要方法，它是大家公认的估计方法的总称。实际上，它也是一种广义的最小二乘回归算法，而其最优目标定义为误差的期望值为0，方差达到最小。包括简单克里金(simple Kriging)、普通克里金(ordinary Kriging)、趋势克里金(Kriging with a trend model)、因子克里金(factorial Kriging)、协同克里金(co Kriging)、块状克里金(block Kriging)等。

2. 局部不确定性预测

地统计学的估计功能主要是求得一个无偏的最优估值，同时给出每个估值的误差方差，用以表示其不确定性。

这种方法的优点是简单，只需要主变量之间的关联关系。但其缺点是：①认为误差的分布是对称的，但在实际情况中，低值区往往被高估，而高值区往往被低估。②认为误差的方差只依赖于真实值的形状，而不考虑具体每个值的影响，即所谓的同方差性。

实际上被一个大值和小值包围的点，其估值的误差一般要比被两个同规模小值包围估值点的误差要大。所以，应确实考虑所估计点周围样本点本身值的影响，即利用条件概率模型来推断不确定性。通常有两种方法：参数法(众高斯方法)和非参数方法(指示克里金方法)。

众高斯方法(multi Gaussian approach)：到目前为止，这是应用最广泛的参数化方法。它假定所研究区域的概率分布可以用一个统一的公式表达，最终的概率依赖于相关参数。对应于众高斯方法，即是均值和方差。我们利用克里金方法来估计这两个参数，同时利用光滑样本点频率分布图方式来平滑、增加其概率分布函数。

众高斯方法要求多点分布必须是标准正态，该方法未考虑极大值与极小值间的关联。对于样本点的指示变异函数不支持双高斯分布，或者作为关键的辅助信息与主变量之间不满足众高斯分布的情况，这时就需要采用指示克里金方法。

指示克里金(indicator Kriging)：利用指示克里金方法估计未知点的不确定性，首要的一步是将各种来源的信息进行指示编码。即利用不同的阈值将原数据分为大小合适的间隔，考虑该间隔内点的关联关系及其不同的关联之间的关系。这样，就有效地解决了众高斯方法的缺点。

3. 随机模拟

根据随机变量的定义，每个变量可以有多个现实，也就是说每个未知点的估值可以有多种情况，但前提是总体趋势的正确性，这种方法就是随机模拟(simulation)。随机模拟可以利用各种不同类型数据(如“硬”的采样点数据，“软”的地震数据)再现已知的空间格局。“硬数据”指在采样点精确测量的变量值，“软数据”指关于该变量各种类型的间接测量值。随机模拟可以生成众多的现实，每一个现实展现同一种格局。在单变量分布模型中，通过随机变量的系列结果来统计其不确定性，与此类似，一系列随机产生的现实，可以作为模型的输入，也可以表达输出结果的不确定性。这些随机现实是等概率的，即没有哪一个现实是最好的。

4. 多点地统计学

多点地统计学(multi-point geostatistics)的发展主要得益于地统计学在石油领域的应用。早期，地统计学多用于煤炭问题，通过块状估值得出可开采储量。

但在对石油储区的研究中，人们发现单纯的某个点的渗透性是没有意义的，应该以流的观点来看待渗透性问题。这就使得对渗透性的连通性或其空间格局的量化比得到某局部点的精确值更为重要，而不是光滑的估计。传统的地统计学借助于煤炭科学的思想，利用变异函数来量化空间格局。但变异函数只能度量空间上两个点之间的关联，所以表现空间格局有很大的局限性。对于关联性很强的情况，或所研究对象具备较为明显的曲线特征，这时要想量化其空间格局需要包含多个空间点。在图像分析中，通过多点模板或者窗口来量化其格局。意识到变异函数在表达地质连续性上的局限性后，地统计学家开始将图像分析中的思路借鉴过来，一个新的领域在地统计学中升起：多点地统计学。

原本地统计学模拟包括认知和再现两部分。认知通过变异函数来完成，而再现通过序列高斯模拟的多个现实来完成。多点地统计学进一步改善了认知部分，即通过多个点的训练图像来取代变异函数，更有效地反映了研究目标的空间分布结构。而对于图像分析而言，它只注重认知部分，但没有再现功能。

多点地统计学的核心是训练图像。由于在地统计学中也出现过多点信息，但从未被量化过，而一般是将信息隐含后应用到具体问题模型中去。这种方法主要是由石油领域的问题引出，因此也主要应用在这个领域。

1.1.3　地统计学的应用

地统计学是统计的一类，用于分析和预测与空间或时空现象相关的值。它将数据的空间(在某些情况下为时态)坐标纳入分析中。最初，许多地统计学工具作为实用方法进行开发，用于描述空间模式和采样位置的插值。现在，这些工具和方法已得到了改进，不仅能够提供插值，还可以衡量所插入值的不确定性。衡量不确定性对于正确制定决策至关重要，因为其不仅提供插值的信息，还会提供每个位置的可能值(结果)的信息。地统计学分析也已从一元演化为多元，并提供了可用于补充(尽可能稀疏)主要感兴趣变量的辅助数据集的机制，从而可以构建更准确的插值和不确定性模型。

地统计学在科学和工程的许多领域中被广泛应用，例如：采矿行业在项目的若干方面应用地统计学，最初需量化矿物资源和评估项目的经济可行性，然后须每天使用可用的更新数据以确定哪种材料应输送到工厂以及哪种材料是废弃物。在环境科学中，地统计学用于评估污染级别以判断是否对环境和人身健康构成威胁，以及能否保证修复。在土壤科学领域中的应用则着重绘制土壤营养水平(氮、磷、钾等)和其他指标(例如导电率)，以便研究它们与作物产量的关系和规定田间每个位置的精确化肥用量。在气象领域的应用包括温度、降水量和相关的变量(例如酸雨)的预测。地统计学在公共健康领域也有一些应用，例如，预测环境污染程度及其与癌症发病率的关系。现在，地统计学在海洋渔业中也得到了重要应用。

1.2 空间异质性及其种群空间结构中的应用

空间异质性(spatial heterogeneity)在20世纪90年代生态学的研究中引起了科学家的广泛兴趣，是生态学家研究分析不同空间尺度的生态学系统过程和功能中最感兴趣的问题。空间异质性指系统或系统属性在空间上的变异性(variability)和复杂性(complexity)，包括系统属性的空间特征、空间相关和空间构型。系统属性是指生态学所包含的任何变量，如植被类型、生物量、种群密度、土壤氮含量等。变异性涉及系统属性的定量和数量描述，但复杂性要考虑系统属性的类型或定性描述。当测定系统属性的变异性和复杂性仅考虑结构特征，而不考虑功能作用时，空间异质性可称为结构异质性(structure heterogeneity)；同样，如果对测定的系统变异性和复杂性与生态学过程和功能关联分析时，可称为功能异质性(functional heterogeneity)。

空间异质性在生态学中，特别是景观生态学中是一个重要概念，它表征生物系统的主要属性，是形成空间景观格局的重要原因。研究认为空间异质性是限制干扰传播的重要因素，同时在生态系统的多样性及动态方面发挥作用。但对于空间异质性的定量分析，一直缺乏有效的方法(Li and Reyolds，1995)，尤其在空间异质性与生态学相关模型的耦合分析中。但关于空间异质性程度及变化的定量数据有助于我们改进相关的空间模型，同时有助于理解生态学的复杂变化过程及反馈的机制(Kirk et al.，1991)。

对于空间异质性的定量研究可从两个方面分析：首先是空间特征(spatial characteristics)，其次是空间比较(spatial comparison)。对空间特征分析主要运用数学方法，如信息指数、变异函数、分维数等，实现景观上某些属性的空间变异定量化。空间特征的研究有助于探测空间格局，并且可以对不同尺度的空间异质性程度及变化进行分析。将这些定量信息与实际观测值及生态学系统的模型结合，可有效解释观测的某种格局对生态学系统过程与功能的影响。空间比较是运用数学方法对景观属性的空间变异程度进行对比。在同一系统中观测同一变量在不同观测时间内的变动模式，然后对不同地点上的同一变量与不同系统之间的变量进行比较，最后在同一地点上建立不同变量之间的相关关系。Leadley等(1996)运用这种方法获得了归一化植被指数与生态系统中生物量间的关系，模拟预测了生物量的变化模式。

空间异质性分析在植物学、土壤学、森林学中已有广泛应用(Kirk et al.，1991；Leadley et al.，1996)。在渔业研究中，王政权(1999)对水生甲壳类动物种群，Addis 等(2009)对地中海海胆(*Paracentrotus lividus*)，Agostini 等(2008)对北太平洋梭鳕(*Merluccius productus*)，张寒野和胡芬(2005)对冬季东海太平洋褶柔鱼(*Todarodes pacificus*)进行了研究，通过空间异质性分析可以定量分析种群空间分布类型，解释种群结构形成机制。

1.3 地统计学在海洋渔业中的应用现状

地统计学是 20 世纪 60 年代发展起来的一门新兴的数学地质学科分支。20 世纪 40 年代末期，一些地质学家在对地质矿产资源进行定量估计和评价时发现，经典统计学没有考虑到地质样品或块段体积的大小，没有考虑到品位的空间变化特征，也没有考虑到品位之间的空间相关性及估计精度的概念，因而在地质估计和评价方面存在许多不能克服的缺陷(王仁铎和胡光道，1987)。后来法国著名学者 G. Matheron 教授创立了以“克里金”为核心的计算方法，之后很多学者将不同阶段的地统计学研究成果进行归纳整理，系统化后的地统计学才在土壤学、水资源研究等领域得以广泛应用。

地统计学以区域化变量理论为基础，由变异函数和克里金插值两部分组成，主要目的是对特定空间内的变量进行变异性建模，并基于此模型进行变量估值。其最早于 1985 年被引入渔业研究领域，最初用于分析渔业数据和进行生物量估计(Conan，1985)，之后在估计鱼类资源丰度(Pelletier and Parma，1994；Maynou et al.，1998)、渔业调查和评估(Petitgas，2001；Addis et al.，2012)、空间异质性及群体分布结构研究(Barange and Hampton，1997)等方面的应用较为广泛。

相对传统的统计学，地统计学明显的优势在于基于空间自相关的计算建模与估值分析。自然界中的所有生物都不是独立存在的，个体与个体之间、个体与周围环境之间，相互影响无处不在。牵一发而动全身的原理在地统计学这门学科中得到很好的量化诠释，地统计学可以弥补传统统计学随机独立性假设的局限性，有助于用普遍联系的方法解决问题。将地统计学应用到海洋渔业中，一来可以探讨其空间分布的异质性及自相关性，二来可以对其资源丰度空间分布进行预测，甚至可以对其资源量进行评估，也可以用来预测热点区域和中心渔场。

1.3.1 定量区域化变量的空间相关性

区域化变量的空间相关性分析在渔业中已有所应用，如国外学者 Grados 等(2012)将地统计学应用到秘鲁沿海氧跃层深度、大型浮游动物和饵料鱼的多尺度空间关系分析中；Stelzenmüller 等(2006)应用地统计学方法探讨不同类型的渔具是否对德国海湾比目鱼中尺度空间分布有影响，对由不同渔具捕获的渔获物的相关数据进行空间结构分析，结果显示均存在空间自相关。国内学者 Lin 等(2011)尝试用地统计学研究日本秃头鲨全年空间的分布，探讨了水层空间变化和经向的空间尺度对资源分布的依赖性，研究表明日本秃头鲨在其研究水域内四季呈现密度等级分布。苏奋振等(2004)运用空间自相关指数分析东海区底层及近底层鱼类资源的空间自相关性，结果表明其空间分布具有中等自相关特性，空间变异中由随机引起的变异大于由空间相关尺度过程引起的变异。

1.3.2 空间插值或估计

地统计学方法中，克里金插值技术的一个突出特点是在空间相关分析基础上对未取样点的插值和估值，估计预测邻近点的分布情况，并且能利用调查到的信息有效避免系统误差(程�，2009)。国外一些学者将此技术应用到海洋生物资源分布的研究中，Vining 等(2001)用普通克里金插值法对白令海扁足拟石蟹的资源分布和资源量进行了分析，并将 1995 年和 1998 年的情况做了比较；Guillemette 等(2011)应用普通克里金插值法研究玛格丽特河部分河段的热体质特性，以探索热带鱼类所需最大和最小的适应温度值；Maynou 等(1998)应用普通克里金插值法绘制出了地中海西北部底栖资源量分布图，并根据资源分布图确定了达到商业开发水平的资源分布区域；Palialexis 等(2011)将普通克里金法与人工神经网络方法相结合，预测鱼类资源的分布情况。

利用克里金插值方法可以对渔获量数据进行插值，在此基础上进行资源总量或空间位置的估计。例如 Simard 等(1992)利用普通克里金法估计加拿大北方长额虾(*Pandalus borealis*)的资源量并绘制其空间分布，Monestieza 等(2006)使用地统计学方法对地中海西北部长须鲸(*Balaenoptera physalus*)的空间分布进行预测。冯永玖等(2014a)以 2007 年和 2010 年西北太平洋柔鱼(*Ommastrephes bartramii*)渔业的原始生产统计数据为基础，对西北太平洋柔鱼资源空间分布及其变动进行了研究，认为 2007 年西北太平洋柔鱼渔场的形成受温度和海流的影响，2010 年整个西北太平洋柔鱼渔场受亲潮势力影响。

1.3.3 变异函数分析

在渔业资源评估中，国内外学者在地统计学变异函数模型的基础上对鱼类种群的资源分布进行了计算。Rueda 等(2003)应用地统计学提供的变异函数模型对哥伦比亚某河口潟湖中的多种鱼类资源进行了计算，对资源的空间种群结构大小和经济开发可能性做出了评估；张寒野等(2005)以变异函数为工具，分析带鱼和7种小型鱼类(黄鲫、棘头梅童鱼、鳄齿鱼、六丝钝尾虎鱼、发光鲷、七星底灯鱼和细条天竺鲷)的空间异质性及其空间关系。结果表明，带鱼的变异函数曲线与细条天竺鲷、六丝钝尾虎鱼和发光鲷的曲线极为相似，对不同距离的变异函数值进行相关分析，带鱼与上述三种小型鱼类均达到极显著相关水平($P<0.01$)。

Petitgas 和 Levenez(1996)对克里金理论及其在渔业中的应用进行了概括综述，Rivoirard 等(2008)介绍了其在渔业上的典型应用案例，并为资源评估提供指导。Petitgas 和 Levenez(1996)认为，变异函数的变程和基台值分别与取样单位区域中浮游群体的聚集数量和规模大小有关，变程可以用来描述底栖和浮游鱼类群体的聚集范围(Sullivan，1991；Petitgas，1993)。Maravelias 等(1996)认为，不同的变程值代表不同的大西洋鲱(*Clupea harengus*)的集群大小，中尺度值(12km)代表中尺度的鲱群体，较大的变程值(37km)代表较大的聚集范围。Bez 和 Rivoirard(2001)利用变异函数参数来描述大西洋鲐(*Scomber scombrus*)集群的空间结构，确定其与其他鱼类等浮游生物聚集空间尺度的区别。Simard 等(1992)采用空间自相关研究加拿大北方长额虾(*Pandalus borealis*)资源量的空间分布结构。张寒野和林龙山(2005)利用变异函数分析了东海带鱼(*Trichiurus aponicu*)与其中小型鱼类的空间相关性，从空间追随关系上确定带鱼的主要摄食对象。

1.3.4 空间各向变异分析

群落中物种的空间分布格局动态可以反映群落的演替阶段(王鑫厅等，2009)，空间各个方向上的变异性可以指示和判断群落的动态规律。苏奋振等(2003)对东海水域中上层鱼类资源进行空间变异分析，45°和135°方向上变异曲线斜率急剧变化，表明这两个方向上存在重要的环境动力过程；张寒野和胡芬(2005)计算冬季东海北部和南部太平洋褶柔鱼不同方向上的分维数，研究结果表明在东海北部和东海南部最高分维数分别为135°、90°及45°方向，结合环境因素分析，前者与东南—西北方向的黄海暖流和西—东方向的长江冲淡水一致，后者在此方向分布上的同质性与西南—东北方向的黑潮主干及台湾暖流相对应。

1.3.5 地统计学在海洋渔业中应用的优势

地统计学在海洋渔业研究中有较大的应用前景。地统计学方法提供了生物种群或群落空间结构上更为丰富的信息，包括生物群体的聚集程度、聚集范围、各向异性等。克里金插值法能对数据进行权重分析，为处理大量样本提供方便

(Petitgas，2001)。研究表明(Osse et al.，1997)，鱼类在生命最初阶段长度的绝对值迅速增加，体重的绝对值也呈正相关增加。随着年龄的增加，体长和体重的增加就减缓下来。对于长生命周期的鱼类来说，可采用大尺度年或几年为样本统计时间间隔，利用地统计学来研究渔场的空间分布结构以及预测渔场分布。而对于短生命周期的鱼类或头足类(王尧耕和陈新军，2005)来说，大多数中型和小型头足类的寿命为1～2年，亲体经繁殖后很快将会死亡，其生长速度很快，一些种类在半年后胴长即接近亲体长度(Akihiko et al.，1997)。因此，对于短生命周期的头足类来说，按小尺度月、旬或周作为采样时间间隔来评价其空间分布较为合理。地统计学空间协方差函数等也能识别离群值，可用来设计最优的采样方法(Robertson，1987；Rossi et al.，1992)。

地统计学中变异函数曲线的计算考虑了两种数据结构，一种是等间距的规则网格数据，另一种是非等间距的不规则网格数据(王政权，1999)。变异曲线可用来分析不同鱼类在不同环境下的空间异质性、空间自相关性(Petitgas，2001；张寒野和胡芬，2005)，亦可用于描述鱼类资源密度空间分布，比较各尺度时间上和空间上的资源丰度变异规律及动态趋势。结合各方位角度变异情况，可分析影响资源丰度分布各异的主次因素等。

地统计学还可提供预测图，海洋生物资源分布情况从图中可直观看到(Rossi et al.，1992)，此技术可应用于渔场资源分布研究及渔情预报中。鱼类及头足类等海洋生物具有洄游行为(Pedro et al.，2011)，一般分为生殖洄游、越冬洄游和索饵洄游。地统计学方法可用来研究产卵场、越冬场和索饵场中群体的空间分布特点，分析不同洄游阶段所具有的共性和特性，为渔业管理者提供禁渔期、禁渔区等管理上的信息支持。

在消化吸收国外先进理论方法的同时，国内许多高等院校和科研院所研制开发了一系列的统计学软件系统(林幼斌和杨文凯，2001)，使得地统计学的应用更加方便。在渔业领域的应用中，一般先将渔业数据进行标准化处理，在对实际数据进行交叉验证和精度分析后，通过地统计学软件可进行变异函数分析。此方法考虑已知点的空间分布及与未知点的空间方位关系，对未知点进行一种线性无偏最优估计，以此可制作鱼类资源分布图以及中心渔场预测图。

1.3.6　存在的问题

鱼类的生活环境是复杂多变的，单一物种在生长过程中会受环境因素、自然干扰、其他物种以及人类等的相互影响。而地统计学一般只考虑空间静态(王正军和李典谟，2002)，研究实时变化的生物群体时显得有些单一。之后发展起来的多点地统计学对高精度反映复杂非均质性特性情况做了改进，但在应用方面尚存在局限性(刘昱，2012)。

大尺度下采样点的数目、位置、方向和大小等(Trangmar et al.，1985；Webester，1985)问题是地统计学分析有力的前提条件，采样点过多会使成本增加，采样点过少将影响结果分析，把握和筛选采样点是提高空间结构分析效率的一个重要因素(Jean，1981)。特别考虑到海洋渔业在采样时遇到的困难，受海洋面积辽阔、海况复杂多变、采样技术有限等因素的限制，合理的采样设计可大大节省成本，并降低野外采样过程中可能会遇到的风险。因此，本书研究的一个最基础问题就是如何选择合适的空间研究尺度。

从理论上来看，地统计学没有严格用来判定空间变异性是否符合内蕴假设的标准，在半方差函数模型的选择上也存在太多的主观因素。选择模型不同，得到的结果可能是多样的，因此本书研究也需要分析柔鱼资源的空间结构特征采用哪种模型更为合适。

另外值得注意的是，通过地统计学方法计算得到的结果是否就能直接表达鱼类资源丰度空间上的变化差异呢？研究指出(Rossi et al.，1992)，地统计学不能代替合理的生态学推理过程，统计和地统计的结论必须有数据或生态理论的支持。比如，鱼类资源的分布情况与种群食物链或食物网有关，还需结合海洋环境因素(包括海表面温度、海表面盐度、海表面高度、叶绿素浓度、海流等)进行分析，进一步解释其空间变异的机理。

第2章　东南太平洋茎柔鱼种群结构及其空间异质性分析

2.1　科学问题与研究内容

2.1.1　科学问题

茎柔鱼(*Dosidicus gigas*)是大洋性浅海种，广泛分布于东太平洋海域。在南北方向，分布范围从美国加利福尼亚(37°N)到南美洲智利(47°S)海域；在东西方向，在赤道附近可向西拓展至125°W海域(王尧耕和陈新军，2005)，甚至有学者认为赤道附近可以扩展到140°W(Nigmatullin et al.，2001)。由于茎柔鱼资源分布广泛，且个体大小差异显著，对其生物学研究尚未形成统一的定论。比如，对于茎柔鱼种群结构，一般根据茎柔鱼胴长进行划分。Argüelles等(2001)认为秘鲁海区茎柔鱼可分为2个群体，即小型群体和大型群体。且不同群体生命周期存在差异，小型群体广泛分布于3～12月，大型群体全年均有出现。Nigmatullin等(2001)认为茎柔鱼可以分为3个群体，即小型群体、中型群体、大型群体。为了全面掌握东南太平洋茎柔鱼种群结构，研究其种群结构形成及变动机制，本章拟通过多年对智利、哥斯达黎加、秘鲁外海海域茎柔鱼资源探捕调查数据，依据茎柔鱼外部形态、角质颚及耳石形态特征数据，采用地统计学理论和方法对东南茎柔鱼种群结构及其空间异质性进行分析。

2.1.2　研究内容

本章利用我国东南太平洋茎柔鱼鱿钓生产数据及探捕调查数据，对东南太平洋茎柔鱼种群结构及其空间异质性进行分析；研究采用外部形态、角质颚、耳石三种形态学参数，对智利外海、秘鲁外海、哥斯达黎加外海三个海区茎柔鱼种群结构进行研究；利用多元统计学方法对不同形态特征参数进行分析，选择表征形态特征的最佳指标，然后依据最佳形态指标对形态特征进行分析；同时在此基础上进行种群结构划分，并根据划定的种群结构进行种群间差异性分析；最后结合空间数据对种群空间异质性进行分析，推算种群分布模式变动趋势。

因此，本书具体内容如下：①对外部形态、角质颚、耳石三种形态特征进行分析，目的是研究三种形态特征形态变化是否存在特定的变动机制，以及变动的特点，为后面研究提供基础。同时依据主成分对三种形态中多个形态学参数进行分析，筛选可以表征形态特征变化的最佳形态指标。②利用空间异质性原理对茎柔鱼各种群空间分布模式进行研究。从四个方向对每个种群进行分析，通过空间相关性分析、变异函数求解、最优方程拟合等方法对种群各方向分布模型、分布类型进行定量描述。③对种群结构及空间异质性进行分析。

2.1.3 技术路线

本书研究的技术路线见图 2-1。

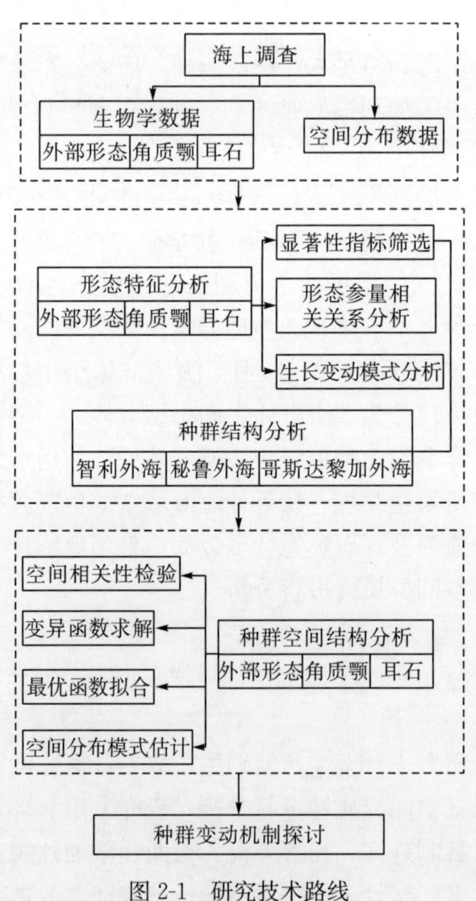

图 2-1 研究技术路线

2.2　材料与方法

2.2.1　采样时间和海域

样本收集于 2008 年 5 月～2009 年 10 月智利外海、哥斯达黎加外海、秘鲁外海海域(图 2-2)，在每个站点随机采集不同大小样本，共取得完整样本 844 尾，冷冻后带回实验室进行测量。通过实验解剖，共有 631 尾样品成功获得外部形态、角质颚、耳石三种形态学特征对应数据(表 2-1)。

表 2-1　茎柔鱼样本数据

海区	编号	时间	样本数/尾
智利外海	Ch805	2008 年 5 月	235
	Ch809	2008 年 9 月	59
	Ch811	2008 年 11 月	30
	Ch812	2008 年 12 月	40
	Ch901	2009 年 1 月	20
	Ch902	2009 年 2 月	48
哥斯达黎加外海	Cr908	2009 年 8 月	38
秘鲁外海	Pe909	2009 年 9 月	81
	Pe910	2009 年 10 月	80

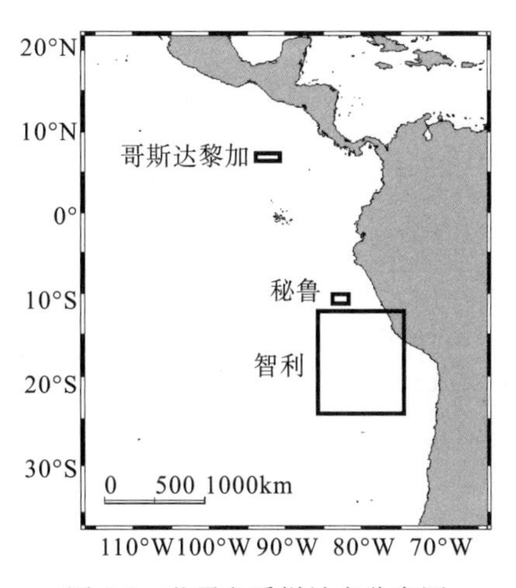

图 2-2　茎柔鱼采样站点分布图

2.2.2 形态学测量

2.2.2.1 外部形态学测定

样品在实验室自然解冻后，对样品性别进行鉴定，然后对各形态参数进行测量(图 2-3)，具体为：胴长(mantle length，ML)、胴宽(mantle weith，MW)、鳍长(fin length，FL)、鳍宽(fin width，FW)、头宽(head width，HW)、触腕长(arm length，AL)、触腕穗长(tentacular club length，TCL)、右 1 腕长(the first arm length of right，ALR_1)、右 2 腕长(ALR_2)、右 3 腕长(ALR_3)、右 4 腕长(ALR_4)、左 4 腕长(ALL_4)等 12 个形态参数，数据采用游标卡尺测定，精确值至 0.1mm。

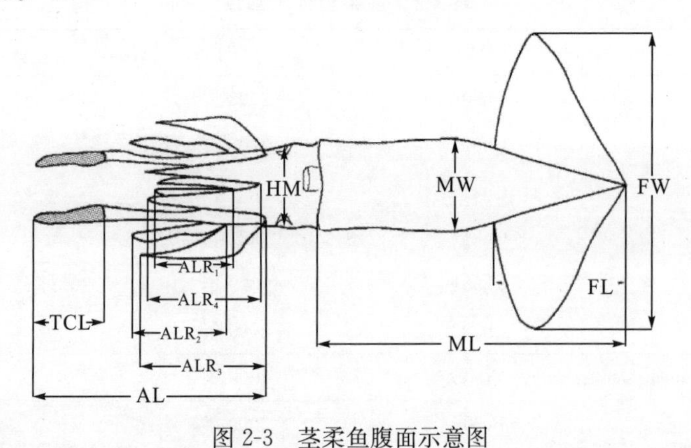

图 2-3 茎柔鱼腹面示意图

2.2.2.2 角质颚形态学测定

对于采集的茎柔鱼生物学样本利用游标卡尺测量上、下角质颚各项形态指标(图 2-4)，精确至 0.01mm：上颚的上头盖长(upper hood length，UHL)、上脊突长(upper crest length，UCL)、上喙长(upper rostral length，URL)、上喙宽(upper rostral width，URW)、上侧壁长(upper lateral wall length，ULWL)、上翼长(upper wing length，UWL)；下颚测量其下头盖长(lower hood length，LHL)、下脊突长(lower crest length，LCL)、下喙长(lower rostral length，LRL)、下喙宽(lower rostral width，LRW)、下翼长(lower wing length，LWL)、下侧壁长(lower lateral wall length，LLWL)和基线长(lower baseline length，LBL)。

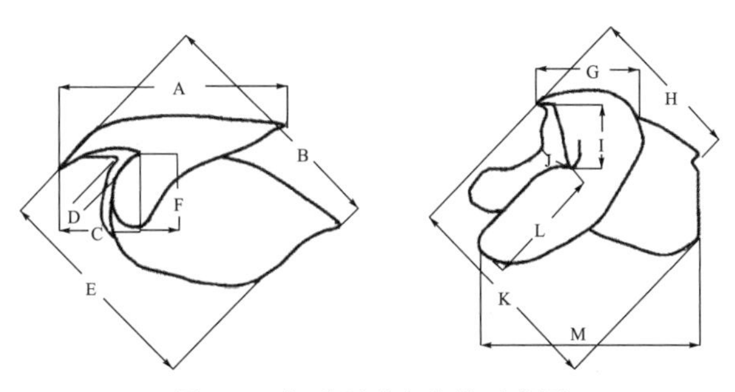

图 2-4　角质颚形态参数示意图

A. 上头盖长(UHL)；B. 上脊突长(UCL)；C. 上喙长(URL)；D. 上喙宽(URW)；
E. 上侧壁长(ULWL)；F. 上翼长(UWL)；G. 下头盖长(LHL)；H. 下脊突长(LCL)；
I. 下喙长(LRL)；J. 下喙宽(LRW)；K. 下侧壁长(LLWL)；L. 下翼长(LWL)；M. 基线长(LBL)

2.2.2.3　耳石外部形态学测定

利用耳石进行分析。测量方法为：将耳石最大长度沿垂直方向进行校准，然后通过边框工具将耳石整体置于边框中，获得 4 个相切点(图 2-5)。然后，测定耳石总长(total statolith length，TSL)、背区长(dorsal length，DL)、侧区长(lateral dome length，LDL)、吻区外长(rostrum outside length，ROL)、吻区内长(rostrum inside length，RIL)、吻区基线长(rostrum baseline length，RBL)、翼区长(wing length，WL)、背侧区间长(ventral dorsal dome length，DDL)、吻侧区间长(rostrum lateral dome length，RDL)、最大宽度(maximum statolith width，MSW)、背侧区夹角(ventral dorsal dome angle，DDA)、吻侧区夹角(rostrum lateral dome angle，RDA)、吻区夹角(rostrum angle，RA)等 13 项形态参数(图 2-5)，长度精确至 0.1μm。测量由 2 人独立进行，若两者测量的误差超过 5%，则重新测量，否则取它们的平均值。拍照使用 Nikon Zoom 645S 体视显微镜进行，耳石测量采用 YR-MV1.0 显微图像测量软件完成。

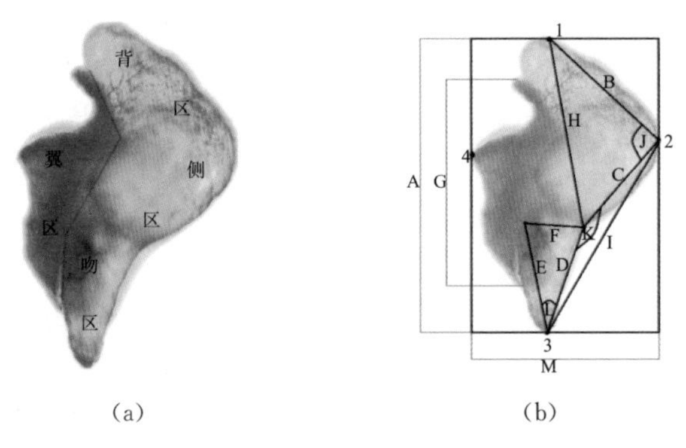

图 2-5　耳石各区分布及形态参数示意图

1 号点为垂向最高点，2 号点为背侧区分界点，3 号点为垂向最低点，4 号点为翼区最外侧点
A. 耳石总长；B. 背区长；C. 侧区长；D. 吻区外长；E. 吻区内长；F. 吻区基线长；G. 翼区长；
H. 背侧区间长；I. 吻侧区间长；J. 背侧区夹角；K. 吻侧区夹角；L. 吻区夹角；M. 最大宽度

2.2.3 研究方法

2.2.3.1 生物学特征研究

由于茎柔鱼外部形态、角质颚形态及耳石形态参数均属于不同数量级，同时耳石形态参数中包括长度和角度等不同量纲数据，因此需要对其数据进行标准化处理。

$$X_{ij} = \frac{x_{ij} - \bar{x}_j}{S_j} \tag{2-1}$$

式中，X_{ij} 为经过标准化的耳石形态值；x_{ij} 为原始的耳石形态值；$\bar{x}_j$ 为样本平均值，S_j 为样本标准差。通过标准化处理，其标准化后数据的平均值为 0，方差为 1。

由于对于外部形态、角质颚及耳石每个组织都测量获得多个数据，为了简化研究过程，同时选择表征各形态特征的最为显著的指标，为此利用主成分分析相关理论，对不同形态特征数据进行分析，依据各形态参数在各主成分中贡献率选择表征各形态特征的显著性指标。

在显著性指标选择的基础上，为了探究在整个生长过程中各形态特征变化机制，依据典型相关分析理论建立显著性指标与个体、角质颚及耳石各形态参数的关系，分析不同形态特征间整体及各部分间相关关系。

采用完全随机方差分析、多重比较(LSD 法)理论进行各组间显著性检验及差异性比较，分析不同群体、不同生长阶段各形态特征差异及其变化。

采用 DPS 软件拟合相关变量线性模型，运用预测区间及标准残差对拟合结果进行评价。同时，分析耳石生长模式。

2.2.3.2 种群结构空间异质性分析

采用空间自相关分析(spatial autocorrelation analysis)检验空间变量的观察值是否显著地与其相邻空间点上的观测值存在关联性，存在关联性则可以进行空间异质性分析。空间自相关采用 Geary 的 C 指数表示(唐启义和冯明光，2006)，C 值为 0~3，小于 1 表示正相关，C 越大，相关性越小。

空间异质性分析是基于变异函数来解释在整个空间尺度上的变异格局(Palmer，1988)，变异函数的定义为(Matheron，1963)：

$$\gamma(h) = \frac{1}{2}E[Z(X) - Z(X+h)]^2 \tag{2-2}$$

式中，$\gamma(h)$表示变异函数；$Z(X)$表示茎柔鱼个体在空间位置 X 处的胴长值，$Z(X+h)$表示 $X+h$ 处的区域化变量；E 表示数学期望。通过对不同距离间隔情况下计算变异函数，获得变异函数曲线图。为对比不同方向空间分布差异性，对每个海区种群从如图 2-6 所示的 NE0°、NE45°、NE90°、NE135°四个方向进行变异函数求解。

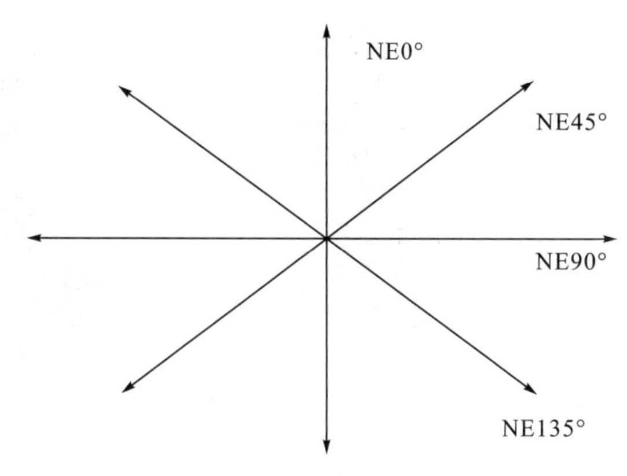

图 2-6 变异函数求解方位图

为对变异函数进行生态学解释，对变异函数进行理论模型拟合，根据决定系数 R^2 来检测拟合效果，获得最佳拟合模型。其中主要参数为变程 a，基台值 C_0+C，块金值 C_0 等(王政权，1999)。

为表示变异函数特性，引入参数分维数 D，其由变异函数 $\gamma(h)$ 和间隔距 h 之间的关系确定(王政权，1999)：

$$2\gamma(h) = h^{4-2D} \tag{2-3}$$

分维数 D 为双对数直线回归方程中的斜率，是一个无量纲量。D 的取值范围大于 1，且值越靠近 1 表明区域化变量线性分布的程度越严格，等于 1 时呈现梯度分布，值越大时意味着区域化变量逐渐呈非线性分布，大于 2 时表示分布完全同质(王政权，1999)。

2.3 研 究 结 果

2.3.1 外部形态特征分析

通过观察茎柔鱼外部形态发现(图 2-7)，茎柔鱼胴体呈现圆锥形，后部瘦狭，体表具有大小相间的近圆形的色斑、两鳍相连呈横菱形。

2.3.1.1 智利外海茎柔鱼外部形态特征

由主成分分析可知，胴体 6 个形态参数主成分的累计贡献率大于 95%。各主

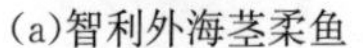

(a)智利外海茎柔鱼　(b)秘鲁外海茎柔鱼　(c)哥斯达黎加外海茎柔鱼

图 2-7　三海区茎柔鱼外部形态示意图

成分最大权重系数依次为 ML、ALR_1、ALR_4、HW、AL、MW(表 2-2)。其中第一主成分表现为外部形态整体特征，第二、三主成分表现为左腕变化特征，第四主成分表现为头部变化特征，第五主成分表现为触腕长度变化特征，第六主成分表示胴宽变化特征。因此，在外部形态的所有形态参数中，ML 是表现外部形态变化的最佳长度参数。

表 2-2　智利外海茎柔鱼外部形态各参数权重系数及贡献率

形态参数	主成分					
	1	2	3	4	5	6
ML	0.32	(0.01)	(0.07)	0.06	(0.23)	(0.23)
MW	0.31	(0.01)	(0.06)	(0.12)	(0.26)	0.61
FL	0.31	(0.01)	(0.07)	(0.02)	(0.20)	(0.17)
FW	0.31	(0.01)	(0.08)	(0.05)	(0.24)	(0.37)
HW	0.28	0.02	(0.07)	0.92	0.14	0.12
AL	0.30	(0.03)	(0.04)	(0.27)	0.70	0.02
TCL	0.31	(0.02)	(0.07)	(0.04)	0.47	(0.03)
ALR_1	0.06	0.99	0.10	(0.04)	0.01	0.00
ALR_2	0.31	(0.02)	(0.02)	(0.13)	(0.17)	(0.07)
ALR_3	0.31	(0.02)	(0.04)	(0.11)	(0.03)	(0.34)
ALR_4	0.16	(0.10)	0.98	0.04	(0.00)	(0.02)
ALL_4	0.31	(0.03)	(0.02)	(0.16)	(0.12)	0.52
特征值	9.01	0.97	0.79	0.34	0.24	0.15
贡献率	75.12%	8.11%	6.55%	2.84%	1.99%	1.23%
累计贡献率	75.12%	83.23%	89.78%	92.62%	94.61%	95.84%

注：括号内数据表示为负值

由相关分析可知(表 2-3)，ML 与 MW/ML 等参数之间存在显著相关关系(卡方值 107.79，$P=0.0001$)。其中，ML 与 MW/ML、FW/ML、FL/ML、AL/ML、TCL/ML、ALR_2/ML、ALR_3/ML、ALL_4/ML 等存在正相关，与 HW/ML、ALR_1/ML、ALR_4/ML 存在负相关，外部形态各部分生长模式表现为异速生长。

表 2-3　智利外海茎柔鱼胴长与其他外部形态/胴长值相关系数分析

参数	MW/ML	FL/ML	FW/ML	HW/ML	AL/ML	TCL/ML	ALR_1/ML	ALR_2/ML	ALR_3/ML	ALR_4/ML	ALL_4/ML
ML	0.15	0.33	0.37	(0.01)	0.16	0.30	(0.02)	0.58	0.46	(0.00)	0.42

注：括号内数据表示负相关

2.3.1.2　秘鲁外海茎柔鱼外部形态特征

由主成分分析可知，茎柔鱼 6 个形态参数主成分的累计贡献率大于 97%。各主成分最大权重系数依次为 ML、ALL_4、TCL、MW、AL、ML(表 2-4)。其中第一主成分表现为外部形态整体特征，第二主成分表现为左 4 腕变化特征，第三主成分表现为触腕穗长变化特征，第四主成分表现为胴宽变化特征，第五主成分表示触腕长变化特征，第六主成分表示胴长变化特征。因此，在外部形态的所有形态参数中，ML 是表现外部形态变化的最佳长度参数。

表 2-4　秘鲁外海茎柔鱼外部形态各参数权重系数及贡献率

形态参数	主成分					
	1	2	3	4	5	6
ML	0.32	(0.02)	(0.23)	(0.14)	0.13	0.55
MW	0.29	(0.03)	(0.27)	0.48	0.01	0.09
FL	0.29	(0.06)	(0.15)	(0.44)	0.24	0.27
FW	0.30	(0.05)	(0.12)	0.07	0.06	0.23
HW	0.29	(0.02)	(0.45)	0.46	0.07	(0.34)
AL	0.29	(0.02)	0.32	0.18	(0.80)	0.26
TCL	0.27	(0.02)	0.72	0.33	0.52	0.07
ALR_1	0.31	(0.05)	0.11	(0.19)	(0.01)	(0.36)
ALR_2	0.31	0.02	0.03	(0.19)	(0.04)	(0.45)
ALR_3	0.31	0.00	0.05	(0.32)	(0.11)	(0.11)
ALR_4	0.31	(0.02)	0.06	(0.16)	(0.05)	(0.18)
ALL_4	0.08	0.99	(0.01)	0.00	0.02	0.03
特征值	9.60	0.95	0.46	0.26	0.21	0.17
贡献率	79.97%	7.89%	3.82%	2.19%	1.78%	1.38%
累计贡献率	79.97%	87.86%	91.68%	93.87%	95.65%	97.03%

注：括号内数值表示为负值

由相关分析可知（表 2-5），ML 与 MW/ML 等之间存在显著相关关系（卡方值 47.11，$P=0.0001$），且均为负相关。外部形态各部分生长模式表现为各部分同步生长，外部形态变化的模式为个体胴长不断增加，外部形态变得更为细长。

表 2-5　秘鲁外海茎柔鱼胴长与其他外部形态/胴长值相关系数分析

参数	MW/ML	FL/ML	FW/ML	HW/ML	AL/ML	TCL/ML	ALR_1/ML	ALR_2/ML	ALR_3/ML	ALR_4/ML	ALL_4/ML
ML	(0.29)	(0.39)	(0.29)	(0.25)	(0.28)	(0.29)	(0.12)	(0.24)	(0.27)	(0.16)	(0.09)

注：括号内数据表示负相关

2.3.1.3　哥斯达黎加外海茎柔鱼外部形态特征

经主成分分析可知，茎柔鱼外部形态的 6 个形态参数主成分的累计贡献率大于 95%。各主成分最大权重系数依次为 ML、HW、TCL、ALR_2、TCL、ALL_4（表 2-6）。其中第一主成分表现为外部形态整体特征，第二主成分表现为头部变化特征，第三主成分表现为触腕穗长变化特征，第四主成分表现为右 2 腕长度变化特征，第五主成分表示触腕穗长变化特征，第六主成分表示左 4 腕长度变化特征。因此，在外部形态的所有形态参数中，ML 是表现外部形态变化的最佳长度参数。

表 2-6　哥斯达黎加外海茎柔鱼外部形态各参数权重系数及贡献率

形态参数	主成分					
	1	2	3	4	5	6
ML	0.34	0.34	(0.13)	0.14	(0.20)	(0.18)
MW	0.29	(0.08)	(0.44)	(0.28)	(0.31)	0.34
FL	0.29	0.34	(0.26)	0.06	(0.39)	(0.10)
FW	0.30	0.22	(0.08)	(0.36)	0.06	(0.42)
HW	0.13	0.72	0.29	0.09	0.40	0.30
AL	0.28	(0.17)	0.40	0.48	(0.40)	(0.04)
TCL	0.24	(0.21)	(0.53)	0.49	0.53	(0.12)
ALR_1	0.30	(0.17)	0.30	0.03	0.02	(0.25)
ALR_2	0.30	(0.21)	0.16	(0.53)	0.22	0.03
ALR_3	0.32	(0.14)	0.23	(0.03)	0.16	(0.27)
ALR_4	0.33	(0.07)	(0.01)	0.02	0.19	0.23
ALL_4	0.32	(0.16)	0.12	0.05	(0.02)	0.61
特征值	8.21	1.35	0.80	0.48	0.41	0.23
贡献率	68.44%	11.26%	6.70%	3.96%	3.43%	1.93%
累计贡献率	68.44%	79.70%	86.40%	90.36%	93.79%	95.72%

注：括号内数据表示为负值

由相关分析可知(表 2-7)，ML 与 MW/ML 等之间存在显著相关关系(卡方值 13.6058，$P=0.02$)。其中，ML 与 MW/ML、FL/ML、AL/ML、ALR_1/ML、ALR_2/ML、ALR_3/ML、ALR_4/ML 等存在正相关，与 FW/ML、TCL/ML、HW/ML、ALL_4/ML 存在负相关，外部形态各部分生长模式表现为异速生长。

表 2-7　哥斯达黎加外海茎柔鱼胴长与 MW/ML 等相关系数分析

参数	MW/ML	FL/ML	FW/ML	HW/ML	AL/ML	TCL/ML	ALR_1/ML	ALR_2/ML	ALR_3/ML	ALR_4/ML	ALL_4/ML
ML	0.34	0.23	(0.05)	(0.19)	0.03	(0.25)	0.27	0.09	0.17	0.15	(0.06)

注：括号内数据表示负相关

2.3.2　角质颚形态特征分析

通过观察发现(图 2-8)，茎柔鱼角质颚上颚头盖弧度较平，下颚颚角较小，头盖和侧壁较宽。

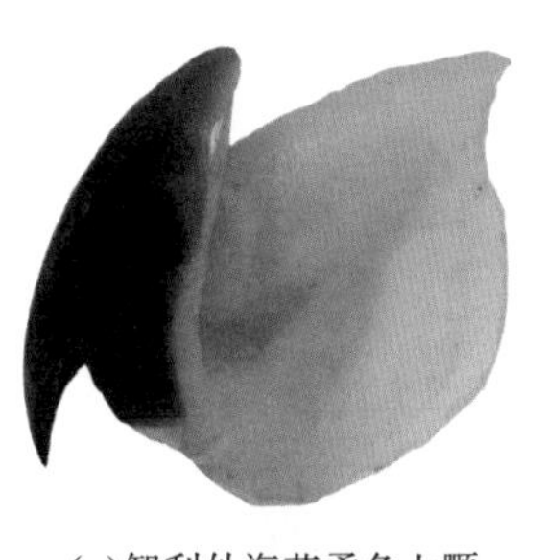

(a)智利外海茎柔鱼上颚

(b)秘鲁外海茎柔鱼上颚

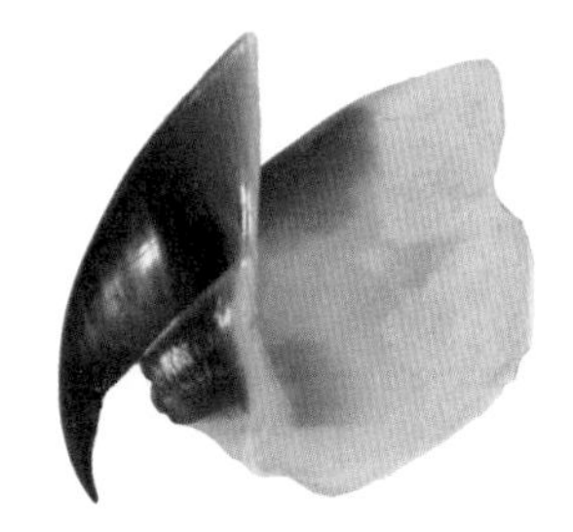

(c)哥斯达黎加外海茎柔鱼上颚

(d)智利外海茎柔鱼下颚

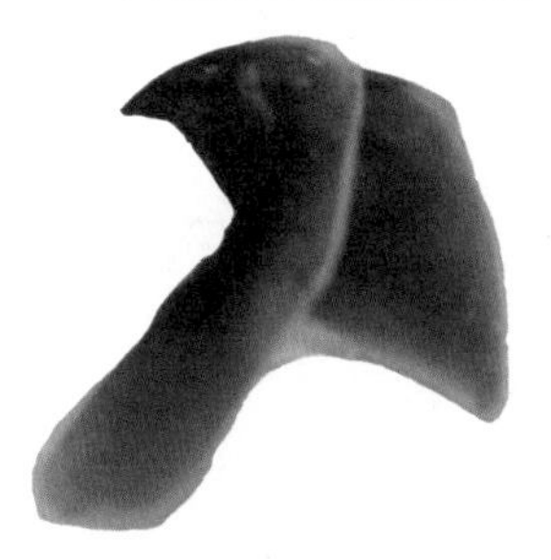

(e)秘鲁外海茎柔鱼下颚

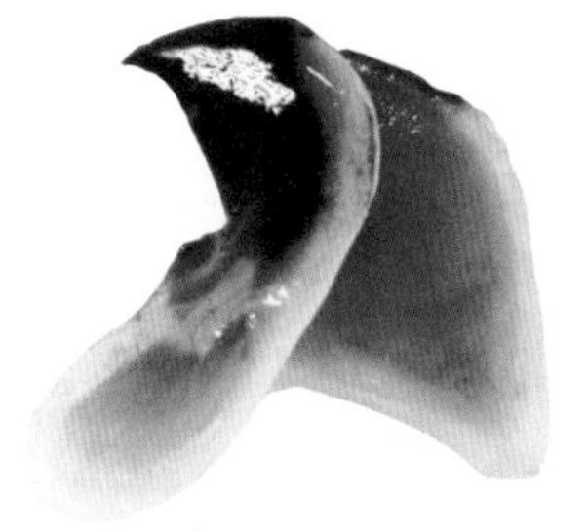

(f)哥斯达黎加外海茎柔鱼下颚

图 2-8　三海区茎柔鱼角质颚形态示意图

2.3.2.1　智利外海茎柔鱼角质颚形态特征

对角质颚各形态参数进行主成分分析可知，角质颚形态参数前 6 个主成分的累计贡献率大于 95%。各主成分最大权重系数依次为 HL、LHL、LRW、

LLWL、HL、LBL(表 2-8)。其中第一主成分表现为角质颚整体特征，第二主成分表现为下头盖长度变化特征，第三主成分表现为下喙宽度变化特征，第四主成分表现为下侧壁长变化特征，第五主成分表现为头盖长变化特征，第六主成分表现为下基线长变化特征。因此，在角质颚所有形态参数中，HL 是表现角质颚形态变化的最佳长度参数。同时下颚的形态特征较上颚对整体的影响更为重要。

表 2-8　智利外海茎柔鱼角质颚形态参数权重系数及贡献率

形态参数	主成分					
	1	2	3	4	5	6
HL	0.31	(0.04)	(0.14)	(0.22)	0.81	(0.35)
UCL	0.29	(0.14)	(0.10)	(0.06)	0.04	(0.01)
URL	0.29	(0.08)	0.10	(0.06)	(0.14)	(0.15)
URW	0.29	(0.01)	0.17	0.04	(0.26)	(0.20)
ULWL	0.29	(0.04)	(0.08)	(0.06)	(0.03)	(0.03)
UWL	0.28	(0.06)	(0.24)	(0.30)	(0.36)	0.02
LHL	0.19	0.97	0.04	(0.02)	(0.00)	(0.03)
LCL	0.29	(0.02)	(0.05)	(0.07)	(0.02)	0.05
LRL	0.28	(0.08)	0.26	0.12	(0.24)	(0.51)
LRW	0.27	(0.09)	0.79	(0.00)	0.18	0.39
LLWL	0.27	(0.02)	(0.23)	0.89	0.12	0.12
LWL	0.28	(0.06)	(0.30)	(0.06)	(0.12)	0.11
LBL	0.28	0.01	(0.18)	(0.18)	0.05	0.61
特征值	11.26	0.64	0.23	0.16	0.15	0.13
贡献率	86.59%	4.94%	1.77%	1.24%	1.18%	1.03%
累计贡献率	86.59%	91.53%	93.30%	94.54%	95.72%	96.75%

注：括号内数据表示为负值

由相关分析可知(表 2-9)，HL 与 UCL/HL 等之间呈现显著的相关关系(卡方值 58.65，$P=0.0001$)。其中，HL 与各参数比值间存在负相关，角质颚各部分生长模式表现为同步生长。

表 2-9　智利外海角质颚 HL 与其他形态参数/HL 值之间的相关系数分析

参数	UCL/HL	URL/HL	URW/HL	ULWL/HL	UWL/HL	LHL/HL	LCL/HL	LRL/HL	LRW/HL	LLWL/HL	LWL/HL	LBL/HL
HL	(0.31)	(0.28)	(0.29)	(0.31)	(0.30)	(0.26)	(0.30)	(0.33)	(0.30)	(0.32)	(0.35)	(0.32)

注：括号内数据表示负相关

2.3.2.2　秘鲁外海茎柔鱼角质颚形态特征

由主成分分析可知，角质颚形态参数前 6 个主成分的累计贡献率大于 95%。各主成分最大权重系数依次为 HL、LHL、UWL、LWL、LCL、UWL（表 2-10）。其中第一主成分表现为角质颚整体特征，第二主成分表现为下头盖长度变化特征，第三主成分表现为上翼长变化特征，第四主成分表现为下翼长变化特征，第五主成分表现为下脊突长变化特征，第六主成分表现为上翼长变化特征。因此，在角质颚所有形态参数中，HL 是表现角质颚形态变化的最佳长度参数。

表 2-10　秘鲁外海茎柔鱼角质颚形态参数权重系数及贡献率

形态参数	主成分					
	1	2	3	4	5	6
HL	0.30	(0.02)	(0.05)	(0.07)	(0.18)	(0.20)
UCL	0.29	(0.05)	0.06	(0.03)	(0.13)	(0.25)
URL	0.28	(0.10)	(0.16)	(0.52)	0.26	0.04
URW	0.28	(0.13)	(0.04)	(0.40)	0.53	0.16
ULWL	0.29	(0.08)	0.05	0.05	(0.08)	(0.25)
UWL	0.27	(0.08)	0.74	0.09	(0.06)	0.57
LHL	0.23	0.96	0.00	0.02	0.14	0.03
LCL	0.28	0.06	0.02	(0.28)	(0.63)	(0.00)
LRL	0.28	(0.07)	(0.44)	0.30	(0.11)	0.29
LRW	0.28	(0.09)	(0.42)	0.30	(0.01)	0.43
LLWL	0.29	(0.04)	(0.02)	0.03	(0.10)	(0.19)
LWL	0.28	(0.10)	0.18	0.53	0.38	(0.36)
LBL	0.28	(0.08)	0.10	(0.01)	0.02	(0.24)
特征值	11.87	0.41	0.16	0.13	0.12	0.09
贡献率	91.33%	3.18%	1.20%	1.00%	0.89%	0.73%
累计贡献率	91.33%	94.51%	95.71%	96.71%	97.60%	98.33%

注：括号内数据表示为负值

由相关分析可知（表 2-11），HL 与 UCL/HL 等之间呈现显著的相关关系（卡方值 26.11，$P=0.0103$）。其中，HL 与 UCL/HL、ULWL/HL、LLWL/HL、LBL/HL 等存在正相关，与 URL/HL、URW/HL、UWL/HL、LHL/HL、LCL/HL、LRL/HL、LWL/HL 存在负相关，角质颚各部分生长模式表现为异速生长。

表 2-11 秘鲁外海茎柔鱼角质颚 HL 与其他形态参数/HL 之间相关系数分析

参数	UCL /HL	URL /HL	URW /HL	ULWL /HL	UWL /HL	LHL /HL	LCL /HL	LRL /HL	LRW /HL	LLWL /HL	LWL /HL	LBL /HL
HL	0.29	(0.43)	(0.22)	0.07	(0.06)	(0.36)	(0.48)	(0.12)	(0.21)	0.38	(0.52)	0.43

注：括号内数据表示负相关

2.3.2.3 哥斯达黎加外海茎柔鱼角质颚形态特征

由主成分分析可知，角质颚形态参数前 6 个主成分的累计贡献率大于 90%。各主成分最大权重系数依次为 HL、LRW、UWL、LRL、LHL、URW (表 2-12)。其中第一主成分表现为角质颚整体特征，第二主成分表现为下喙宽度变化特征，第三主成分表现为上翼长变化特征，第四主成分表现为下喙长变化特征，第五主成分表现为下头盖长变化特征，第六主成分表现为上喙宽变化特征。因此，在角质颚所有形态参数中，HL 是表现角质颚形态变化的最佳长度参数。

表 2-12 哥斯达黎加外海茎柔鱼角质颚形态参数权重系数及贡献率

形态参数	主成分					
	1	2	3	4	5	6
HL	0.34	0.14	(0.11)	(0.21)	(0.10)	0.12
UCL	0.32	0.09	(0.11)	(0.20)	(0.24)	(0.08)
URL	0.24	0.05	0.54	(0.21)	(0.15)	(0.47)
URW	0.26	(0.23)	0.34	(0.18)	0.44	0.57
ULWL	0.32	0.09	(0.16)	(0.20)	(0.20)	(0.04)
UWL	0.24	0.07	0.60	0.17	(0.06)	(0.08)
LHL	0.26	0.01	(0.14)	0.16	0.77	(0.43)
LCL	0.28	(0.11)	(0.33)	0.03	(0.02)	(0.33)
LRL	0.27	(0.23)	0.02	0.59	(0.21)	0.08
LRW	0.27	(0.44)	(0.11)	0.36	(0.15)	0.10
LLWL	0.33	(0.00)	(0.06)	(0.10)	(0.05)	0.17
LWL	0.14	0.80	(0.02)	0.42	0.05	0.21
LBL	0.30	0.09	(0.20)	(0.29)	0.07	0.20
特征值	8.67	1.03	0.98	0.67	0.48	0.34
贡献率	66.70%	7.96%	7.51%	5.13%	3.67%	2.63%
累计贡献率	66.70%	74.66%	82.17%	87.30%	90.97%	93.60%

注：括号内数据表示为负值

由相关分析可知(表 2-13)，角质颚 HL 与 UCL/HL 等之间呈显著的相关关系(卡方值 5.76，$P=0.03$)。其中，HL 与 UCL/HL、ULWL/HL、LHL/HL、LWL/HL 等存在负相关，与 URL/HL、URW/HL、UWL/HL、LCL/HL、LRL/HL、LLWL/HL、LBL/HL 存在正相关，角质颚各部分生长模式表现为异速生长。

表 2-13　哥斯达黎加外海茎柔鱼角质颚 HL 与其他形态参数/HL 等之间相关系数分析

参数	UCL/HL	URL/HL	URW/HL	ULWL/HL	UWL/HL	LHL/HL	LCL/HL	LRL/HL	LRW/HL	LLWL/HL	LWL/HL	LBL/HL
HL	(0.26)	0.11	0.11	(0.33)	0.04	(0.02)	0.02	0.09	0.04	0.05	(0.36)	0.01

注：括号内数据表示负相关

2.3.3　耳石形态特征分析

观察发现(图 2-9)，耳石外部轮廓不规则，整体结构凸凹不平，背区与侧区无明显分界，背区轮廓较为平滑，表面分布不规则结晶体；侧区与背区过渡平滑，侧区中部有凸起，背面凹陷；侧区与吻区分界明显，吻区呈船桨状，吻区内侧基点位置不统一；吻区与翼区存在重叠，两部分不在同一平面上。

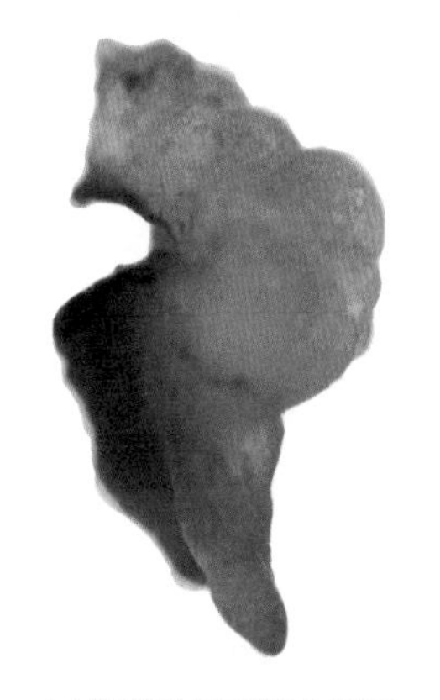

(a)智利外海茎柔鱼耳石

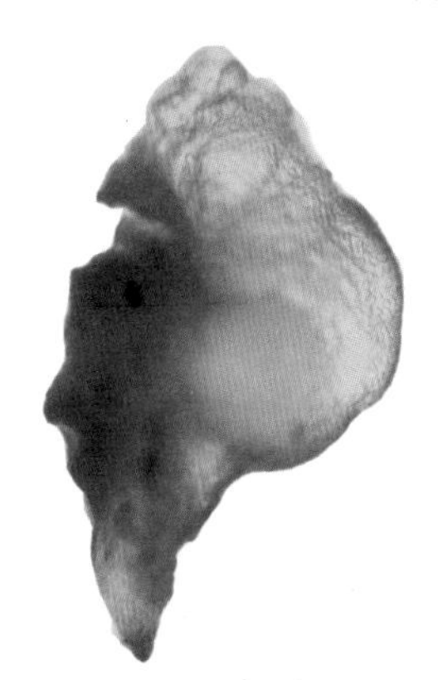

(b)秘鲁外海茎柔鱼耳石

(c)哥斯达黎加外海茎柔鱼耳石

图 2-9　三海区茎柔鱼耳石形态示意图

2.3.3.1　智利外海茎柔鱼耳石形态特征

由主成分分析可知，耳石 6 个形态参数主成分的累计贡献率大于 80%。耳石各主成分最大权重系数依次为 TSL、RDL、DDL、RDA、RA、RDA(表 2-14)。其中第一主成分表现为耳石整体特征，第二主成分表现为吻侧区间长变化特征，第三主成分表现为背侧区间长变化特征，第四、五、六主成分表现为背区、侧区及吻区间角度变化特征。因此，在耳石的所有形态参数中，TSL 和 RDL 是表现耳石形态变化的最佳长度参数，RDA 和 RA 是表现耳石形态变化的最佳角度参数。

表 2-14　智利外海茎柔鱼耳石各形态参数权重系数及贡献率

形态参数	主成分					
	1	2	3	4	5	6
TSL	0.49	0.09	0.24	0.07	(0.08)	(0.06)
DL	0.44	0.09	(0.08)	(0.09)	0.01	(0.10)
LDL	0.40	(0.00)	0.12	(0.29)	0.01	0.15
ROL	0.23	0.16	0.43	0.42	0.00	(0.35)
RIL	0.34	0.02	(0.35)	0.01	0.05	0.03
RBL	0.36	(0.15)	(0.24)	0.10	0.07	0.04
WL	0.38	(0.01)	0.07	(0.11)	(0.05)	(0.23)
DDL	0.05	0.41	(0.55)	(0.27)	(0.03)	0.03
RDL	(0.09)	0.62	(0.04)	0.33	0.05	(0.11)
MSW	(0.02)	0.62	0.17	(0.14)	(0.01)	0.25
DDA	0.04	0.05	0.46	(0.42)	0.20	0.42
RDA	0.13	(0.06)	(0.10)	0.49	0.58	0.53
RA	0.10	(0.03)	(0.01)	0.30	(0.78)	0.51
特征值	4.34	1.73	1.47	1.13	1.01	0.85
贡献率	33.37%	13.28%	11.28%	8.71%	7.79%	6.51%
累计贡献率	33.37%	46.65%	57.93%	66.64%	74.43%	80.94%

注：括号内数据表示为负值

为分析智利外海茎柔鱼耳石形态变化特征，选取 TSL、RDL 及 RDA 三个形态参数进行分析。获得主要形态参数的关系式如下。

1. TSL 与 RDL 的关系

耳石 TSL 与 RDL、RDL/TSL 间均不存在显著的线性关系(图 2-10)。通过方差分析可知，各 TSL 组 RDL 整体变化不显著(卡方值 4.01，$P=0.67$)。但通过多重比较分析可知，1200～1400μm、1400～1600μm、1600～1800μm 各总长组之间差异性显著，总长大于 1800μm 后各组间均未出现显著性差异。各 TSL 组 RDL/TSL 整体变化不显著(卡方值 3.67，$P=0.72$)，组间对比均未出现显著性差异，RDL 在耳石生长过程中形态变化不显著。

2. TSL 与 RDA 的关系

由图 2-11 可知，RDA 随着耳石的生长出现变化，TSL 小于 1400μm 时 RDA 最大。TSL 为 1400～1600μm 时，其 RDA 角度最小，平均值为 85°，以后开始增大。但 TSL 大于 2000μm 时，RDA 趋于稳定。

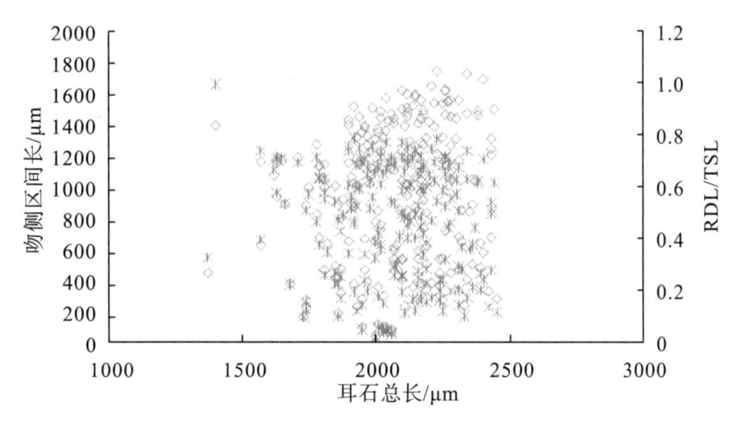

图 2-10　茎柔鱼耳石总长与吻侧区间长关系

方框表示测量值；星号表示两个变量对应比值

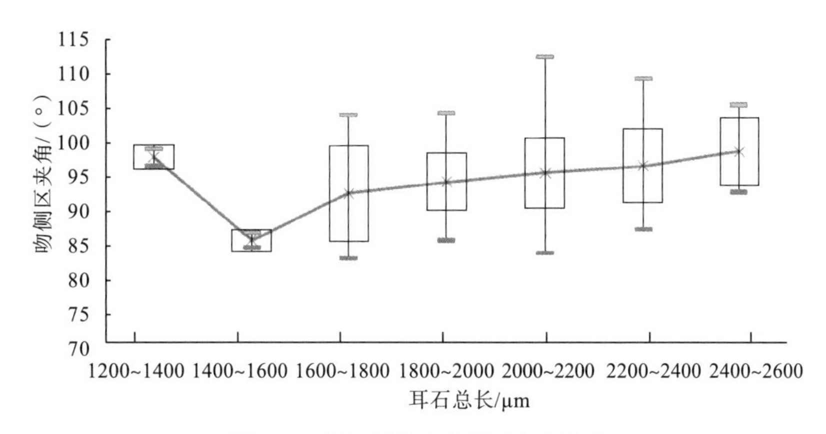

图 2-11　耳石总长与吻侧区夹角关系

线段表示极值，方框表示方差范围，星号表示平均值，曲线表示平均值变化

由方差分析可知，耳石 RDA 变化极显著(卡方值 20.38，$P=0.00$)，其中，TSL 1200～1400μm 与 1400～1600μm 两组间出现显著性差异，大于 1600μm 后 TSL 组 RDA 变化不显著，大于 2000μm 后变化趋于稳定。

3. ML 与 TSL 的关系

ML(L_{ML})与 TSL(L_{TSL})的关系式为(图 2-12)：

$$L_{TSL}=2403.87/[1+\exp(1.33-0.09L_{ML})]\quad (R^2=0.64, P<0.01)$$

TSL 在不同 ML 组整体变化极显著(卡方值 198.96，$P<0.01$)。在 ML 小于 29cm 个体中，ML 为 20～23cm 与 23～26cm 个体间差异不显著，23～26cm 及 26～29cm 个体间其 TSL 变化极显著($P<0.01$)。在 ML 大于 29cm 的个体中，个体差异趋于稳定，差异性不显著，仅 41～44cm 与 44～47cm 个体间出现显著性差异(表 2-15)。

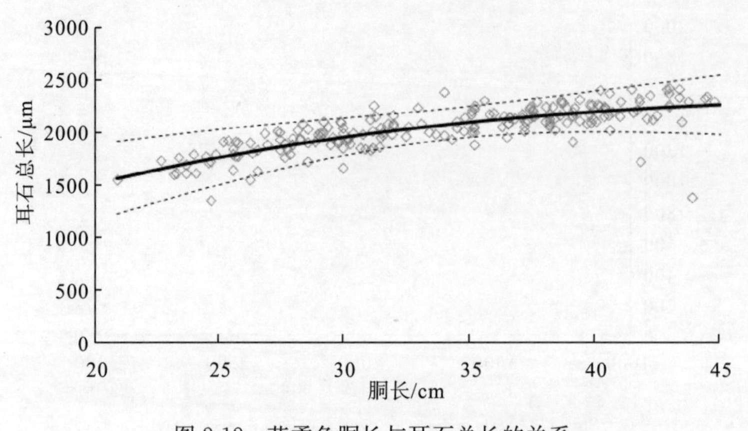

图 2-12　茎柔鱼胴长与耳石总长的关系

实线表示拟合曲线，方框表示实测数据，虚线表示预测区间

表 2-15　不同胴长组间耳石总长的多重比较分析

		ML/cm								
		23～26	26～29	29～32	32～35	35～38	38～41	41～44	44～47	47～50
TSL /μm	20～23	0.99	6.44*	12.88**	18.53**	26.32**	32.17**	34.54**	46.64**	35.48**
	23～26		14.70**	47.49**	51.51**	115.47**	157.78**	139.56**	125.92**	58.00**
	26～29			8.55**	17.18**	51.11**	80.25**	73.25**	76.55**	34.39**
	29～32				4.35	23.00**	45.31**	42.53**	51.94**	22.40**
	32～35					2.03	6.93*	9.38**	22.46**	11.45**
	35～38						2.52	4.82	17.80**	7.96*
	38～41							0.78	11.17**	4.94
	41～44								6.57*	3.17
	44～47									0

注：* 表示显著性差异；** 表示极显著性差异

在样本中，ML 为 20～23cm 的个体，其 RDL/TSL 最高，然后随 ML 增长开始下降，大于 23cm 的个体中比值趋于稳定［图 2-13(a)］。由方差分析可知，RDL/TSL 整体变化不显著($P>0.05$)，对各组间多重比较分析可知，组间均未出现显著性差异。

RDA 整体呈现增大的趋势，但过程中存在波动［图 2-13(b)］，各胴长组间差异性显著(卡方值 18.00，$P<0.05$)。但通过多重比较对比相邻胴长组，之间并未出现显著性差异(表 2-16)。

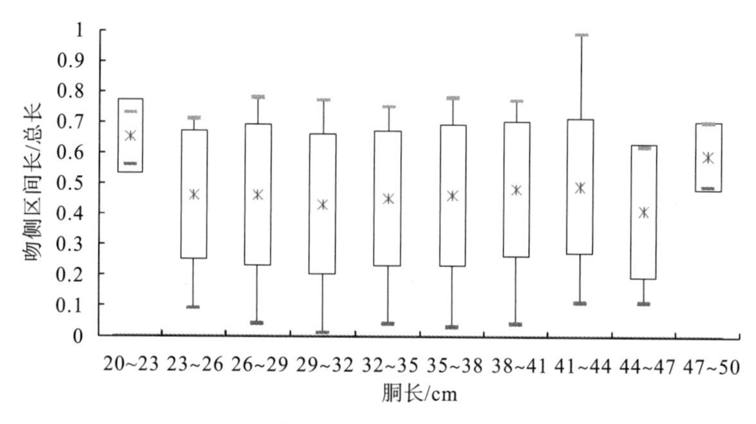

(a)吻侧区间长/总长变化趋势

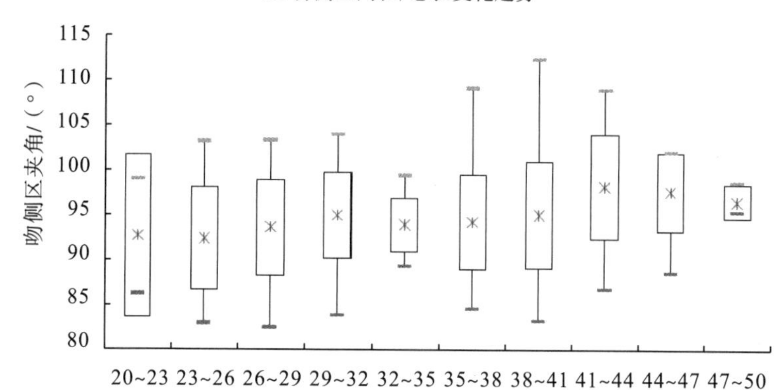

(b)吻侧区夹角变化趋势

图 2-13　智利外海茎柔鱼不同胴长组耳石形态变化趋势

星号表示平均值，方框表示标准差，线段表示极值

表 2-16　智利外海茎柔鱼不同胴长组间耳石形态参数多重比较分析

		ML/cm								
		23～26	26～29	29～32	32～35	35～38	38～41	41～44	44～47	47～50
RDL/TSL	20～23	1.36	1.45	1.89	1.44	1.41	1.2	0.95	1.98	0.11
	23～26		0	0.24	0.02	0	0.07	0.23	0.36	0.81
	26～29			0.2	0.01	0	0.13	0.32	0.33	0.89
	29～32				0.07	0.31	0.82	1.08	0.09	1.32
	32～35					0.02	0.14	0.3	0.2	0.88
	35～38						0.09	0.28	0.4	0.85
	38～41							0.08	0.69	0.66
	41～44								0.91	0.44
	44～47									1.41

续表

		ML/cm								
		23~26	26~29	29~32	32~35	35~38	38~41	41~44	44~47	47~50
	20~23	0.01	0.06	0.37	0.1	0.18	0.39	2.02	1.42	0.64
	23~26		0.66	3.3	0.71	1.68	3.58	13.05**	5.72*	1.61
	26~29			0.99	0.03	0.22	1.15	8.88**	3.49	0.8
	29~32				0.37	0.3	0.01	5.25*	1.68	0.24
RDA/(°)	32~35					0.04	0.44	5.29*	2.4	0.58
	35~38						0.39	7.23*	2.57	0.49
	38~41							5.06	1.58	0.21
	41~44								0.07	0.27
	44~47									0.1

注：*表示显著性差异；**表示极显著性差异

2.3.3.2 秘鲁外海茎柔鱼耳石形态特征

由主成分分析可知，耳石6个形态参数主成分的累计贡献率大于75%。耳石各主成分最大权重系数依次为TSL、RDL(MSW)、ROL、RDA、RA、RDA(表2-17)。其中第一主成分表现为耳石整体特征，第二主成分表现为吻侧区间长变化特征，第三主成分表现为吻区外长变化特征，第四、五、六主成分表现为背区、侧区及吻区间角度变化特征。因此，在耳石的所有形态参数中，TSL和RDL是表现耳石形态变化的最佳长度参数，RDA和RA是表现耳石形态变化的最佳角度参数。

表2-17 秘鲁外海茎柔鱼耳石各形态参数权重系数及贡献率

形态参数	主成分					
	1	2	3	4	5	6
TSL	0.46	0.19	0.37	(0.26)	(0.00)	(0.07)
DL	0.37	0.12	(0.04)	0.15	0.09	0.08
LDL	0.40	0.01	0.22	(0.20)	0.04	(0.21)
ROL	0.04	0.16	0.48	0.47	0.19	0.40
RIL	0.33	(0.05)	(0.41)	0.12	(0.06)	0.15
RBL	0.36	(0.22)	(0.18)	0.17	(0.05)	0.09
WL	0.33	0.25	(0.02)	(0.33)	(0.05)	(0.30)
DDL	0.22	0.32	(0.42)	0.21	0.02	0.20
RDL	(0.11)	0.55	(0.21)	0.00	0.24	0.07
MSW	(0.13)	0.55	0.20	(0.02)	0.04	0.03

续表

形态参数	主成分					
	1	2	3	4	5	6
DDA	0.20	(0.22)	0.27	(0.21)	0.00	0.49
RDA	0.14	(0.15)	0.16	0.52	0.41	(0.51)
RA	0.04	0.17	0.17	0.37	(0.85)	(0.13)
特征值	3.95	1.83	1.39	1.13	0.97	0.91
贡献率	30.39%	14.04%	10.66%	8.67%	7.44%	6.99%
累计贡献率	30.39%	44.43%	55.09%	63.76%	71.20%	78.19%

注：括号内数值表示为负值

为分析智利外海茎柔鱼耳石形态变化特征，选取 TSL、RDL 及 RDA 三个形态参数进行分析。获得主要形态参数的关系式如下。

1. TSL 与 RDL 的关系

耳石 TSL 与 RDL、RDL/TSL 间均不存在显著的线性关系(图 2-14)。通过方差分析可知，各 TSL 组 RDL 整体变化显著(卡方值 3.48，P=0.62)。RDL 生长存在波动，但对比不同 TSL 组可知，组间 RDL 并未出现显著性差异。

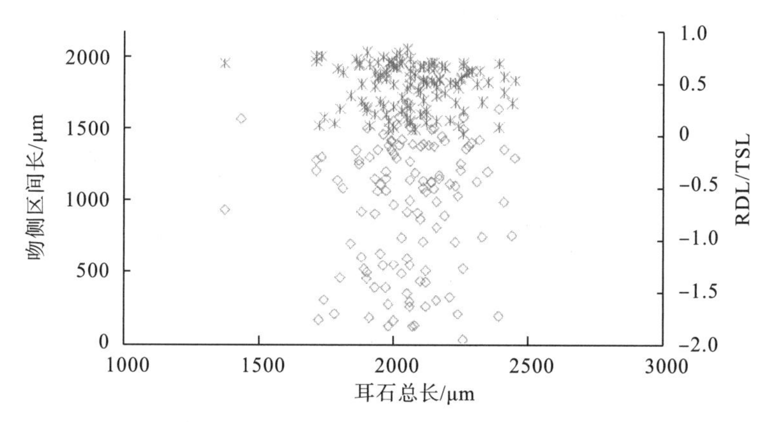

图 2-14　茎柔鱼耳石总长与吻侧区间长关系

方框表示测量值，星号表示两个变量对应比值

2. TSL 与 RDA 的关系

由图 2-15 可知，RDA 随着耳石的生长出现变大的趋势，TSL 小于 1200μm 时 RDA 最小。方差分析可知，RDA 整体变化特征极显著(卡方值 35.82，P=0.00)，但不同 TSL 组，两组之间变化不显著。

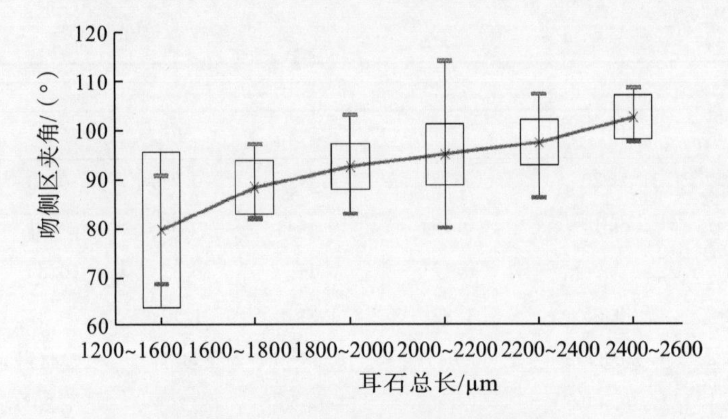

图 2-15　耳石总长与吻侧区夹角关系

线段表示极值，方框表示方差范围，星号表示平均值，曲线表示平均值变化

3. ML 与 TSL 的关系

ML(L_{ML})与 TSL(L_{TSL})的关系式为(图 2-16)：

$$L_{TSL}=64331.16/[1+\exp(3.71-0.008L_{ML})]\qquad (R^2=0.54, P<0.01)$$

方差分析表明，TSL 在不同 ML 组整体变化极显著(卡方值 114.14，$P<0.01$)。在 ML 小于 26cm 个体中，不同胴长组间并未出现显著性差异。23～26cm 及 26～29cm 个体间 TSL 变化极显著($P<0.01$)。在 ML 大于 29cm 的个体中，ML 为 32～35cm 与 35～38cm，38～41cm 与 41～44cm 个体间变化显著($P<0.05$)，其他个体间差异性不显著(表 2-18)。

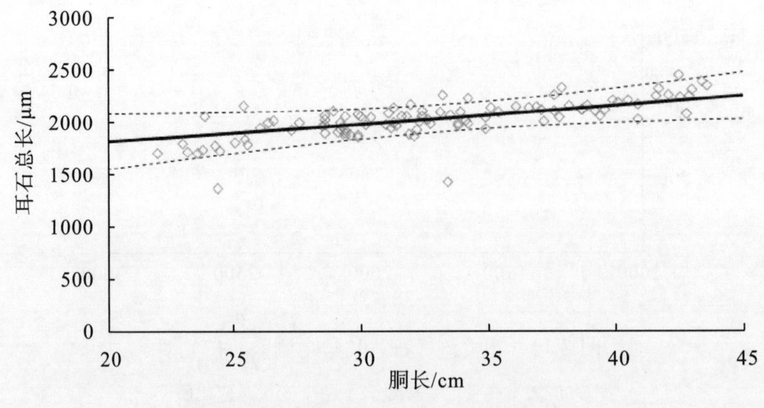

图 2-16　茎柔鱼胴长与耳石总长的关系

实线表示拟合曲线，方框表示实测数据，虚线表示预测区间

表 2-18　不同胴长组间耳石总长的多重比较分析

		ML/cm									
		20～23	23～26	26～29	29～32	32～35	35～38	38～41	41～44	44～47	47～50
TSL /μm	14～20	4.31	6.95*	0.37	0.25	0.72	8.50**	8.40**	26.89**	19.53**	24.49**
	20～23		0.17	7.21*	7.28*	8.47**	18.53**	18.43**	34.91**	28.98**	33.61**
	23～26			16.84**	21.25**	23.80**	49.30**	50.43**	95.13**	71.93**	75.79**
	26～29				0.05	0.07	8.51**	8.46**	33.05**	22.23**	27.65**
	29～32					0.35	13.43**	13.62**	48.05**	31.31**	36.61**
	32～35						9.14**	9.16**	38.15**	24.65**	30.12**
	35～38							0.01	8.42**	4.15	7.88*
	38～41								9.18**	4.58	8.46**
	41～44									0.46	0.09
	44～47										0.78

注：* 表示显著性差异；** 表示极显著性差异

在样本中各胴长组比值存在波动性变化[图 2-17(a)]，由方差分析可知，RDL/TSL 整体变化不显著($P>0.05$)，对各组间多重比较分析可知，组间均未出现显著性差异。

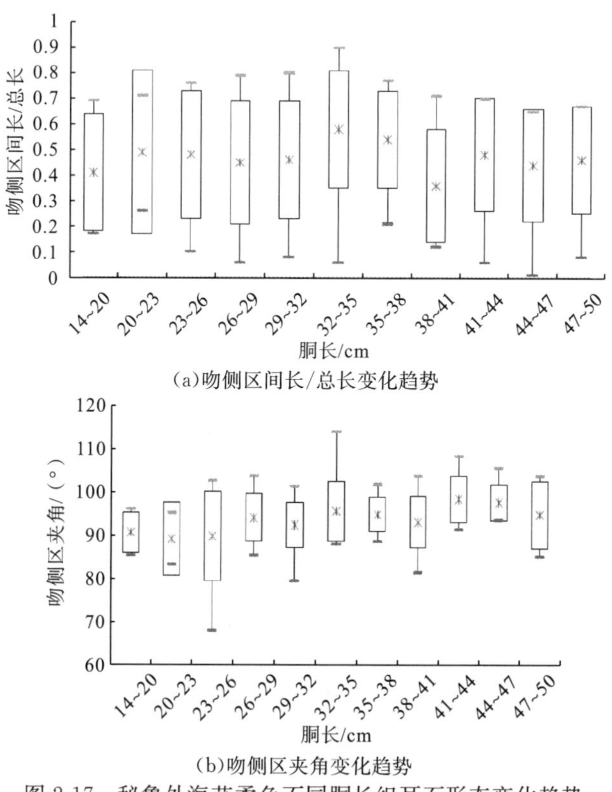

(a)吻侧区间长/总长变化趋势

(b)吻侧区夹角变化趋势

图 2-17　秘鲁外海茎柔鱼不同胴长组耳石形态变化趋势

星号表示平均值，方框表示标准差，线段表示极值

RDA整体呈现增大的趋势，但过程中存在波动[图2-17(b)]，各胴长组间差异性不显著(卡方值18.01，$P<0.05$)。但通过多重比较对比相邻胴长组，之间并未出现显著性差异(表2-19)。

表2-19 秘鲁外海茎柔鱼不同胴长组间耳石形态参数多重比较分析

		ML/cm									
		20~23	23~26	26~29	29~32	32~35	35~38	38~41	41~44	44~47	47~50
	14~20	0.18	0.36	0.14	0.25	2.31	1.16	0.15	0.38	0.07	0.15
	20~23		0	0.04	0.02	0.3	0.09	0.54	0	0.07	0.02
	23~26			0.08	0.05	1.36	0.37	1.59	0	0.14	0.03
	26~29				0.01	2.18	0.78	0.96	0.1	0.02	0
RDL/TSL	29~32					2.91	0.86	1.64	0.06	0.06	0
	32~35						0.23	6.89*	1.18	2.15	1.28
	35~38							3.53	0.3	0.87	0.46
	38~41								1.61	0.59	0.77
	41~44									0.17	0.04
	44~47										0.03
	14~20	0.07	0.06	1.08	0.34	2.61	1.57	0.54	5.21*	3.86	1.2
	20~23		0.01	1.03	0.48	1.93	1.36	0.64	3.61	2.88	1.17
	23~26			2.6	1.31	6.14*	3.55	1.54	9.95**	7.22*	2.42
	26~29				0.57	0.44	0.07	0.17	2.49	1.45	0.04
RDA/(°)	29~32					2.97	1.16	0.09	6.63*	4.21	0.68
	32~35						0.13	1.31	1.26	0.54	0.1
	35~38							0.47	1.73	0.91	0
	38~41								4.04	2.56	0.3
	41~44									0.08	1.3
	44~47										0.72

注：* 表示显著性差异；** 表示极显著性差异

2.3.3.3 哥斯达黎加外海茎柔鱼耳石形态特征

主成分分析可知，耳石6个形态参数主成分的累计贡献率大于85%。各主成分最大权重系数依次为TSL、RDL、RDA、DDA、LDL、ROL(表2-20)。其中第一主成分表现为耳石整体特征，第二主成分表现为侧区与吻区间距变化特征，第三、四主成分表现为背区、侧区、吻区间角度变化特征，第五、六主成分表现为背区、侧区长度变化特征。因此，在左耳石的所有形态参数中，TSL和RDL是表现耳石形态变化的最佳长度参数，RDA和DDA是表现耳石形态变化的最佳角度参数。

表 2-20　哥斯达黎加外海茎柔鱼耳石各形态参数权重系数及贡献率

形态参数	主成分					
	1	2	3	4	5	6
TSL	0.42	(0.17)	0.10	0.08	0.03	(0.10)
DL	0.37	(0.17)	(0.16)	(0.22)	0.24	(0.05)
LDL	0.16	0.06	0.40	(0.23)	(0.64)	(0.23)
ROL	0.32	(0.21)	0.02	0.31	0.01	0.62
RIL	0.34	(0.18)	(0.14)	0.26	(0.14)	0.03
RBL	0.26	0.48	(0.03)	(0.03)	0.24	0.24
WL	0.27	(0.15)	0.35	0.02	0.22	(0.22)
DDL	0.26	0.51	(0.15)	0.03	0.02	(0.20)
RDL	0.25	0.52	(0.07)	0.08	(0.19)	0.04
MSW	0.37	(0.13)	0.28	(0.19)	0.03	(0.13)
DDA	(0.09)	0.09	0.25	0.61	0.36	(0.45)
RDA	(0.13)	0.14	0.56	0.32	(0.17)	0.35
RA	(0.09)	0.14	0.42	(0.46)	0.46	0.23
特征值	4.42	2.36	1.72	1.35	1.09	0.65
贡献率	34.03%	18.17%	13.24%	10.38%	8.36%	5.03%
累计贡献率	34.03%	52.20%	65.44%	75.82%	84.18%	89.21%

注：括号内数值表示为负值

相关分析可知(表 2-21)，TSL 与 MSW/TSL 等之间显著的相关关系(卡方值 40.70，$P=0.00$)。其中，TSL 与 MSW/TSL、LDL/TSL、WL/TSL、RBL/TSL、DDL/TSL、RDL/TSL 等存在负相关，与 DL/TSL、ROL/TSL、RIL/TSL 存在正相关，耳石各部分生长模式表现为异速生长。

TSL 与 RDA、RA 间存在负相关，左耳石的相关系数分别为－0.22 和－0.16，而与 DDA 存在正相关。因此，耳石整体变化趋势为：吻区宽度变窄且整体向侧区倾斜，背侧区面积扩大，左右耳石形态变化趋势相同。

表 2-21　哥斯达黎加外海茎柔鱼耳石总长与 MSW/TSL 等相关系数分析

	MSW/TSL	DL/TSL	LDL/TSL	ROL/TSL	RIL/TSL	WL/TSL	RBL/TSL	DDL/TSL	RDL/TSL	全部
TSL	(0.30)	0.26	(0.32)	0.07	0.22	(0.43)	(0.06)	(0.08)	(0.30)	0.53

注：括号内数据表示负相关

1. TSL 与 RDL、RBL 的关系

耳石 TSL 与 RDL 关系符合逻辑斯谛方程，其关系式[图2-18(a)]为

RDL =616.79/[1+exp(2.53−0.002 TSL)]　　(R^2=0.49，P=0.00)

随着 RDL 的增长，TSL 生长速度不断减慢，整个生长过程未出现显著性变化。TSL 与 RDL/TSL 间不存在显著线性关系，但各 TSL 组随对应的 RDL/TSL 变化显著(卡方值 13.76，P=0.01)。TSL 小于 1800μm 时，RDL/TSL 上升；大于 1800μm 时，RDL/TSL 持续下降。

耳石 TSL 与 RBL、RBL/TSL 间均不存在显著的线性关系[图2-18(b)]。通过方差分析可知，各 TSL 组 RBL 整体变化显著(卡方值 40.60，P=0.00)。RBL 持续生长，但 TSL 小于 1800μm 时 RBL 生长模式与 TSL 大于 1800μm 时的生长模式存在显著性差异。

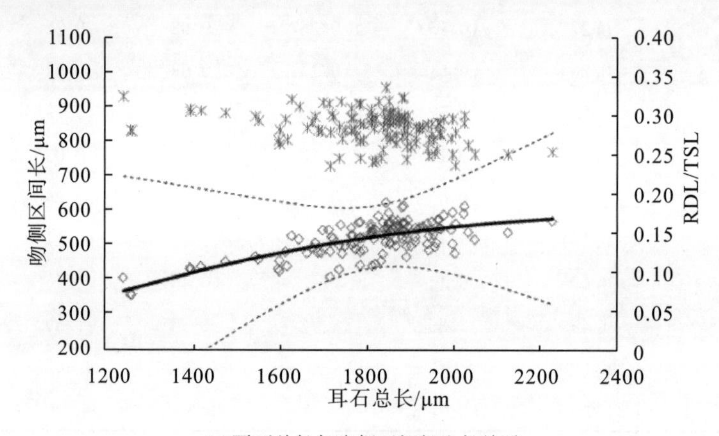

(a)耳石总长与吻侧区间长生长关系

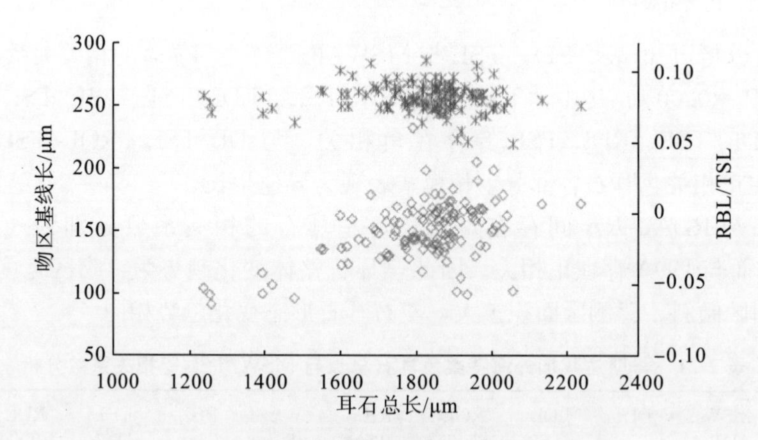

(b)耳石总长与吻区基线长生长关系

图 2-18　茎柔鱼耳石总长与吻侧区间长、吻区基线长关系

方框表示测量值，星号表示两个变量对应比值，实线表示拟合值，虚线表示预测区间

2. TSL 与 RDA 的关系

由图 2-19 可知，RDA 随着耳石的生长出现变化，TSL 小于 1400μm 时 RDA

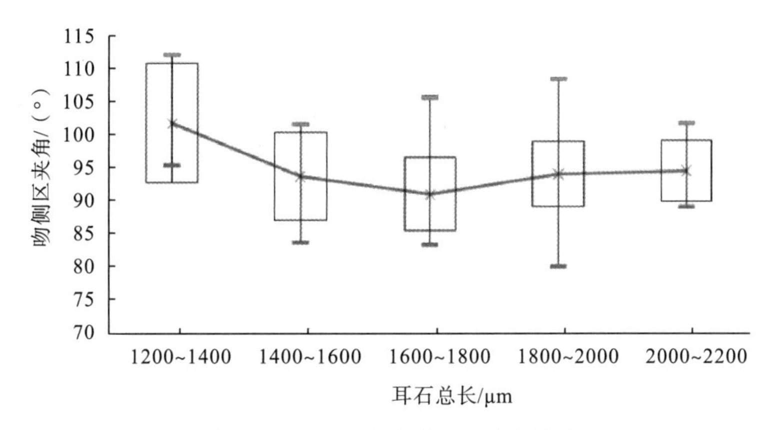

图 2-19　耳石总长与吻侧区夹角关系

线段表示极值，方框表示方差范围，星号表示平均值，曲线表示平均值变化

较大。TSL 为 1600～1800μm 时，其 RDA 最小，平均值为 90°，以后开始增大。但 TSL 大于 2000μm 时，其左耳石 RDA 趋于稳定，而右耳石则继续增大，平均值为 95°。

方差分析可知，左耳石 RDA 变化极显著(卡方值 15.55，$P=0.00$)，其中，TSL 小于 1600μm 时各 TSL 组 RDA 变化不显著，大于 1600μm 后发生极显著变化，2000μm 后变化趋于稳定。右耳石变化同样显著(卡方值 11.14，$P=0.03$)，变化模式与左耳石相同。

ML 与耳石各形态参数均存在正相关(表 2-22)，不同 ML 组耳石各形态参数整体变化极显著($P<0.01$)。其中相关系数最高的为 DDL、TSL，均大于 0.7。选取这两个参数与 ML 进行线性回归分析。

表 2-22　胴长与耳石形态参数典型相关分析及显著性检验

	MSW	TSL	DL	LDL	ROL	RIL	WL	RBL	DDL	RDL
相关系数	0.67	0.78	0.60	0.58	0.39	0.54	0.53	0.33	0.79	0.61
检验值 P	0.00	0.00	0.00	0.00	0.00	0.00	0.00	0.00	0.00	0.00

3. ML 与 TSL 的关系

ML(L_{ML})与 TSL(L_{TSL})的关系式为[图 2-20(a)]：

$$L_{TSL}=2088.64/[1+\exp(2.2-0.14L_{ML})]\qquad(R^2=0.63, P<0.01)$$

随着 ML 生长，耳石 TSL 不断变大。分析认为，TSL 生长存在两个阶段，ML 小于 16cm 时，TSL 生长速度不断增加。ML 大于 16cm 后，其生长速度开始下降，ML 达到 26cm 以后 TSL 下降速度加快；ML 大于 88cm 后，其 TSL 生长趋于稳定。

方差分析表明，TSL 在不同 ML 组整体变化极显著(卡方值 100.11，$P<$

0.01)。在 ML 小于 29cm 个体中，ML 为 20~23cm、23~26cm 及 26~29cm 个体间其 TSL 变化极显著($P<0.01$)。在 ML 大于 29cm 的个体中，ML 为 26~29cm 与 29~32cm、32~35cm 与 35~38cm 个体间变化不显著($P>0.05$)，而 ML 为 29~32cm 与 32~35cm、35~38cm 与 38~42cm 个体间变化极显著($P<0.01$)。

ML(L_{ML})与 DDL(L_{DDL})的关系式为[图 2-20(b)]：

$$L_{DDL} = 73.1944 L_{ML}^{0.55} \qquad (R^2 = 0.63, P < 0.01)$$

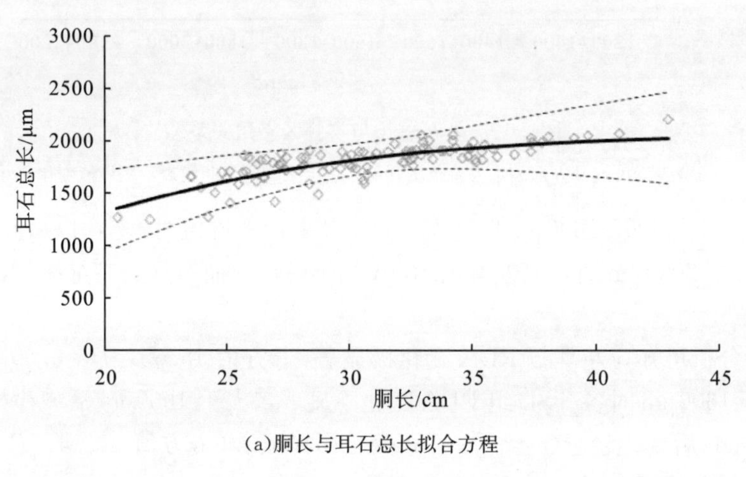

(a)胴长与耳石总长拟合方程

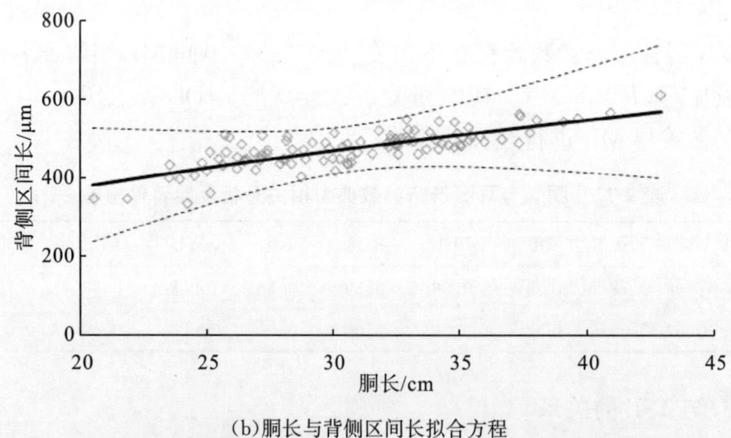

(b)胴长与背侧区间长拟合方程

图 2-20 茎柔鱼胴长与耳石总长、背侧区间长的关系

实线表示拟合曲线，方框表示测量值，虚线表示预测区间

DDL 在个体生长过程中持续生长，但生长速度不断降低。当 ML 小于 30cm 时，生长速度下降较快，此后下降缓慢，并趋于稳定。DDL 在不同 ML 组中整体变化同样极显著(卡方值 96.44，$P<0.01$)，各 ML 组间生长模式与 TSL 生长模式相同(表 2-23)。

表 2-23　不同胴长组间耳石总长和背侧区间长的多重比较分析

		ML/cm					
		23～26	26～29	29～32	32～35	35～38	38～42
TSL/cm	20～23	21.12**	38.04**	46.30**	68.54**	65.62**	85.53**
	23～26		10.04**	20.10**	61.97**	48.37**	66.96**
	26～29			2.92	29.64**	21.95**	42.32**
	29～32				10.69**	8.82**	27.80**
	32～35					0.06	11.78**
	35～38						9.07**
DDL/cm	20～23	13.41**	24.60**	29.12**	48.16**	51.81**	76.20**
	23～26		6.88*	12.38**	49.52**	49.10**	75.77**
	26～29			1.42	26.18**	27.83**	55.22**
	29～32				12.22**	15.76**	42.13**
	32～35					1.27	20.74**
	35～38						12.18**

注：* 表示显著性差异；** 表示极显著性差异

耳石各形态参数的生长存在差异，极不均匀(表 2-24)。从表 2-24 可知，DL/TSL、RIL/TSL、DDL/TSL 与 ML 存在正相关，DDA、RDA、RA 角度参数与 ML 均为负相关。LDL/TSL、ROL/TSL、RIL/TSL、RDA 与 ML 相关关系显著($P<0.05$)。耳石随 ML 呈现异速生长，侧区、吻区形态及其两部分夹角变化最为显著。根据相关性及显著性水平，可选取 ROL/TSL、RIL/TSL、RDA 来分析耳石整个生长过程中形态变化规律。

表 2-24　胴长与耳石形态参数典型相关分析及显著性检验

参数	MSW / TSL	DL / TSL	LDL / TSL	ROL / TSL	RIL / TSL	WL / TSL	RBL / TSL	DDL / TSL	RDL / TSL	DDA	RDA	RA
相关系数	(0.15)	0.11	(0.02)	(0.20)	0.17	(0.20)	(0.17)	0.09	(0.20)	(0.01)	(0.30)	(0.13)
P	0.18	0.54	0.01	0.01	0.00	0.18	0.25	0.15	0.16	0.78	0.01	0.31

注：括号内数值表示为负值

在样本中，ML 为 20～23cm 的个体，其 ROL/TSL 最小，然后随 ML 增长呈现上升趋势，ML 为 23～32cm 的个体其比值趋于稳定，此后缓慢下降[图 2-21(a)]。方差分析可知，ROL/TSL 整体变化显著($P<0.05$)，ML 为 20～23cm 与 23～26cm 个体变化显著，此后相邻个体间未出现显著性差异(表 2-25)。RIL/TSL 变化趋势呈现波动[图 2-21(b)]。由多重比较分析可知，RIL/TSL 在 23～26cm 与 26～29cm

个体间差异最为显著，其他相邻个体间不存在显著差异。RDA 变化同样呈现波动，变化模式完全与 RIL/TSL 相反[图 2-21(c)]，ML 为 23～26cm 的个体，其 RDA 为最大值，ML 大于 26cm 的个体其 RDA 总体上呈下降趋势。由多重比较分析可知(表 2-25)，相邻个体间 RDA 变化不显著，但 ML 为 23～26cm 的个体与 ML 为 29～32cm、32～35cm、35～38cm、38～42cm 的个体间差异均显著。

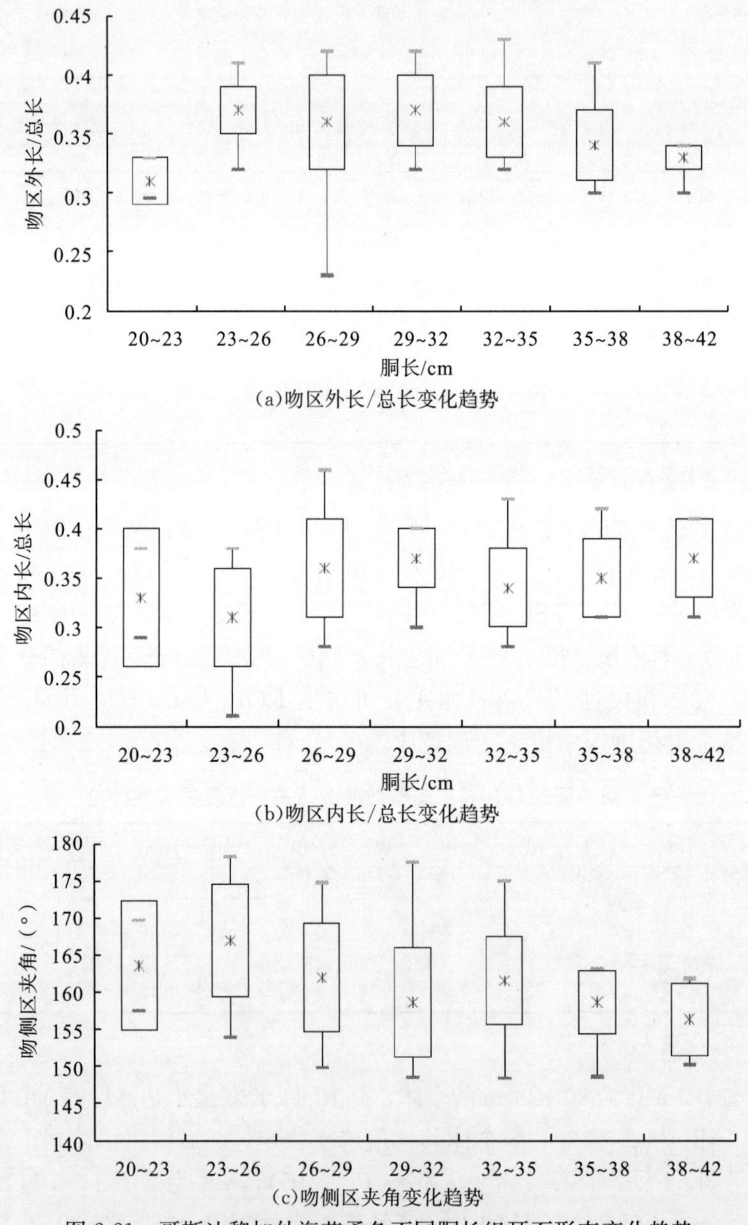

图 2-21　哥斯达黎加外海茎柔鱼不同胴长组耳石形态变化趋势

星号表示平均值，方框表示标准差，线段表示极值

表 2-25　哥斯达黎加外海茎柔鱼不同胴长组间耳石形态参数多重比较分析

		ML/cm					
		23～26	26～29	29～32	32～35	35～38	38～42
ROL/TSL	20～23	6.08*	4.67	5.55*	5	1.44	0.24
	23～26		0.66	0.09	0.47	6.10*	7.80*
	26～29			0.28	0.03	3.87	5.78*
	29～32				0.15	5.37*	7.11*
	32～35					4.62	6.37*
	35～38						0.92
RIL/TSL	20～23	0.73	0.78	1.06	0.05	0.31	1.31
	23～26		14.85**	15.77**	6.19*	7.76*	9.49**
	26～29			0.15	2.88	0.42	0.4
	29～32				3.83	0.88	0.14
	32～35					0.56	2.6
	35～38						1.02
RDA/(°)	20～23	0.44	0.12	1.03	0.19	1	1.72
	23～26		5.02	12.43**	6.23*	10.68**	9.43**
	26～29			2.6	0.06	2.15	2.96
	29～32				2.04	0	0.46
	32～35					1.67	2.55
	35～38						0.42

注：* 表示显著性差异；** 表示极显著性差异

个体性腺发育对耳石各形态参数的生长均未产生显著影响($P>0.05$)。同样，不同性腺成熟度个体间的 9 个形态比值也未出现显著性差异($P>0.05$)，三个角度变量同样不显著。因此说明不同性腺成熟度个体耳石各部分结构保持稳定。

2.3.4　空间异质性分析

2.3.4.1　基于外部形态特征的空间异质性分析

1. 空间相关性分析

根据 Geary *C* 系数对观测值与相邻空间点上的观测值相关性进行检验分析可知(表 2-26、表 2-27、表 2-28)，大部分群体在调查海域内空间分布存在空间相关性，Geary C 系数值小于 3。但智利外海海域 2009 年 1 月份大型群体当滞后距离大于 0.68 时，观测值失去相关性；秘鲁外海海域 2009 年 10 月份大型群体当滞后距离大于 1.2 时失去相关性。

根据滞后距离与 Geary C 系数变动关系可知，随着分析尺度的增大，相关性呈现降低的趋势，但对于不同的群体滞后距离的范围不同，与群体空间分布结构及调查尺度相关。

表 2-26　智利外海群体空间相关性分析

Ch0805L			Ch0809L			Ch0811L		
滞后距离	Geary C 系数	P	滞后距离	Geary C 系数	P	滞后距离	Geary C 系数	P
0.86	0.39	0.00	0.10	0.06	0.00	0.02	0.01	0.00
1.29	0.72	0.00	0.20	0.24	0.00	0.04	0.16	0.00
1.72	0.99	0.93	0.30	0.48	0.00	0.06	0.70	0.00
2.15	1.09	0.11	0.40	0.67	0.00	0.08	0.19	0.00
2.58	1.14	0.00	0.50	1.00	0.96	0.10	0.85	0.02
3.01	1.25	0.00	0.60	1.31	0.00	0.15	1.26	0.00
3.44	1.18	0.00	0.70	1.41	0.00	0.17	1.75	0.00
3.87	1.00	0.95	0.80	1.48	0.00	0.19	2.11	0.00
4.30	0.88	0.30	0.90	1.31	0.00	0.21	2.39	0.00
4.73	0.93	0.63	1.00	1.23	0.03	0.25	2.09	0.00
5.16	0.91	0.67	1.10	1.20	0.15	0.27	2.02	0.00
5.59	0.88	0.72	1.20	1.17	0.35	0.29	1.94	0.00
6.02	2.51	0.01	1.30	1.19	0.47			
			1.40	1.36	0.39			

Ch0901L			Ch0902L		
滞后距离	Geary C 系数	P	滞后距离	Geary C 系数	P
0.05	0.22	0.00	0.96	0.66	0.00
0.10	0.25	0.00	1.92	0.90	0.04
0.15	0.36	0.00	2.88	0.04	0.00
0.19	0.56	0.00	3.84	0.04	0.00
0.24	0.64	0.00	4.80	0.03	0.00
0.29	0.89	0.03	5.76	0.04	0.00
0.34	1.13	0.01	6.72	0.11	0.37
0.39	1.37	0.00	8.64	0.37	0.10

续表

Ch0901L			Ch0902L		
滞后距离	Geary C 系数	P	滞后距离	Geary C 系数	P
0. 44	1. 64	0. 00	9. 60	1. 17	0. 37
0. 49	1. 77	0. 00	10. 55	1. 40	0. 00
0. 53	2. 03	0. 00	11. 51	1. 43	0. 00
0. 58	2. 29	0. 00	12. 47	1. 51	0. 00
0. 63	2. 88	0. 00	13. 43	1. 52	0. 00
0. 68	3. 55	0. 00	14. 39	1. 71	0. 00
			15. 35	2. 95	0. 00
Ch0809S			**Ch0811S**		
滞后距离	Geary C 系数	P	滞后距离	Geary C 系数	P
0. 05	0. 10	0. 00	0. 22	0. 18	0. 00
0. 10	0. 39	0. 00	0. 43	0. 49	0. 00
0. 15	0. 75	0. 00	0. 86	0. 84	0. 00
0. 20	0. 74	0. 43	1. 08	1. 22	0. 00
0. 26	1. 38	0. 00	1. 50	1. 59	0. 00
0. 31	1. 13	0. 59	1. 72	1. 64	0. 00
0. 41	1. 39	0. 00	2. 15	1. 43	0. 00
0. 51	1. 42	0. 00	2. 36	1. 18	0. 17
0. 61	1. 01	0. 96	2. 79	0. 83	0. 35
			3. 01	0. 29	0. 02
Ch0812S			**Ch0902S**		
滞后距离	Geary C 系数	P	滞后距离	Geary C 系数	P
0. 14	0. 37	0. 00	0. 13	0. 32	0. 00
0. 28	0. 62	0. 00	0. 26	0. 40	0. 00
0. 42	1. 58	0. 00	0. 40	0. 57	0. 00
0. 56	1. 06	0. 29	0. 53	0. 78	0. 00
0. 70	0. 83	0. 01	0. 66	0. 99	0. 87
0. 84	2. 21	0. 00	0. 79	1. 10	0. 06
0. 98	0. 98	0. 76	0. 93	1. 44	0. 00
1. 12	0. 87	0. 01	1. 06	1. 22	0. 00
1. 26	2. 48	0. 00	1. 19	1. 29	0. 00

续表

Ch0812S			Ch0902S		
滞后距离	Geary *C* 系数	*P*	滞后距离	Geary *C* 系数	*P*
1.41	1.00	0.96	1.32	1.25	0.02
1.55	0.95	0.69	1.46	1.37	0.01
1.69	2.96	0.00	1.59	1.28	0.11
1.83	1.08	0.68	1.72	1.43	0.10
1.97	1.22	0.45	1.85	2.60	0.00

注：群体表示中“Ch”表示智利，“L”表示大型群体，“S”表示小型群体，如“Ch0805L”表示智利外海 2008 年 5 月大型群体。其余类同

表 2-27　秘鲁外海群体空间相关性分析

Pe0909S			Pe0910S		
滞后距离	Geary *C* 系数	*P*	滞后距离	Geary *C* 系数	*P*
0.14	0.16	0.00	0.06	0.07	0.00
0.29	0.47	0.00	0.12	0.15	0.00
0.43	0.89	0.02	0.18	0.38	0.00
0.57	1.03	0.59	0.24	0.90	0.09
0.72	1.15	0.01	0.29	0.87	0.02
0.86	1.22	0.00	0.35	1.24	0.00
1.00	1.25	0.00	0.41	1.58	0.00
1.14	1.24	0.00	0.47	1.73	0.00
1.29	1.13	0.13	0.53	1.15	0.03
1.43	1.36	0.00	0.59	1.15	0.17
1.57	1.01	0.92	0.65	1.21	0.15
1.72	0.85	0.40	0.71	1.12	0.51
1.86	0.78	0.29	0.76	0.88	0.65
2.00	0.83	0.56	0.82	1.44	0.30
Pe0909L			**Pe0910L**		
滞后距离	Geary *C* 系数	*P*	滞后距离	Geary *C* 系数	*P*
0.18	0.12	0.00	0.09	0.03	0.00
0.37	0.52	0.00	0.17	0.16	0.00
0.55	1.05	0.42	0.26	0.14	0.00
0.73	1.26	0.00	0.34	0.47	0.00
0.91	1.41	0.00	0.43	0.88	0.04

续表

Pe0909L			Pe0910L		
滞后距离	Geary C 系数	P	滞后距离	Geary C 系数	P
1.10	1.43	0.00	0.51	0.86	0.61
1.28	1.39	0.00	0.60	1.35	0.00
1.46	1.17	0.00	0.68	1.79	0.00
1.64	0.84	0.04	0.77	1.87	0.02
1.83	0.65	0.00	0.86	1.92	0.00
2.01	0.27	0.00	0.94	1.88	0.00
2.19	0.22	0.00	1.03	1.59	0.28
2.37	0.08	0.00	1.11	2.16	0.00
2.56	0.11	0.00	1.20	3.09	0.00

注：“Pe” 表示秘鲁

表 2-28　哥斯达黎加外海群体空间相关性分析

Cr0908S			Cr0908L		
滞后距离	Geary C 系数	P	滞后距离	Geary C 系数	P
0.59	0.04	0.00	0.59	0.06	0.00
1.18	0.28	0.00	1.18	0.39	0.00
1.76	0.58	0.00	1.76	0.78	0.00
2.35	0.73	0.00	2.35	0.95	0.28
2.94	0.88	0.03	2.94	1.36	0.00
3.53	0.88	0.07	3.53	1.63	0.00
4.11	0.80	0.01	4.11	1.80	0.00
4.70	1.11	0.02	4.70	1.39	0.00
5.29	1.59	0.00	5.29	0.97	0.72
5.88	1.60	0.00	5.88	0.86	0.20
6.47	2.29	0.00	6.47	0.33	0.00
7.05	2.25	0.00	7.05	0.22	0.00
7.64	2.12	0.00	7.64	0.15	0.00
8.23	2.41	0.00	8.23	0.36	0.03

注：Cr 表示哥斯达黎加

2. 智利外海空间异质性分析

根据空间相关性分析可知(表 2-26、表 2-27、表 2-28)，各群体观测值均存在一定范围的空间相关性。为进一步分析群体空间分布特征，对存在空间相关性的区域化变量利用变异函数求解。

根据分析可知(图 2-22)，智利外海 2008 年 5 月、9 月份，2009 年 1 月、2 月大型群体在 NE0°、NE45°、NE90°、NE135°四个方向上均存在变异函数，群体呈现规则分布。2008 年 11 月份群体仅在 NE90°方向上存在变异函数，其他三个方向均呈现不规则分布。

通过对各群体不同方向变异函数分布特征分析可知(图 2-22)，2008 年 5 月份群体分布中 NE135°方向上滞后距离值最大，相关性分布的范围最广，NE0°、NE90°两方向上分布范围基本相同，NE45°方向上分布范围最小。2008 年 9 月份群体在各向上分布模式与 5 月份相似。2009 年 1 月份群体分布中 NE45°方向上滞后距离最大，群体相关性分布范围最广，其次为 NE0°方向上，NE90°、NE135°两个方向上分布范围相近，分布范围最小。2009 年 2 月份 NE0°、NE135°两方向上分布范围最为广泛，其次是 NE45°方向上，NE90°方向上分布范围最小。

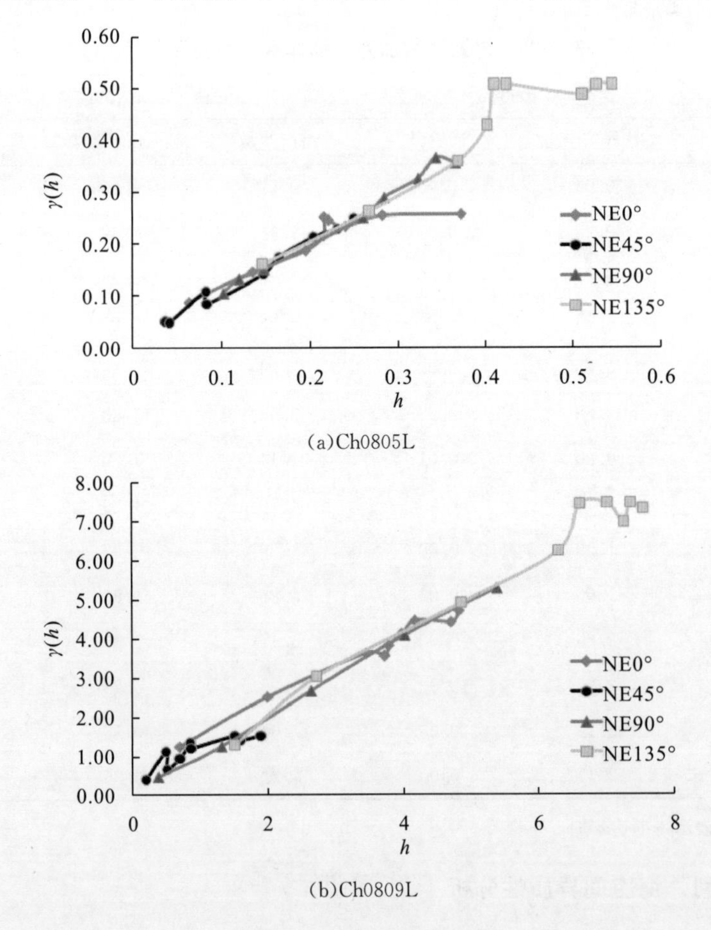

(a)Ch0805L

(b)Ch0809L

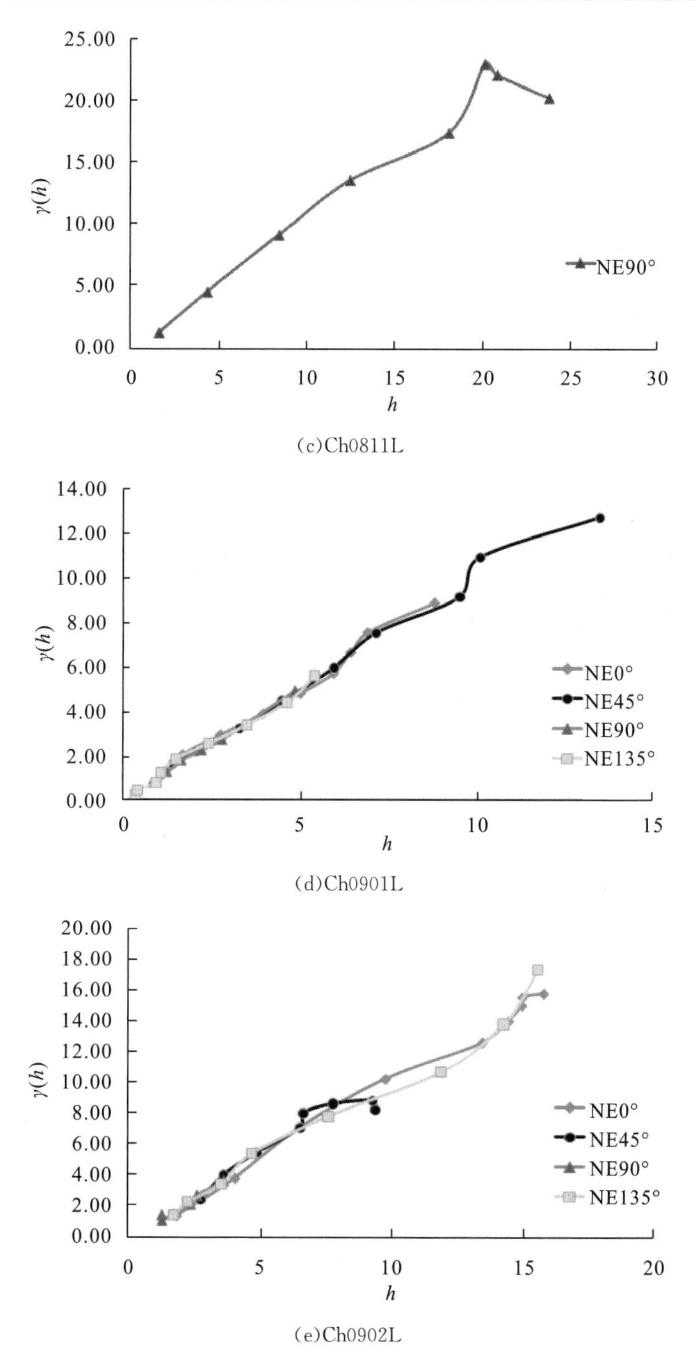

(c)Ch0811L

(d)Ch0901L

(e)Ch0902L

图 2-22　智利外海大型群体半变异函数分布曲线

为对各群体不同方向上分布特征进行判断，对各变异函数进行理论模型最优拟合。通过对不同拟合结果的决定系数进行对比获得各变异函数最优拟合模型（表 2-29）。根据拟合模型参数分析可知，2008 年 5 月份，NE0°方向分布特征呈现指数模型特征，NE45°、NE90°、NE135°更接近球形＋球形套和模型。根据变程差异可知，NE0°方向上相关性分布范围最小，其他三个方向上相近。根据基台值 C_0+C 差异可知，NE135°方向上空间异质性最高，根据块金值差异可知，NE0°、NE45°、NE135°三个方向上群体的空间差异性均来自群体自身分布特征影响，NE90°方向上空间差异性受到随机因素的影响，影响的大小通过 $C_0/(C_0+C)$值可知，比例为 50％。

2008 年 9 月份，NE0°、NE45°方向上分布特征呈现球形＋指数套和模型特征，NE90°、NE135°分布符合高斯模型。根据变程差异对比可知，NE45°方向上相关性分布范围最大，NE0°、NE90°、NE135°范围依次减小。根据基台值 C_0+C 差异可知，NE95°方向上空间异质性最高，根据块金值差异可知，NE90°方向上空间差异性最大，NE0°、NE45°方向上相同，NE135°方向上群体的空间差异性均来自群体自身分布特征影响。四个方向上随机因素导致的空间差异性比例均较小，NE45°、NE90°两个方向上只有 3％，其他两个方向未受到随机因素影响。

2008 年 11 月份仅 NE90°方向上存在空间异质性，分布类型为高斯模型，空间异质性范围较小，仅为 0.2。空间异质性均由群体自身分布特征决定，未受到随机因素影响。

2009 年 1 月份，NE0°、NE90°两方向分布特征符合线性有基台模型，NE45°、NE135°呈现高斯模型分布特征。根据变程差异可知，NE135°方向上相关性分布范围最大，NE0°、NE90°、NE45°三个方向上分布范围依次减小。根据基台值 C_0+C 差异可知，NE135°方向上空间异质性最高，且空间差异性只受到自身分布特征影响，其他三个方向受到随机因素影响，但比例较小，均小于 10％。

2009 年 2 月份，NE0°、NE135°两方向分布特征为指数模型特征，NE45°方向上表现为球形＋指数套和模型特征，NE90°更接近线性有基台模型。NE0°、NE45°、NE90°、NE135°四个方向上变程呈递增趋势分布，NE135°方向上相关性分布范围最大，同时该方向上空间异质性程度最高。NE0°空间异质性程度次之，NE90°异质性程度最小，同时该方向上空间异质性受随机因素影响最大，比例为 22％。NE0°、NE135°两个方向上空间差异性受到随机因素影响比例较小，分别为 3％、2％，NE45°方向上未受到随机因素影响。

由于不同月份中调查尺度存在差异，为了对比时间序列中不同群体空间异质性程度，计算获得分维数 D，通过对比可知(表 2-29)，不同群体间空间异质性差异不大，分维数基本在 1.43～1.70。2009 年 1 月份 NE135°方向上空间异质性变异程度最高，2008 年 9 月份 NE45°方向上最小。

表 2-29　智利外海大型群体变异函数理论模型及其参数

群体	方向	模型类型	a	C_0	C_0+C	$C_0/(C_0+C)$	D	R^2
Ch0805L	NE0°	指数模型	1.24	0.00	0.26	0.00	1.65	0.71
	NE45°	球形+球形套和模型	4.67	0.00	0.05	0.00	1.57	0.98
	NE90°	球形+球形套和模型	4.41	0.04	0.09	0.44	1.53	0.99
	NE135°	球形+球形套和模型	3.49	0.00	0.50	0.00	1.53	0.86
Ch0809L	NE0°	球形+指数套和模型	0.79	0.01	2.00	0.01	1.65	0.95
	NE45°	球形+指数套和模型	1.03	0.01	0.40	0.03	1.70	0.65
	NE90°	指数模型	0.55	0.25	9.42	0.03	1.52	1.00
	NE135°	高斯模型	0.16	0.00	7.45	0.00	1.46	0.97
Ch0811L	NE90°	高斯模型	0.02	0.00	23.85	0.00	1.48	0.95
Ch0901L	NE0°	线性有基台模型	14.29	0.15	8.84	0.02	1.52	0.99
	NE45°	高斯模型	0.41	1.29	21.94	0.06	1.52	0.99
	NE90°	线性有基台模型	7.77	0.26	4.87	0.05	1.49	1.00
	NE135°	高斯模型	5838.77	0.08	97849.50	0.00	1.43	0.99
Ch0902L	NE0°	高斯模型	0.58	0.45	16.07	0.03	1.44	0.99
	NE45°	球形+指数套和模型	1.22	0.01	4.55	0.00	1.49	0.89
	NE90°	线性有基台模型	3.57	0.79	3.64	0.22	1.51	0.96
	NE135°	指数模型	4.55	0.92	46.64	0.02	1.49	0.97

通过对智利外海小型群体变异函数求解可知，2008 年 9 月、11 月份群体仅在 NE0°方向上存在变异函数，2008 年 12 月份变为 NE45°、NE90°、NE135°三个方向上存在变异函数，到 2009 年 2 月份四个方向上均存在变异函数。

通过对各群体不同方向变异函数分布特征分析可知(图 2-23)，2008 年 12 月份群体分布中 NE135°方向上滞后距离值最大，相关性分布的范围最广，其次是 NE45°方向上，NE90°方向上滞后距离最小，相关性分布范围最小。2009 年 2 月份群体分布中 NE45°方向上滞后距离显著高于其他方向上，其次是 NE90°方向上，NE0°、NE135°两方向上相关性分布范围相似，显著小于其他方向。

通过对变异函数进行理论模型最优拟合分析可知，2008 年 9 月份小型群体在 NE0°方向呈现球形+指数套和模型特征分布，变程范围为 1.08，空间异质性变异主要是群体自身分布特征影响，随机因素影响的比例仅有 8%。

2008 年 11 月份 NE0°方向分布特征与 9 月份相同，符合球形+指数套和模型特征，变程范围为 2.04，空间异质性有 17%来自随机因素的影响。

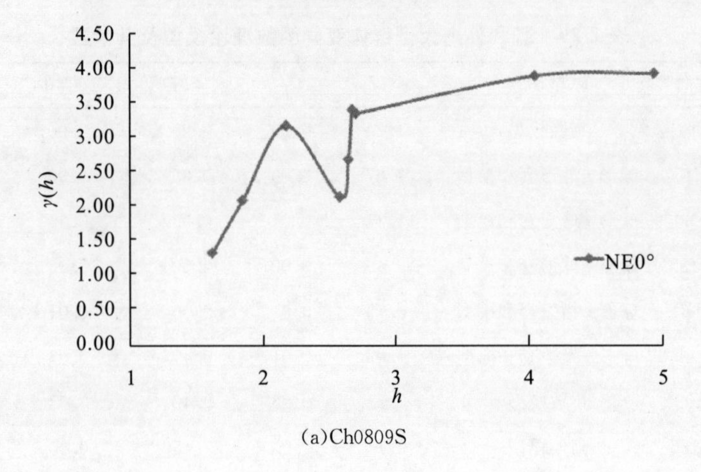

(a)Ch0809S

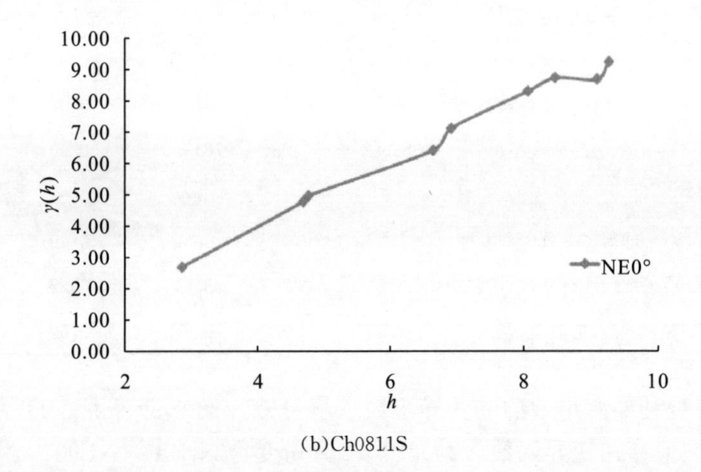

(b)Ch0811S

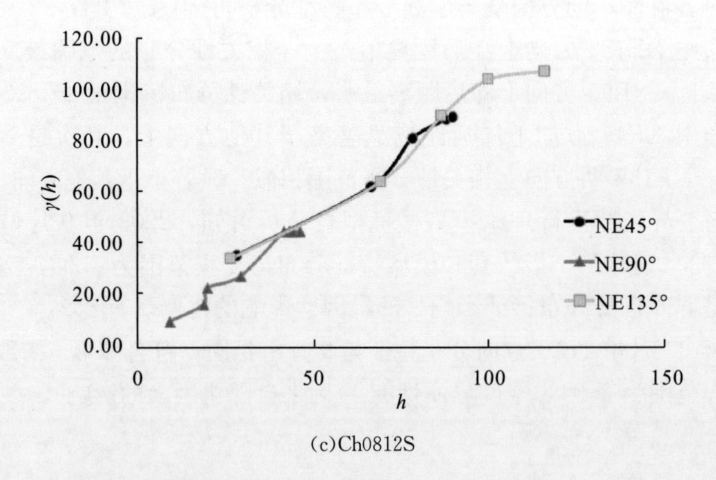

(c)Ch0812S

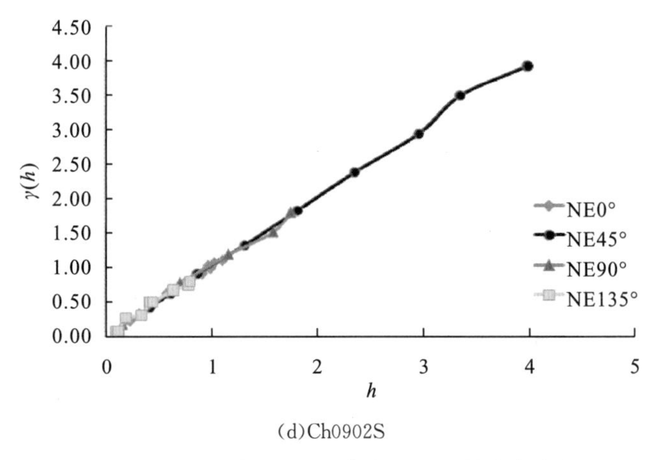

(d)Ch0902S

图 2-23　智利外海小型群体半变异函数分布曲线

2008 年 12 月份，NE45°、NE135°两方向上分布符合高斯模型特征，NE90°方向上呈现线性有基台模型特征。NE90°方向上变程显著高于其他两个方向，空间异质性范围最广，但变异程度最小。空间变异程度 NE135°最高，其次是 NE45°方向上。同时 NE45°、NE135°两方向上变异均来自群体自身分布特征的影响，NE90°方向上有 8%的变异来自随机因素。

2009 年 2 月份，NE0°、NE45°两方向上分布特征符合球形+球形套和模型及高斯模型，NE90°、NE135°两个方向上均符合球形+指数套和模型分布特征。对比四个方向上变程可知，NE0°方向上变异范围最为广泛，显著高于其他三个方向，同时变异程度也高于其他三个方向。该方向与 NE90°方向上一样，变异来自群体自身分布特征的影响，NE45°、NE135°两方向上分布有 5%、7%来自随机因素。

通过对比群体之间分维数 D 差异可知(表 2-30)，分维数均处于 1.48～1.70，群体间空间差异性程度相差不大。其中差异程度最大的是 2009 年 2 月份 NE0°方向上，最小的是该群体 NE135°方向上。

表 2-30　智利外海小型群体变异函数理论模型及其参数

群体	方向	模型类型	a	C_0	C_0+C	$C_0/(C_0+C)$	D	C^2
Ch0809S	NE0°	球形+指数套和模型	1.08	2.91	37.78	0.08	1.59	0.63
Ch0811S	NE0°	球形+指数套和模型	2.04	0.74	4.33	0.17	1.49	0.99
	NE45°	高斯模型	0.12	0.00	89.33	0.00	1.50	0.97
Ch0812S	NE90°	线性有基台模型	30.27	3.43	45.04	0.08	1.54	0.94
	NE135°	高斯模型	0.16	0.00	107.36	0.00	1.50	0.96

续表

群体	方向	模型类型	a	C_0	C_0+C	$C_0/(C_0+C)$	D	C^2
Ch0902S	NE0°	球形+球形套和模型	41.04	0.01	6.66	0.00	1.48	0.99
	NE45°	高斯模型	2.17	0.29	5.50	0.05	1.50	1.00
	NE90°	球形+指数套和模型	8.25	0.00	2.53	0.00	1.50	0.99
	NE135°	球形+指数套和模型	0.95	0.05	0.79	0.06	1.70	0.90

3. 秘鲁外海空间异质性分析

通过对秘鲁外海大型群体变异函数求解可知(图 2-24)，2009 年 9 月份群体在 NE90°、NE135°两个方向上存在变异函数，通过对两方向变异函数对比可知，NE90°方向上滞后距离较 NE135°方向上高。2009 年 10 月份大型群体仅在 NE0°方向上存在变异函数。

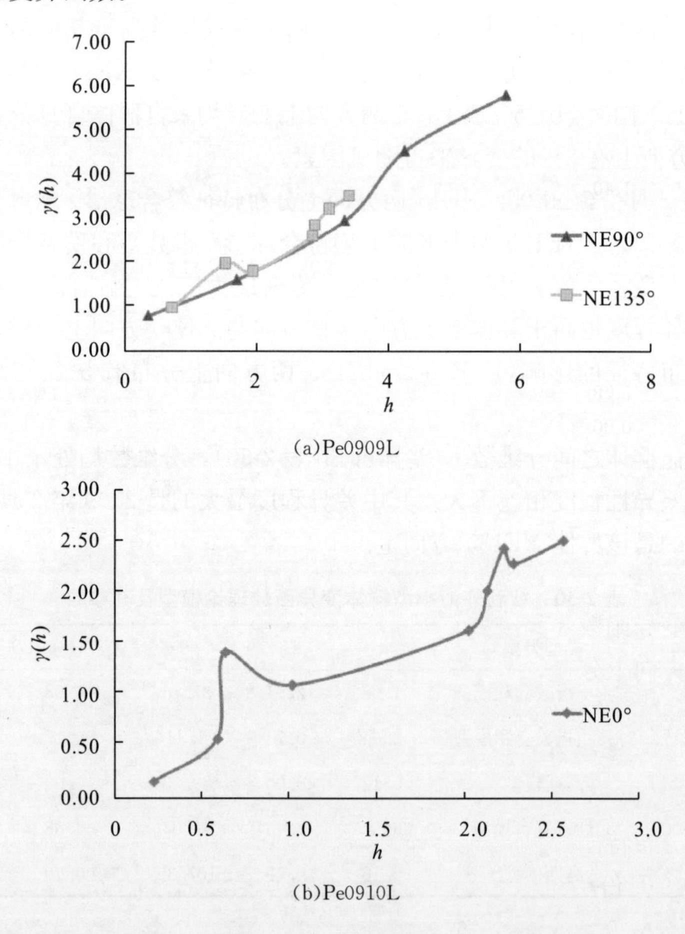

图 2-24 秘鲁外海大型群体半变异函数分布曲线

对秘鲁外海小型群体进行变异函数求解可知(图 2-25)，2009 年 9 月份 NE0°、NE45°两个方向上存在变异函数，NE45°方向上滞后距离高于 NE0°方向。2009 年 10 月份四个方向上均存在变异函数，NE90°方向上滞后距离最大，其次是 NE135°方向上，NE0°方向上最小。

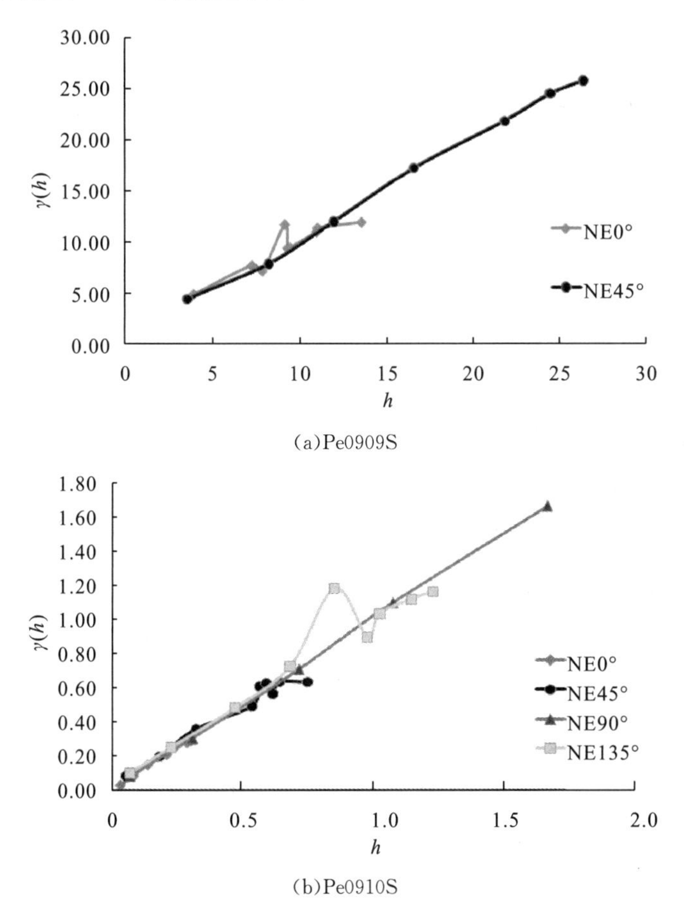

(a)Pe0909S

(b)Pe0910S

图 2-25　秘鲁外海小型群体半变异函数分布曲线

通过对变异函数理论模型最优拟合分析可知(表 2-31)，2009 年 9 月份大型群体 NE90°方向上分布类型属于线性有基台模型，NE135°方向上为球形+指数套和模型。NE90°方向上异质性分布范围及变异程度均高于 NE135°方向。NE90°方向上变异有 96％来自群体自身分布特征的影响，NE135°方向上 42％是来自随机因素的影响。2009 年 10 月份 NE0°方向分布特征符合高斯模型，空间异质性均来自群体自身分布特征影响。

2009 年 9 月份小型群体 NE0°、NE45°两个方向上均呈现高斯模型分布，变程依次为 1.39、0.55，NE0°方向变异范围较 NE45°广。基台值分别为 3.21、26.45，NE45°方向上变异程度较高，但主要是随机因素造成的，比例为 95％。

NE0°方向上空间异质性均来自群体自身结构特征。

表 2-31 智利外海群体变异函数理论模型及其参数

群体	方向	模型类型	a	C_0	C_0+C	$C_0/(C_0+C)$	D	R^2
Pe0909L	NE90°	线性有基台模型	5.68	0.23	5.80	0.04	1.60	0.98
	NE135°	球形+指数套和模型	1.19	0.96	2.27	0.42	1.56	0.94
Pe0910L	NE0°	高斯模型	0.28	0.00	2.55	0.00	1.50	0.87
Pe0909S	NE0°	高斯模型	1.39	2.91	3.21	0.91	1.60	0.82
	NE45°	高斯模型	0.55	1.25	26.45	0.05	1.51	1.00
Pe0910S	NE0°	高斯模型	0.10	0.01	0.30	0.03	1.47	0.99
	NE45°	高斯模型	0.07	0.00	0.63	0.00	1.58	0.95
	NE90°	高斯模型	0.95	0.02	11.20	0.00	1.52	1.00
	NE135°	高斯模型	0.11	0.00	1.19	0.00	1.55	0.91

4. 哥斯达黎加外海空间异质性分析

通过对哥斯达黎加外海大小两群体变异函数求解可知(图 2-26)，2009 年 8 月份两群体在四个方向均存在变异函数，其中对于大型群体，NE0°、NE45°、NE135°三个方向上滞后距离基本相同，NE90°方向上滞后距离最小。对于小型群体 NE0°、NE45°两方向上滞后距离显著高于 NE90°、NE135°两方向。

通过对变异函数理论模型拟合结果分析可知(表 2-32)，对于 2009 年 8 月份大型群体，在 NE0°、NE135°两个方向上分布特征符合球形+指数套和模型，NE45°、NE90°两方向上分布特征分别符合球形+球形套和模型、高斯模型。通过变程对比分析可知，NE0°、NE45°、NE135°三个方向上相关性分布范围显著高于 NE90°方向上，且变异程度也较之高。NE45°方向上空间异质性有 32%来自随机因素影响，其他三个方向上均来自群体自身分布特征的影响。

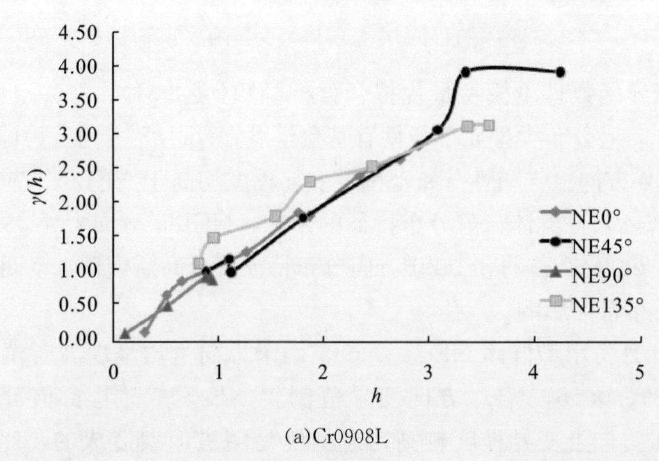

(a)Cr0908L

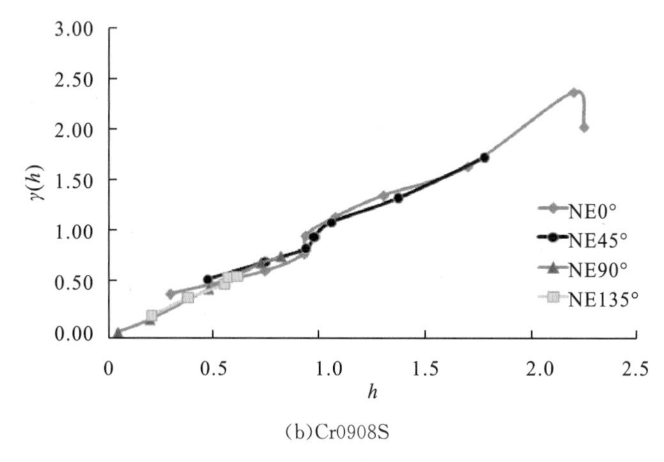

(b)Cr0908S

图 2-26　哥斯达黎加外海群体半变异函数分布曲线

对于小型群体，NE0°、NE45°两方向上呈现球形+指数套和模型分布特征，NE90°、NE135°方向上分布特征符合高斯模型。空间异质性相关分布 NE45°方向上分布最为广泛，NE0°方向上次之，NE135°方向上最小。该分布特征与异质性变异程度分布特征相同。NE0°、NE90°两个方向上空间异质性有 1%及 3%来自随机因素的影响，其他两个方向上只受自身分布特征影响。

通过分维数 D 对比可知(表 2-32)，两个群体不同方向上变异程度差异性不大，大型群体 NE0°方向上异质性程度最高，NE135°方向上异质性程度最小。

表 2-32　哥斯达黎加外海群体变异函数理论模型及其参数

群体	方向	模型类型	a	C_0	C_0+C	$C_0/(C_0+C)$	D	R^2
Cr0908L	NE0°	球形+指数套和模型	4.13	0.01	2.19	0.00	1.43	0.98
	NE45°	球形+球形套和模型	4.75	1.26	3.92	0.32	1.51	0.96
	NE90°	高斯模型	0.79	0.00	0.94	0.00	1.53	0.99
	NE135°	球形+指数套和模型	4.40	0.01	2.42	0.00	1.61	0.87
Cr0908S	NE0°	球形+指数套和模型	5.09	0.05	4.22	0.01	1.57	0.96
	NE45°	球形+指数套和模型	6.61	0.00	9.05	0.00	1.56	0.98
	NE90°	高斯模型	3.03	0.02	0.83	0.02	1.54	1.00
	NE135°	高斯模型	2.62	0.00	0.60	0.00	1.52	0.98

5. 三海区空间异质性差异对比分析

由于各海区取样站点尺度不一致，所以无法通过变程对各海区群体空间异质性尺度进行分析。通过对各海区分维数对比分析可知(图 2-27)，变异程度最高的群体出现在智利、哥斯达黎加外海大型群体中。根据平均值及标准差分布可知(图 2-27)，各群体分维数为 1.52～1.55，智利外海两个群体变动范围最大，且两

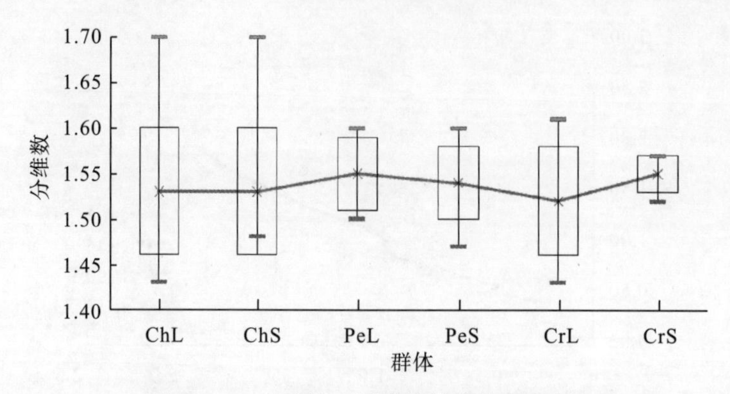

图 2-27 三个海域不同群体分维数差异分析

ChL. 智利大型群体；ChS. 智利小型群体；PeL. 秘鲁大型群体；
PeS. 秘鲁小型群体；CrL. 哥斯达黎加大型群体；CrS. 哥斯达黎加小型群体

个群体之间变动范围基本相同。秘鲁外海两个群体变动范围较智利外海群体小，且两个群体之间变动范围基本相同。哥斯达黎加外海两群体间变动范围存在较大差异，大型群体变动范围较大，小型群体变动范围最小。

2.3.4.2 基于角质颚形态的空间异质性分析

1. 空间相关性分析

根据 Geary *C* 系数对观测值与相邻空间点上的观测值相关性进行检验分析可知，大部分群体在调查海域内空间分布存在空间相关性，Geary *C* 系数值小于 3。但智利外海 2009 年 1 月份大型群体当滞后距离大于 0.68 时，观测值失去相关性；秘鲁外海 2009 年 10 月份大型群体当滞后距离大于 1.1 时失去相关性。2009 年 8 月份小型群体当滞后距离大于 3.33 时失去相关性（表 2-33、表 2-34、表 2-35）。

根据滞后距离与 Geary *C* 系数变动关系可知（表 2-33），随着分析尺度的增大，相关性呈现降低的趋势，但对于不同的群体滞后距离的范围不同，与群体空间分布结构及调查尺度相关。

表 2-33 智利外海群体空间相关性分析

Ch0805L			Ch0809L			Ch0811L		
滞后距离	Geary *C* 系数	*P*	滞后距离	Geary *C* 系数	*P*	滞后距离	Geary *C* 系数	*P*
0.87	0.51	0.00	0.10	0.15	0.00	0.02	0.28	0.00
1.30	0.72	0.00	0.19	0.26	0.00	0.02	0.37	0.00
1.74	0.84	0.01	0.29	0.51	0.00	0.03	0.41	0.00
2.17	0.86	0.02	0.38	0.69	0.00	0.04	0.62	0.00

续表

Ch0805L			Ch0809L			Ch0811L		
滞后距离	Geary *C* 系数	*P*	滞后距离	Geary *C* 系数	*P*	滞后距离	Geary *C* 系数	*P*
2.61	0.89	0.03	0.48	1.01	0.85	0.04	1.09	0.34
3.04	0.87	0.01	0.57	1.31	0.00	0.05	1.30	0.00
3.47	1.09	0.09	0.67	1.34	0.00	0.06	1.30	0.02
3.91	1.33	0.00	0.76	1.40	0.00	0.07	1.64	0.00
4.34	1.59	0.00	0.86	1.22	0.00	0.07	1.75	0.00
4.78	1.75	0.00	0.95	1.11	0.30	0.08	1.85	0.00
5.21	1.74	0.00	1.05	1.14	0.34	0.09	1.67	0.00
5.65	1.30	0.36	1.15	1.07	0.74	0.10	2.12	0.00
6.08	0.80	0.71	1.24	1.16	0.55	0.10	2.84	0.00
			1.34	1.97	0.05			

Ch0901L			Ch0902L		
滞后距离	Geary *C* 系数	*P*	滞后距离	Geary *C* 系数	*P*
0.05	0.23	0.00	0.13	0.24	0.00
0.10	0.26	0.00	0.26	0.41	0.00
0.15	0.37	0.00	0.39	0.54	0.00
0.19	0.56	0.00	0.52	0.80	0.00
0.24	0.65	0.00	0.65	0.86	0.01
0.29	0.90	0.05	0.78	1.16	0.01
0.34	1.15	0.00	0.91	1.28	0.00
0.39	1.38	0.00	1.04	1.38	0.00
0.44	1.62	0.00	1.17	1.34	0.00
0.49	1.76	0.00	1.30	1.33	0.01
0.53	1.98	0.00	1.43	1.43	0.00
0.58	2.23	0.00	1.56	1.51	0.00
0.63	2.73	0.00	1.69	1.74	0.00
0.68	3.22	0.00	1.82	2.01	0.00
			15.35	2.95	0.00

续表

Ch0812S			Ch0902S		
滞后距离	Geary C 系数	P	滞后距离	Geary C 系数	P
0.15	0.48	0.00	0.13	0.46	0.00
0.30	0.74	0.00	0.26	0.61	0.00
0.44	0.99	0.92	0.40	0.78	0.00
0.59	1.10	0.07	0.53	0.97	0.61
0.74	0.95	0.33	0.66	0.95	0.32
0.89	0.84	0.02	0.79	1.16	0.01
1.04	1.24	0.00	0.92	1.44	0.00
1.18	1.14	0.00	1.06	1.10	0.03
1.33	1.08	0.26	1.19	1.05	0.45
1.48	1.02	0.90	1.32	1.20	0.13
1.63	1.12	0.35	1.45	0.98	0.87
1.78	1.17	0.36	1.58	1.16	0.37
1.92	0.90	0.68	1.71	1.56	0.02
2.07	1.36	0.25	1.85	1.77	0.01

Ch0809S			Ch0811S		
滞后距离	Geary C 系数	P	滞后距离	Geary C 系数	P
0.06	0.46	0.00	0.01	0.16	0.00
0.11	0.53	0.00	0.02	0.24	0.00
0.16	0.93	0.29	0.03	0.39	0.00
0.22	0.88	0.03	0.04	0.55	0.00
0.27	0.86	0.02	0.05	0.75	0.00
0.33	1.72	0.00	0.06	0.87	0.05
0.38	1.07	0.26	0.07	1.05	0.24
0.44	1.23	0.00	0.08	1.26	0.00
0.49	2.00	0.00	0.09	1.45	0.00
0.55	1.32	0.00	0.10	1.65	0.00
0.60	1.35	0.01	0.11	1.92	0.00
0.66	2.03	0.03	0.12	2.03	0.00
0.71	1.47	0.01	0.13	2.34	0.00
0.77	1.73	0.01	0.14	2.61	0.00

表 2-34　秘鲁外海群体空间相关性分析

Pe0909S			Pe0910S		
滞后距离	Geary C 系数	P	滞后距离	Geary C 系数	P
0.12	0.04	0.00	0.08	0.19	0.00
0.24	0.21	0.00	0.16	0.61	0.00
0.37	0.40	0.00	0.25	0.91	0.14
0.49	0.48	0.00	0.33	0.99	0.87
0.61	0.86	0.01	0.41	1.06	0.24
0.73	1.13	0.01	0.49	1.06	0.33
0.85	1.49	0.00	0.58	1.11	0.16
0.98	1.57	0.00	0.66	1.04	0.38
1.10	1.59	0.00	0.74	1.35	0.00
1.22	1.58	0.00	0.82	1.36	0.00
1.34	1.55	0.00	0.90	1.34	0.01
1.46	1.48	0.01	0.99	0.66	0.06
1.59	1.22	0.41	1.07	0.75	0.31
1.71	0.96	0.92	1.15	1.05	0.89
Pe0909L			Pe0910L		
滞后距离	Geary C 系数	P	滞后距离	Geary C 系数	P
0.18	0.30	0.00	0.08	0.07	0.00
0.37	1.05	0.33	0.16	0.15	0.00
0.55	1.19	0.00	0.24	0.16	0.00
0.73	1.12	0.01	0.31	0.45	0.00
0.91	0.96	0.48	0.39	0.78	0.00
1.10	0.91	0.17	0.47	0.68	0.17
1.28	1.01	0.87	0.55	1.23	0.00
1.46	1.04	0.43	0.63	1.69	0.00
1.64	0.99	0.89	0.71	1.38	0.37
1.83	1.19	0.08	0.78	1.80	0.00
2.01	0.69	0.01	0.86	2.06	0.00
2.19	0.84	0.37	0.94	1.85	0.13
2.37	0.70	0.24	1.02	2.78	0.00
2.56	1.08	0.80	1.10	3.90	0.00

表 2-35 哥斯达黎加外海群体空间相关性分析

Cr0908S			Cr0908L		
滞后距离	Geary C 系数	P	滞后距离	Geary C 系数	P
0.24	0.00	0.00	0.22	0.22	0.00
0.48	0.08	0.00	0.43	0.31	0.00
0.71	0.19	0.00	0.65	0.55	0.00
0.95	0.27	0.00	0.87	0.75	0.00
1.19	0.57	0.00	1.09	0.98	0.70
1.43	0.96	0.54	1.30	1.16	0.00
1.66	1.21	0.00	1.52	1.43	0.00
1.90	1.70	0.00	1.74	1.56	0.00
2.14	2.03	0.00	1.95	1.13	0.12
2.38	2.08	0.00	2.17	0.98	0.83
2.61	2.39	0.00	2.39	0.95	0.75
2.85	2.70	0.00	2.61	0.99	0.94
3.09	2.76	0.00	2.82	1.08	0.79
3.33	3.02	0.00	3.04	1.02	0.97

2. 智利外海空间异质性分析

根据空间相关性分析可知(表 2-33、表 2-34、表 2-35)，各群体观测值均存在一定范围的空间相关性。为进一步分析群体空间分布特征，对存在空间相关性的区域化变量进行变异函数求解。

根据分析可知(图 2-28)，智利外海 2008 年 5 月、9 月份，2009 年 1 月、2 月大型群体在 NE0°、NE45°、NE90°、NE135°四个方向上均存在变异函数，群体呈现规则分布。2008 年 11 月份群体在 NE45°、NE90°、NE135°三个方向上存在变异函数，NE0°方向均呈现不规则分布。

通过对各群体不同方向变异函数分布特征分析可知(图 2-28)，2008 年 5 月份群体在 NE0°、NE45°、NE135°三个方向上异质性分布范围基本相同，NE90°方向上分布范围最小。2008 年 9 月份群体在各向上分布模式与 5 月份相似。2008 年 11 月份三个方向上分布模式基本相同。2009 年 1 月份和 2 月份分布模式与 2008 年 5 月份相似。

通过对不同拟合结果的决定系数进行对比获得各变异函数最优拟合模型(表 2-36)。根据拟合模型参数分析可知，2008 年 5 月份中，NE0°、NE45°、NE90°、NE135°四个方向分布特征分别符合球形+球形套和模型、球形模型、高斯模型、线性有基台模型特征。根据变程差异可知，NE0°方向上相关性分布范围最大，其他三个方向上相近。根据基台值 C_0+C 差异可知，NE0°方向上空间异质性最高，根据块金值差异可知，NE0°、NE45°、NE135°四个方向上群体的空间差异性均受到空间随机因素的影响，影响的大小通过 $C_0/(C_0+C)$ 值可知，比例为 10%～50%。

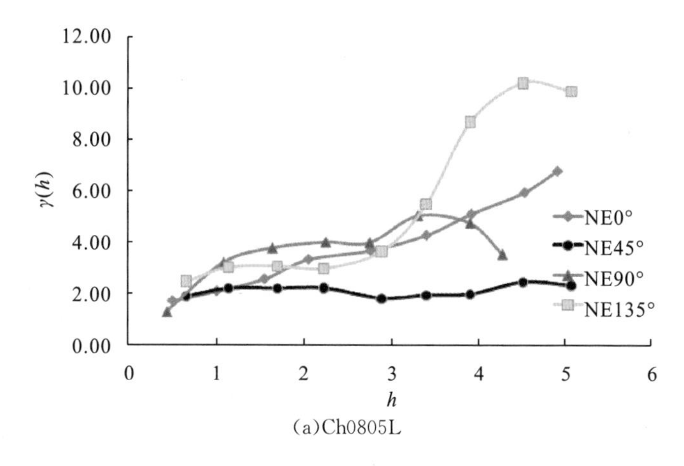

(a)Ch0805L

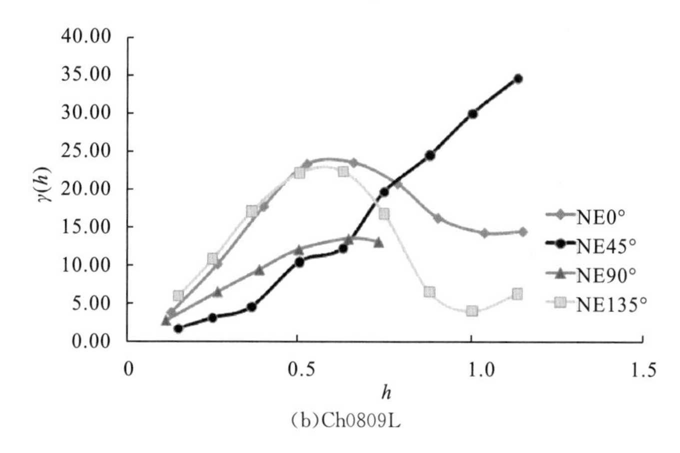

(b)Ch0809L

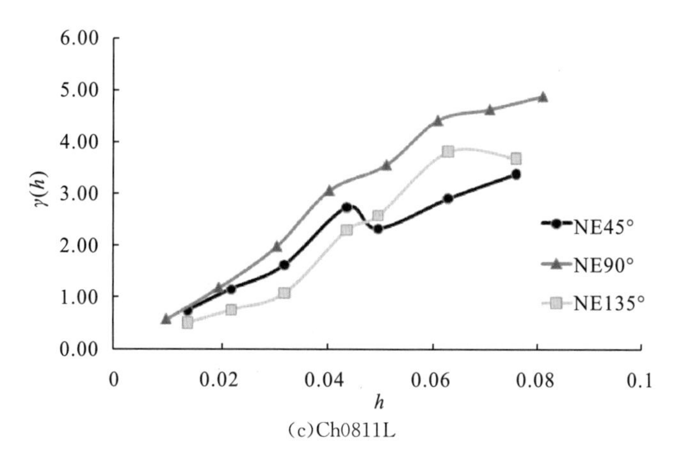

(c)Ch0811L

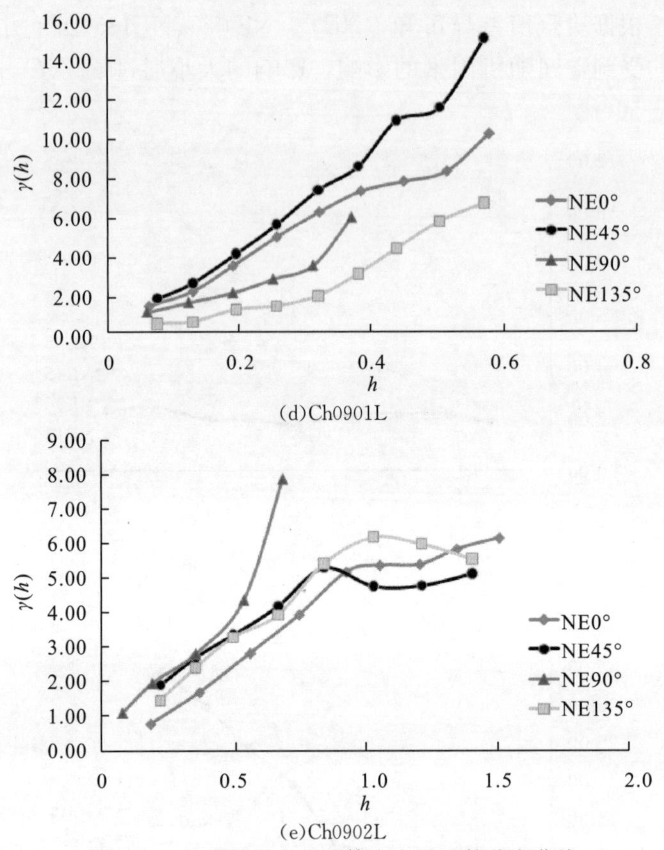

(d)Ch0901L

(e)Ch0902L

图 2-28 智利外海大型群体半变异函数分布曲线

2008 年 9 月份，NE0°、NE45°方向上分布特征分别呈现球形+指数套和模型和高斯模型特征，NE90°、NE135°分布符合线性有基台模型。根据变程差异对比可知(表 2-36)，NE0°、NE45°方向上变异程度较小，NE90°、NE135°两方向上变异程度较大。NE0°方向上变异均来自群体自身分布特征的影响，其他三个方向受到随机因素的影响。其中 NE45°、NE90°两个方向上受到的影响较小，NE135°方向上受到的影响较大，比例为 84%。

2008 年 11 月份三个方向上变异程度均不高，其中 NE45°方向上最大，但仅为 0.08，其中变异均来自群体自身分布特征的差异。其他两个方向上接近于零，NE90°、NE135°方向上分别有 8%及 3%来自随机因素的影响。

2009 年 1 月份，NE0°方向分布特征符合指数模型，NE45°、NE90°两方向上符合线性有基台模型，NE135°呈现高斯模型分布特征。根据变程差异可知(表 2-36)，NE135°方向上相关性分布范围最大，NE45°、NE90°、NE0°三个方向上分布范围依次减小。根据基台值 C_0+C 差异可知，NE135°方向上空间异质性最高，且空间差异性只受到自身分布特征影响，NE0°、NE45°两个方向变异未受到随机因素影响，NE90°方向上受随机因素影响比例较小，仅为 5%。

2009 年 2 月份，NE0°方向上为高斯模型分布特征，其他三个方向均为线性有基台模型。NE0°、NE45°、NE135°、NE90°四个方向上变程呈递增趋势分布，NE90°方向上相关性分布范围最大，同时该方向上空间异质性程度最高。四个方向上空间变异均受到随机因素影响，但比例为 7%～15%。

由于不同月份中调查尺度存在差异，为了对比时间序列中不同群体空间异质性程度，计算获得分维数 D，通过对比可知(表 2-36)，不同群体间空间异质性差异显著，分维数基本在 1.22～2.06。2008 年 9 月份 NE45°方向上空间异质性变异程度最高，2008 年 9 月份 NE135°方向上最小。

表 2-36　智利外海大型群体变异函数理论模型及其参数

群体	方向	模型类型	a	C_0	C_0+C	$C_0/(C_0+C)$	D	R^2
Ch0805L	NE0°	球形+球形套和模型	9.70	1.39	10.92	0.13	1.70	0.99
	NE45°	球形模型	1.03	0.63	2.11	0.30	1.97	0.13
	NE90°	高斯模型	1.64	1.12	4.48	0.25	1.75	0.81
	NE135°	线性有基台模型	0.79	1.76	9.35	0.19	1.63	0.96
Ch0809L	NE0°	球形+指数套和模型	0.75	0.00	0.29	0.00	1.72	0.95
	NE45°	高斯模型	1.81	0.58	69.19	0.01	1.22	0.99
	NE90°	线性有基台模型	24.23	0.12	13.52	0.01	1.56	1.00
	NE135°	线性有基台模型	21.88	7.17	8.56	0.84	2.06	0.78
Ch0811L	NE45°	球形+球形套和模型	0.08	0.00	3.36	0.00	1.54	0.95
	NE90°	高斯模型	0.00	0.43	5.44	0.08	1.47	0.99
	NE135°	高斯模型	0.00	0.16	5.96	0.03	1.34	0.95
Ch0901L	NE0°	指数模型	0.94	0.01	11.95	0.00	1.52	0.99
	NE45°	线性有基台模型	22.52	0.00	15.07	0.00	1.45	0.99
	NE90°	线性有基台模型	9.44	0.31	5.91	0.05	1.56	1.00
	NE135°	高斯模型	193.13	0.10	394.04	0.00	1.26	0.99
Ch0902L	NE0°	高斯模型	0.56	0.40	6.10	0.07	1.49	0.99
	NE45°	线性有基台模型	5.29	0.73	4.82	0.15	1.73	0.99
	NE90°	线性有基台模型	6.92	0.53	7.87	0.07	1.58	1.00
	NE135°	线性有基台模型	5.88	0.22	5.86	0.04	1.61	0.99

通过对智利外海小型群体变异函数求解可知(图 2-29)，2008 年 9 月仅三个方向上存在变异函数，2008 年 11 月份、12 月份、2009 年 2 月份四个方向上均存在变异函数。

通过对各群体不同方向变异函数分布特征分析可知(图 2-29)，2008 年 12 月份群体分布中 NE0°方向上滞后距离值最大，相关性分布的范围最广，NE45°、NE135°两方向上滞后距离相近，相关性分布范围最小。2008 年 11 月份四个方向上滞后距离相近，无显著差异。2008 年 12 月份 NE0°方向上滞后距离最小，其他三个方向上显著高于该方向。2009 年 2 月份 NE90°方向上滞后距离最小，其他三个方向相近。

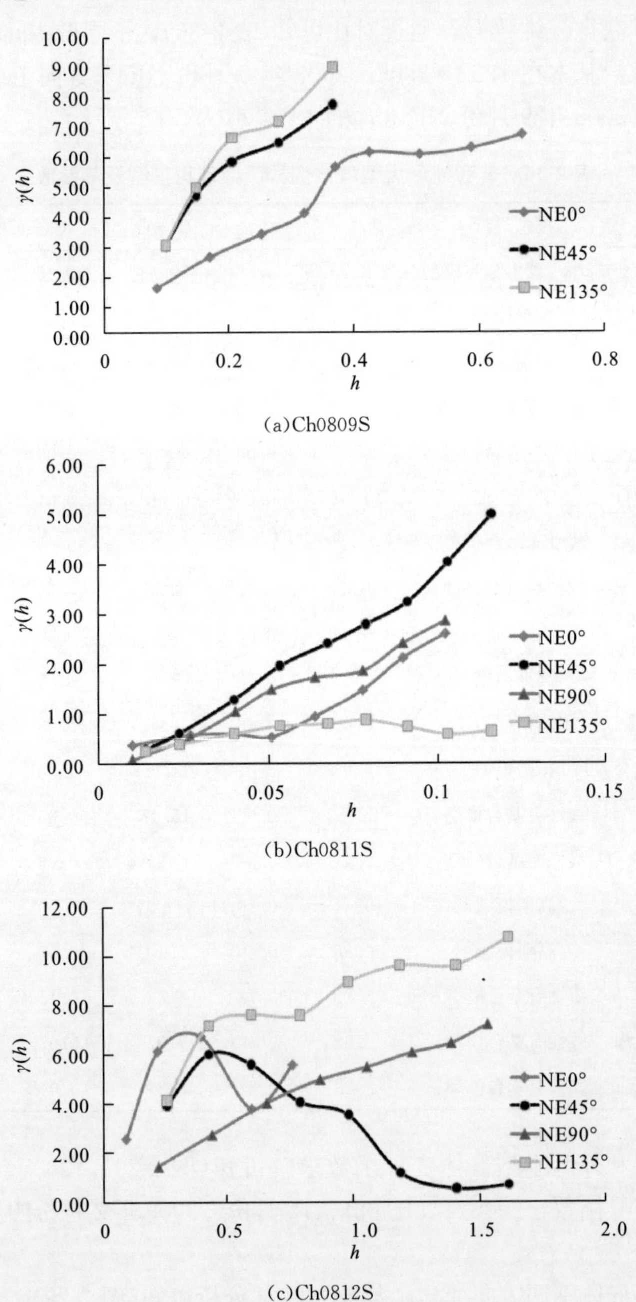

(a)Ch0809S

(b)Ch0811S

(c)Ch0812S

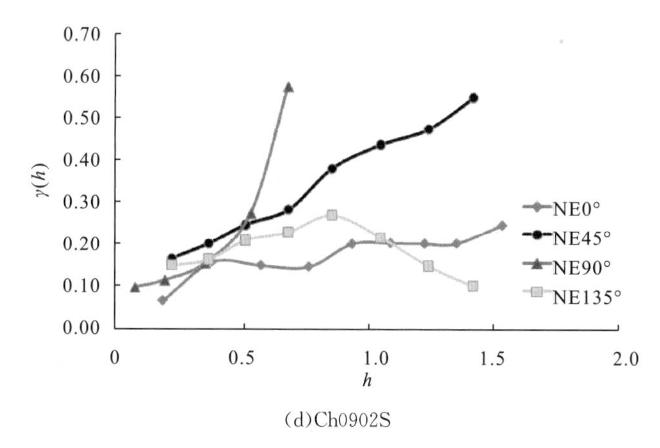

(d)Ch0902S

图 2-29　智利外海小型群体半变异函数分布曲线

通过对变异函数进行理论模型最优拟合分析可知(表 2-37)，2008 年 9 月份小型群体在 NE0°方向呈现线性有基台模型特征，变程范围为 10.46，异质性范围显著高于 NE45°、NE135°两方向。但 NE0°方向空间异质性有 11%受到随机因素的影响，其他两个方向均由群体自身分布特征决定。

2008 年 11 月份 NE0°、NE45°两个方向均符合高斯模型分布特征，NE90°方向符合线性有基台模型分布特征，NE135°方向符合球形＋指数套和模型分布特征。四个方向中，NE0°方向上变程最大，其次是 NE90°方向，其他两个方向相近且最小。通过基台值可知，NE0°变异程度最大，其次是 NE45°方向。NE0°、NE90°两个方向空间异质性均来自群体自身分布的影响，NE45°、NE135°两方向上分别有 6%及 60%来自随机因素的影响。

2008 年 12 月份 NE90°、NE135°方向上分布特征符合球形＋指数套和模型，NE0°、NE45°分别符合高斯模型、线性有基台模型分布特征。NE135°方向上变异范围最广，其次是 NE45°方向上，NE0°方向上最小。变异程度 NE45°、NE135°两方向相近，显著高于其他两个方向，但是 NE45°方向上 54%变异来自随机因素的影响，NE90°方向上 23%的变异来自随机因素的影响，其他两个方向变异均是群体自身分布范围决定。

2009 年 2 月份，NE0°方向上分布特征分布符合球形＋球形套和模型，NE45°、NE90°、NE135°三个方向上均符合球形＋指数套和模型分布特征。对比四个方向上变程可知(表 2-37)，NE0°方向上变异范围最为广泛，显著高于其他三个方向，但变异程度低于其他三个方向，且变异均来自群体自身分布特征的影响。

通过对比群体之间分维数 D 差异可知(表 2-37)，分维数均处于 1.23～2.02，群体间空间差异性程度差异显著。其中差异程度最大的是 2008 年 11 月份 NE90°方向上，最小的是 2009 年 2 月份群体 NE135°方向上。

表 2-37　智利外海小型群体变异函数理论模型及其参数

群体	方向	模型类型	a	C_0	C_0+C	$C_0/(C_0+C)$	D	R^2
Ch0809S	NE0°	线性有基台模型	10.46	0.70	6.09	0.11	1.62	0.98
	NE45°	指数模型	0.25	0.00	10.07	0.00	1.65	0.98
	NE135°	指数模型	0.37	0.00	10.27	0.00	1.60	0.96
Ch0811S	NE0°	高斯模型	102.82	0.21	213.12	0.00	1.60	0.96
	NE45°	高斯模型	0.02	0.45	7.95	0.06	1.34	0.98
	NE90°	线性有基台模型	25.73	0.00	2.88	0.00	1.23	0.98
	NE135°	球形+指数套和模型	0.09	0.07	0.11	0.64	1.77	0.95
Ch0812S	NE0°	高斯模型	0.01	0.00	5.39	0.00	1.87	0.57
	NE45°	线性有基台模型	1.97	6.05	11.14	0.54	1.59	0.86
	NE90°	球形+指数套和模型	1.73	0.46	2.04	0.23	1.63	0.98
	NE135°	球形+指数套和模型	2.68	0.00	11.40	0.00	1.78	0.96
Ch0902S	NE0°	球形+球形套和模型	2.15	0.00	0.24	0.00	1.75	0.90
	NE45°	球形+指数套和模型	0.75	0.08	0.69	0.12	1.67	0.99
	NE90°	球形+指数套和模型	0.61	0.01	1.83	0.01	1.64	1.00
	NE135°	球形+指数套和模型	1.16	0.11	0.53	0.21	2.02	0.96

3. 秘鲁外海空间异质性分析

通过对秘鲁外海大型群体变异函数求解可知(图 2-30)，2009 年 9 月份群体在 NE0°、NE90°、NE135°三个方向上存在变异函数。通过对比变异函数可知，NE0°方向上滞后距离较 NE135°方向上高，NE90°方向上变异范围最小。2009 年 10 月份大型群体仅在 NE0°方向上存在变异函数。

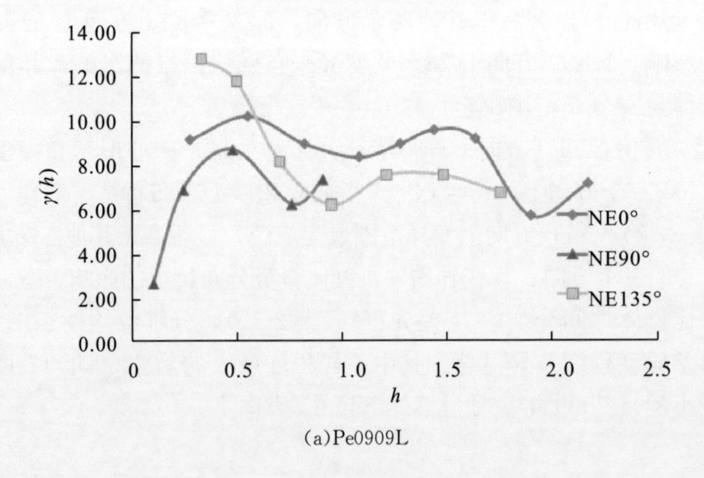

(a)Pe0909L

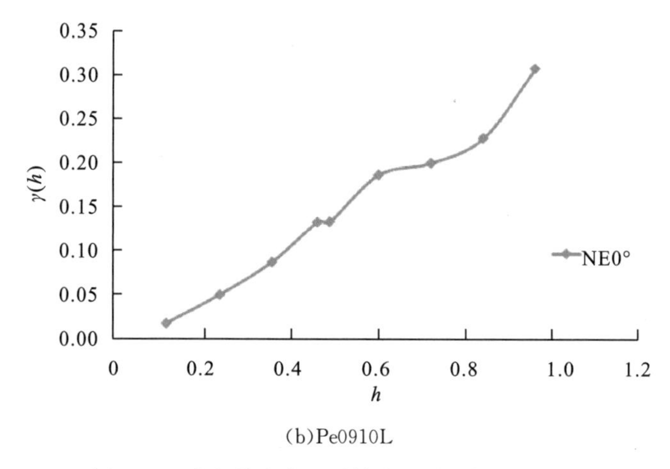

(b)Pe0910L

图 2-30　秘鲁外海大型群体半变异函数分布曲线

对小型群体进行变异函数求解可知(图 2-31)，2009 年 9 月份在 NE0°、NE45°、NE135°三个方向上存在变异函数，三个方向上滞后距离相近。2009 年 10 月份在 NE0°、NE90°、NE135°三个方向存在变异函数，NE90°方向上滞后距离显著小于其他两个方向。

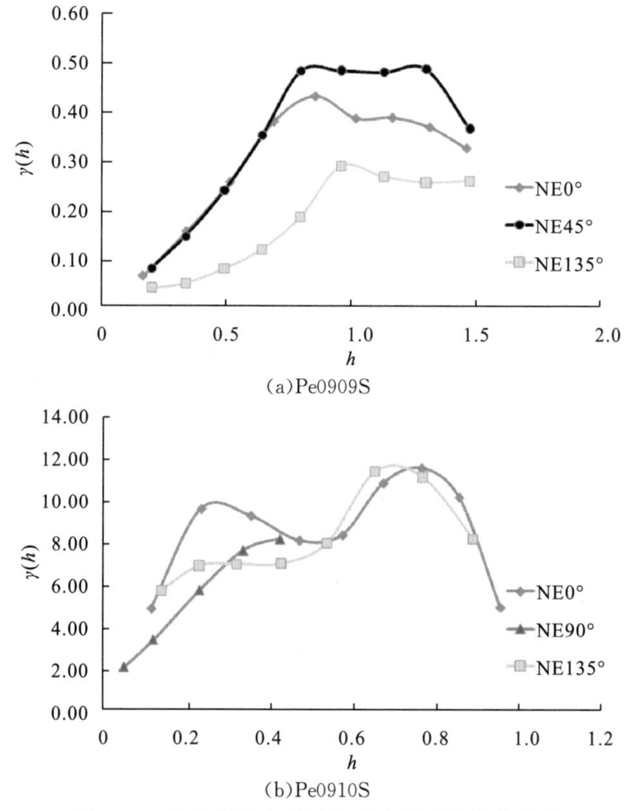

图 2-31　秘鲁外海小型群体半变异函数分布曲线

通过对变异函数理论模型最优拟合分析可知(表 2-38)，2009 年 9 月份大型群体 NE0°方向上分布类型属于线性有基台模型，NE90°、NE135°方向上为球形+指数套和模型。NE135°方向上异质性分布范围高于其他两个方向，但变异程度 NE135°方向上最高，但该方向上 74%来自随机因素的影响。NE135°方向上有 11%来自随机因素的影响，NE90°方向空间异质性均有群体自身因素决定。2009 年 10 月份大型个体符合球形+球形套和模型分布特征，变程值为 1.96，空间异质性均来自自身因素的影响。

2009 年 9 月份小型群体 NE0°、NE45°两个方向上分别呈现球形+指数套和模型、球形+球形套和模型分布特征，变程依次为 1.10、1.26，NE135°方向分布特征为线性有基台模型，变异范围较其他两方向小。三个方向中 NE45°方向上变异程度最高，其次是 NE135°方向。三个方向上变异均来自群体自身分布特征的影响。

2009 年 10 月份小型群体 NE0°、NE90°两个方向上分别呈现高斯模型分布特征，变程依次为 0.02、0.06，NE135°方向分布特征为线性有基台模型，变异范围较其他两方向高。三个方向中变异程度相近，NE0°方向上变异程度最高，且该方向上变异均来自群体自身因素的影响。其他两个方向分别有 21%、54%来自空间随机因素的影响。

表 2-38 秘鲁外海群体变异函数理论模型及其参数

群体	方向	模型类型	a	C_0	C_0+C	$C_0/(C_0+C)$	D	R^2
Pe0909L	NE0°	线性有基台模型	0.35	9.52	12.79	0.74	2.07	0.80
	NE90°	球形+指数套和模型	0.46	0.01	4.17	0.00	1.80	0.90
	NE135°	球形+指数套和模型	1.01	0.98	8.76	0.11	2.20	0.92
Pe0910L	NE0°	球形+球形套和模型	1.96	0.00	0.43	0.00	1.32	0.98
Pe0909S	NE0°	球形+指数套和模型	1.10	0.00	0.19	0.00	1.59	0.95
	NE45°	球形+球形套和模型	1.26	0.00	0.49	0.00	1.54	0.85
	NE135°	线性有基台模型	0.19	0.00	0.27	0.00	1.40	0.97
Pe0910S	NE0°	高斯模型	0.02	0.00	9.22	0.00	1.92	0.34
	NE90°	高斯模型	0.06	1.79	8.53	0.21	1.66	1.00
	NE135°	线性有基台模型	8.03	4.41	8.14	0.54	1.84	0.83

4. 哥斯达黎加外海空间异质性分析

通过对哥斯达黎加外海大小两群体变异函数求解可知(图 2-32)，2009 年 8 月份大型群体在四个方向均存在变异函数。其中对于大型群体，NE0°、NE45°、NE135°三个方向上滞后距离基本相同，NE90°方向上滞后距离最小。对于小型群体仅 NE0°、NE45°两方向上存在变异函数，NE0°方向滞后距离高于 NE45°方向。

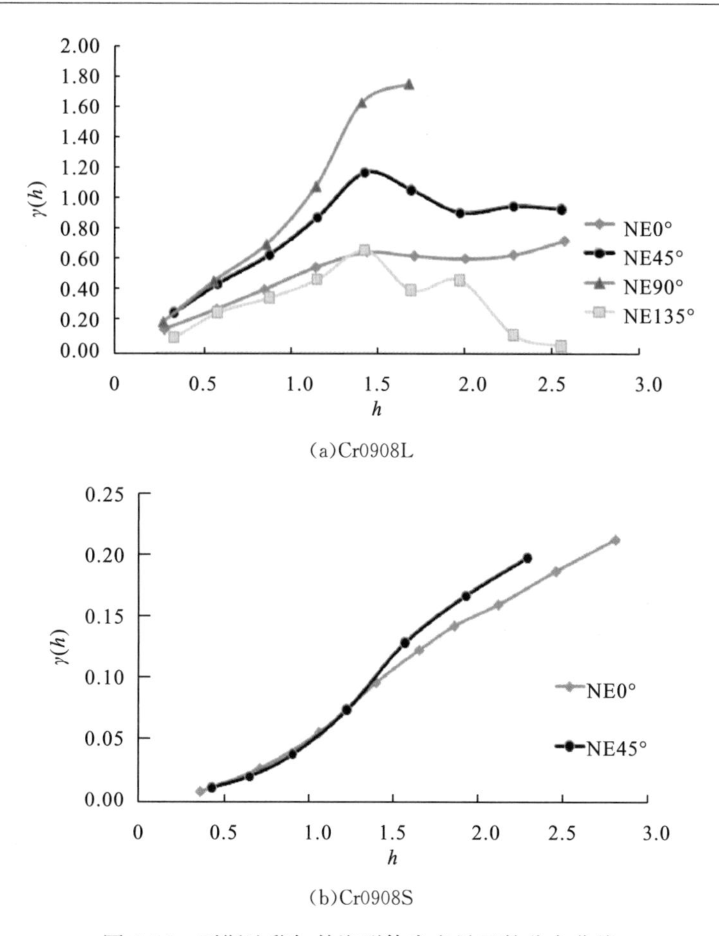

(a)Cr0908L

(b)Cr0908S

图 2-32　哥斯达黎加外海群体半变异函数分布曲线

变异函数理论模型拟合结果分析可知(表 2-39)，对于 2009 年 8 月份大型群体，在 NE45°、NE135°两个方向上分布特征符合球形+指数套和模型，NE0°、NE90°两方向上分布特征分别符合线性有基台模型、高斯模型。通过变程对比分析可知(表 2-39)，NE90°方向上相关性分布范围最高，且变异程度也较高。NE45°方向上空间异质性未受随机因素影响，其他三个方向上由群体自身分布特征与随机因素共同影响。

对于小型群体，在 NE0°和 NE45°两方向上均呈现球形+指数套和模型分布特征。空间异质性相关分布 NE0°方向上分布最为广泛，NE45°方向上次之。NE45°方向上空间异质性有 1%来自随机因素的影响，NE0°方向上只受自身分布特征影响。

通过分维数 D 对比可知(表 2-39)，两个群体不同方向上变异程度差异性显著，大型群体 NE90°方向上异质性程度最高，NE135°方向上异质性程度最小。小型群体 NE45°方向上异质性程度最高，NE0°方向上异质性程度最小。

表 2-39 哥斯达黎加外海群体变异函数理论模型及其参数

群体	方向	模型类型	a	C_0	C_0+C	$C_0/(C_0+C)$	D	R^2
Cr0908L	NE0°	线性有基台模型	0.47	0.01	0.64	0.02	1.65	0.97
	NE45°	球形+指数套和模型	1.88	0.00	0.62	0.00	1.67	0.93
	NE90°	高斯模型	3.03	0.12	2.97	0.04	1.39	0.98
	NE135°	球形+指数套和模型	2.02	0.03	1.26	0.02	2.02	0.87
Cr0908S	NE0°	球形+指数套和模型	2.65	0.00	0.19	0.00	1.18	0.98
	NE45°	球形+指数套和模型	2.60	0.00	0.20	0.00	1.10	1.00

2.3.4.3 基于耳石形态的空间异质性分析

1. 空间相关性分析

根据Geary C 系数对观测值与相邻空间点上的观测值相关性进行检验分析可知，大部分群体在调查海域内空间分布存在空间相关性，Geary C 系数值小于 3。但智利外海 2008 年 11 月份大型群体当之后距离大于 0.1 时，观测值失去相关性；2009 年 1 月份大型群体当滞后距离大于 0.63 时，观测值失去相关性；2008 年 11 月小型群体当滞后距离大于 0.13 时，观测值失去相关性(表 2-40、表 2-41、表 2-42)。

根据滞后距离与 Geary C 系数变动关系可知(表 2-40)，随着分析尺度的增大，相关性呈现降低的趋势，但对于不同的群体滞后距离的范围不同，与群体空间分布结构及调查尺度相关。

表 2-40 智利外海群体空间相关性分析

Ch0805L			Ch0809L			Ch0811L		
滞后距离	Geary C 系数	P	滞后距离	Geary C 系数	P	滞后距离	Geary C 系数	P
0.87	0.27	0.00	0.09	0.18	0.00	0.02	0.46	0.00
1.30	0.43	0.00	0.19	0.29	0.00	0.02	0.49	0.00
1.74	0.57	0.00	0.28	0.50	0.00	0.03	0.49	0.00
2.17	0.69	0.00	0.38	0.66	0.00	0.04	0.66	0.00
2.61	0.82	0.00	0.47	0.97	0.57	0.04	1.10	0.27
3.04	1.06	0.25	0.57	1.21	0.00	0.05	1.01	0.91
3.47	1.34	0.00	0.66	1.33	0.00	0.06	1.04	0.76
3.91	1.64	0.00	0.75	1.39	0.00	0.07	1.48	0.00
4.34	1.80	0.00	0.85	1.36	0.00	0.07	1.64	0.00
4.78	1.97	0.00	0.94	1.18	0.09	0.08	1.76	0.00
5.21	1.81	0.00	1.04	1.20	0.16	0.09	1.45	0.01
5.65	1.48	0.14	1.13	1.16	0.38	0.10	2.10	0.00
6.08	0.83	0.75	1.23	1.43	0.10	0.10	3.22	0.00
			1.32	1.58	0.17			

续表

Ch0901L			Ch0902L		
滞后距离	Geary *C* 系数	*P*	滞后距离	Geary *C* 系数	*P*
0.05	0.43	0.00	0.14	0.02	0.00
0.10	0.36	0.00	0.27	0.18	0.00
0.15	0.41	0.00	0.41	0.32	0.00
0.19	0.58	0.00	0.54	0.41	0.00
0.24	0.67	0.00	0.68	0.72	0.00
0.29	0.82	0.00	0.81	1.10	0.13
0.34	1.08	0.09	0.95	1.34	0.00
0.39	1.29	0.00	1.08	1.81	0.00
0.44	1.49	0.00	1.22	1.93	0.00
0.49	1.65	0.00	1.35	1.99	0.00
0.53	1.96	0.00	1.49	1.91	0.00
0.58	2.67	0.00	1.62	1.78	0.00
0.63	3.54	0.00	1.76	1.85	0.00
0.68	5.42	0.00	1.89	1.45	0.13
Ch0809S			Ch0811S		
滞后距离	Geary *C* 系数	*P*	滞后距离	Geary *C* 系数	*P*
0.06	0.00	0.00	0.01	0.15	0.00
0.12	0.33	0.00	0.02	0.21	0.00
0.18	0.37	0.00	0.03	0.32	0.00
0.24	0.78	0.00	0.04	0.52	0.00
0.30	1.22	0.00	0.05	0.75	0.00
0.36	1.60	0.09	0.06	0.94	0.35
0.41	1.78	0.00	0.07	1.05	0.20
0.47	1.73	0.00	0.08	1.26	0.00
0.53	2.23	0.01	0.09	1.32	0.00
0.59	1.57	0.00	0.10	1.61	0.00
0.65	1.30	0.02	0.11	1.94	0.00
0.71	1.43	0.43	0.12	2.50	0.00
0.77	0.78	0.24	0.13	3.36	0.00
0.83	0.03	0.00	0.14	4.73	0.00

续表

Ch0812S			Ch0902S		
滞后距离	Geary *C* 系数	*P*	滞后距离	Geary *C* 系数	*P*
0.15	0.32	0.00	0.13	0.11	0.00
0.30	0.46	0.00	0.27	0.34	0.00
0.44	0.71	0.00	0.40	0.51	0.00
0.59	0.95	0.37	0.54	0.60	0.00
0.74	0.91	0.10	0.67	0.90	0.05
0.89	1.05	0.46	0.81	1.21	0.00
1.04	1.39	0.00	0.94	1.42	0.00
1.18	1.17	0.00	1.08	1.57	0.00
1.33	1.24	0.00	1.21	1.61	0.00
1.48	1.78	0.00	1.35	1.58	0.00
1.63	1.21	0.10	1.48	1.48	0.00
1.78	1.23	0.20	1.62	1.34	0.06
1.92	1.48	0.04	1.75	1.39	0.13
2.07	1.85	0.01	1.88	0.84	0.60

表 2-41 秘鲁外海群体空间相关性分析

Pe0909S			Pe0910S		
滞后距离	Geary *C* 系数	*P*	滞后距离	Geary *C* 系数	*P*
0.12	0.01	0.00	0.08	0.24	0.00
0.23	0.13	0.00	0.16	0.58	0.00
0.35	0.28	0.00	0.25	0.78	0.00
0.46	0.38	0.00	0.33	0.88	0.03
0.58	0.70	0.00	0.41	0.80	0.00
0.70	1.12	0.06	0.49	0.88	0.05
0.81	1.38	0.00	0.58	1.01	0.89
0.93	1.75	0.00	0.66	1.24	0.00
1.04	1.85	0.00	0.74	1.37	0.00
1.16	1.85	0.00	0.82	1.53	0.00
1.28	1.96	0.00	0.90	1.38	0.01
1.39	2.00	0.00	0.99	1.76	0.00
1.51	2.10	0.00	1.07	1.89	0.00
1.62	1.96	0.00	1.15	1.89	0.01

续表

Pe0909L			Pe0910L		
滞后距离	Geary C 系数	P	滞后距离	Geary C 系数	P
0. 18	0. 31	0. 00	0. 08	0. 26	0. 00
0. 37	1. 09	0. 09	0. 16	0. 51	0. 00
0. 55	1. 26	0. 00	0. 24	0. 72	0. 00
0. 73	1. 17	0. 00	0. 31	1. 11	0. 03
0. 91	0. 99	0. 92	0. 39	1. 44	0. 00
1. 10	0. 93	0. 25	0. 47	1. 21	0. 37
1. 28	1. 05	0. 49	0. 55	1. 62	0. 00
1. 46	1. 07	0. 15	0. 63	1. 43	0. 00
1. 64	0. 99	0. 85	0. 71	1. 00	1. 00
1. 83	1. 03	0. 77	0. 78	0. 85	0. 08
2. 01	0. 79	0. 10	0. 86	0. 59	0. 00
2. 19	0. 47	0. 00	0. 94	0. 64	0. 51
2. 37	0. 40	0. 02	1. 02	0. 48	0. 00
2. 56	0. 32	0. 02	1. 10	0. 72	0. 35

表 2-42　哥斯达黎加外海群体空间相关性分析

Cr0908S			Cr0908L		
滞后距离	Geary C 系数	P	滞后距离	Geary C 系数	P
0. 24	0. 01	0. 00	0. 22	0. 42	0. 00
0. 48	0. 12	0. 00	0. 43	0. 50	0. 00
0. 71	0. 27	0. 00	0. 65	0. 70	0. 00
0. 95	0. 37	0. 00	0. 87	0. 84	0. 01
1. 19	0. 74	0. 00	1. 09	0. 92	0. 23
1. 43	1. 19	0. 00	1. 30	1. 08	0. 10
1. 66	1. 46	0. 00	1. 52	1. 17	0. 00
1. 90	1. 78	0. 00	1. 74	1. 22	0. 00
2. 14	1. 83	0. 00	1. 95	1. 30	0. 00
2. 38	1. 74	0. 00	2. 17	1. 15	0. 17
2. 61	1. 96	0. 00	2. 39	1. 13	0. 35
2. 85	1. 99	0. 00	2. 61	1. 34	0. 09
3. 09	1. 89	0. 00	2. 82	1. 37	0. 20
3. 33	1. 99	0. 00	3. 04	1. 65	0. 19

2. 智利外海空间异质性分析

根据空间相关性分析可知(表 2-40、表 2-41、表 2-42)，各群体观测值均存在一定范围的空间相关性。为进一步分析群体空间分布特征，对存在空间相关性的区域化变量进行变异函数求解。

根据分析可知(图 2-33)，智利外海 2008 年 5 月、9 月份，2009 年 1 月、2 月大型群体在 NE0°、NE45°、NE90°、NE135°四个方向上均存在变异函数，群体呈现规则分布。2008 年 11 月份群体仅在 NE90°、NE135°方向上存在变异函数，其他方向均呈现不规则分布。

通过对各群体不同方向变异函数分布特征分析可知(图 2-33)，2008 年 5 月份群体分布 NE90°方向上分布范围最小，其他三个方向基本相似。2008 年 9 月份群体在各方向上分布模式与 5 月份相似。2009 年 1 月份群体分布中 NE90°方向上滞后距离最小，群体相关性分布范围最小，NE0°、NE90°、NE135°方向上分布范围相近，分布范围较广。2009 年 2 月份 NE0°、NE135°两方向上分布范围最为广泛，其次是 NE45°方向上，NE90°方向上分布范围最小。

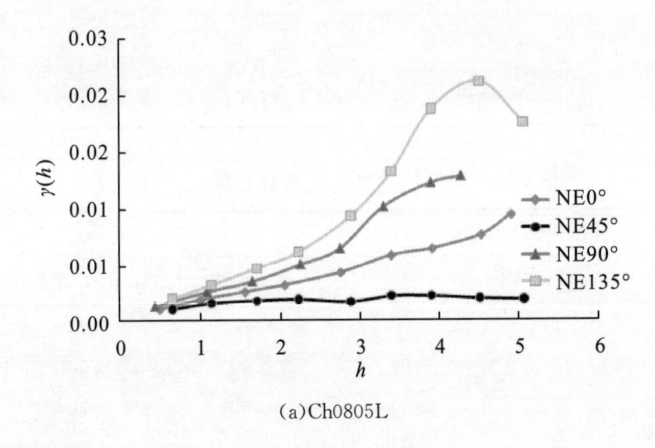

(a)Ch0805L

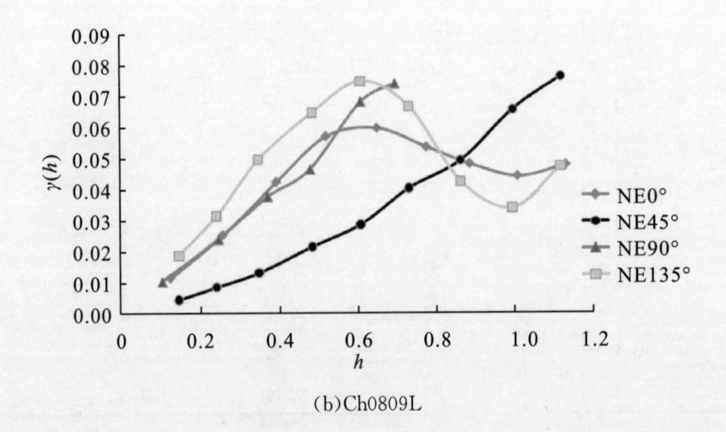

(b)Ch0809L

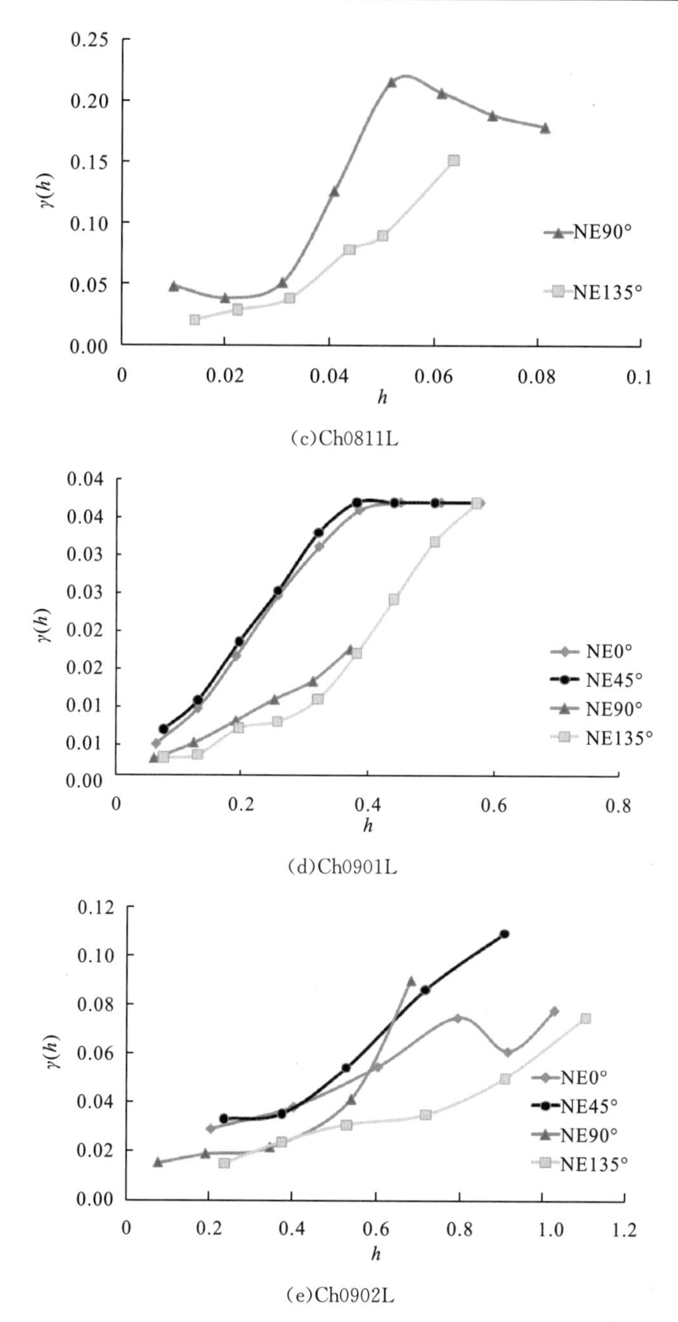

(c)Ch0811L

(d)Ch0901L

(e)Ch0902L

图 2-33　智利外海大型群体半变异函数分布曲线

通过对不同拟合结果的决定系数进行对比获得各变异函数最优拟合模型(表 2-43)。根据拟合模型参数分析可知，2008 年 5 月份中，NE45°方向分布特征呈现球形+指数套和模型特征，NE0°、NE90°、NE135°更接近球形+球形套和模型。根据变程差异可知，NE0°方向上相关性分布范围最大，NE90°、NE135°两个方向上相同，NE45°方向分布范围最小。根据基台值 C_0+C 差异可知，NE45°方向上空间异质性最高，但根据块金值差异可知，该方向空间异质性均来自随机因素的影响。NE0°、NE90°、NE135°三个方向空间异质性受随机因素影响的比例分别为 2%、10%和 9%。

2008 年 9 月份，NE0°、NE135°方向上分布特征呈现线性有基台模型特征，NE45°、NE90°分布分别符合球形＋指数套和模型、高斯模型特征。根据变程差异对比可知(表 2-43)，NE45°方向上相关性分布范围最大，其次为 NE90°方向，NE0°、NE135°两方向相同。根据基台值 C_0+C 差异可知，NE45°、NE90°两方向上空间异质性相同，根据块金值差异可知，NE45°方向上群体的空间差异性均来自群体自身分布特征影响，NE0°、NE90°两方向上分别有 6%、8%来自随机因素的影响，NE135°方向上受随机因素影响的比例较高，为 30%。

2008 年 11 月份 NE90°方向上存在空间异质性符合线性有基台模型分布特征，NE135°方向上分布类型为高斯模型，该空间异质性范围显著高于 NE90°方向，且空间异质性均由群体自身分布特征决定，未受到随机因素影响。NE90°方向有 6%来自随机因素的影响。

2009 年 1 月份，NE45°、NE90°两方向分布特征符合线性有基台模型，NE0°、NE135°分别呈现高斯模型、球形＋指数套和模型分布特征。根据变程差异可知(表 2-43)，NE135°方向上相关性分布范围最大，NE45°、NE0°、NE90°三个方向上分布范围依次减小。根据基台值 C_0+C 差异可知，NE135°方向上空间异质性最高，四个方向受到随机因素影响，但比例较小，均小于 5%。

2009 年 2 月份，NE0°、NE135°两方向分布特征分别为球形＋球形套和模型及高斯模型特征，NE45°、NE90°方向上均表现为球形＋指数套和模型特征。NE135°方向上变程显著高于其他三个方向，同时该方向上空间异质性程度最高，均来自群体自身分布特征的影响。

由于不同月份中调查尺度存在差异，为了对比时间序列中不同群体空间异质性程度，计算获得分维数 D，通过对比可知(表 2-43)，不同群体间空间异质性差异不大，分维数基本在 1.27～1.86。2009 年 1 月份 NE135°方向上空间异质性变异程度最高，2008 年 5 月份 NE45°方向上最小。

表 2-43 智利外海大型群体变异函数理论模型及其参数

群体	方向	模型类型	a	C_0	C_0+C	$C_0/(C_0+C)$	D	R^2
Ch0805L	NE0°	球形＋球形套和模型	10.46	0.00	0.02	0.00	1.52	0.99
	NE45°	球形＋指数套和模型	1.30	1.00	1.00	1.00	1.86	0.83
	NE90°	球形＋球形套和模型	4.20	0.00	0.01	0.00	1.46	1.00
	NE135°	球形＋球形套和模型	4.20	0.00	0.02	0.00	1.37	0.98

续表

群体	方向	模型类型	a	C_0	C_0+C	$C_0/(C_0+C)$	D	R^2
Ch0809L	NE0°	线性有基台模型	0.09	0.00	0.05	0.00	1.68	0.94
	NE45°	球形+指数套和模型	0.68	0.00	0.11	0.00	1.28	0.98
	NE90°	高斯模型	0.44	0.01	0.11	0.09	1.46	0.99
	NE135°	线性有基台模型	0.09	0.01	0.04	0.25	1.82	0.83
Ch0811L	NE90°	线性有基台模型	2.00	0.01	0.20	0.05	1.56	0.93
	NE135°	高斯模型	224.39	0.01	793.30	0.00	1.34	0.99
Ch0901L	NE0°	高斯模型	0.07	0.00	0.04	0.00	1.48	0.99
	NE45°	线性有基台模型	0.11	0.00	0.04	0.00	1.52	1.00
	NE90°	线性有基台模型	0.04	0.00	0.02	0.00	1.44	1.00
	NE135°	球形+指数套和模型	0.40	0.00	0.08	0.00	1.27	1.00
Ch0902L	NE0°	球形+球形套和模型	0.79	0.02	0.07	0.29	1.69	0.91
	NE45°	球形+指数套和模型	0.52	0.03	0.16	0.19	1.52	1.00
	NE90°	球形+指数套和模型	0.63	0.00	0.32	0.00	1.65	1.00
	NE135°	高斯模型	571.46	0.02	245.05	0.00	1.52	0.97

通过对智利外海小型群体变异函数求解可知(图 2-34)，2008 年 9 月群体仅在 NE0°方向上存在变异函数，11 月份在 NE0°、NE45°、NE90°三个方向上存在变异函数，2008 年 12 月份和 2009 年 2 月份在四个方向上均存在变异函数。

通过对各群体不同方向变异函数分布特征分析可知(图 2-34)，2008 年 12 月份群体分布中三个方向上群体分布范围相同，滞后距离相近。2008 年 12 月份群体分布中 NE0°方向上滞后距离值最小，相关性分布的范围最窄，其他三个方向相近。2009 年 2 月份群体分布中 NE90°方向上滞后距离显著小于其他方向，其他三个方向相近。

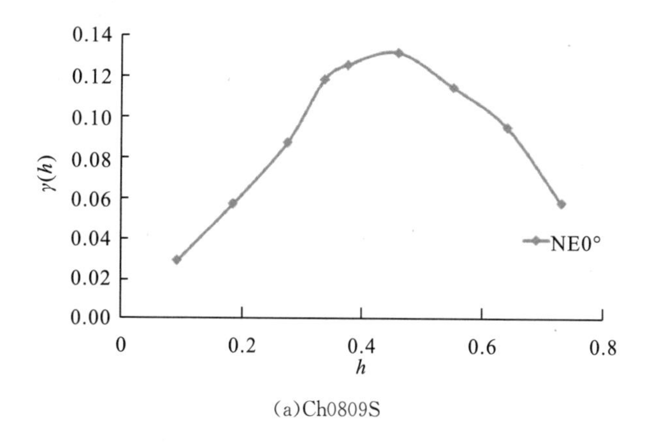

(a)Ch0809S

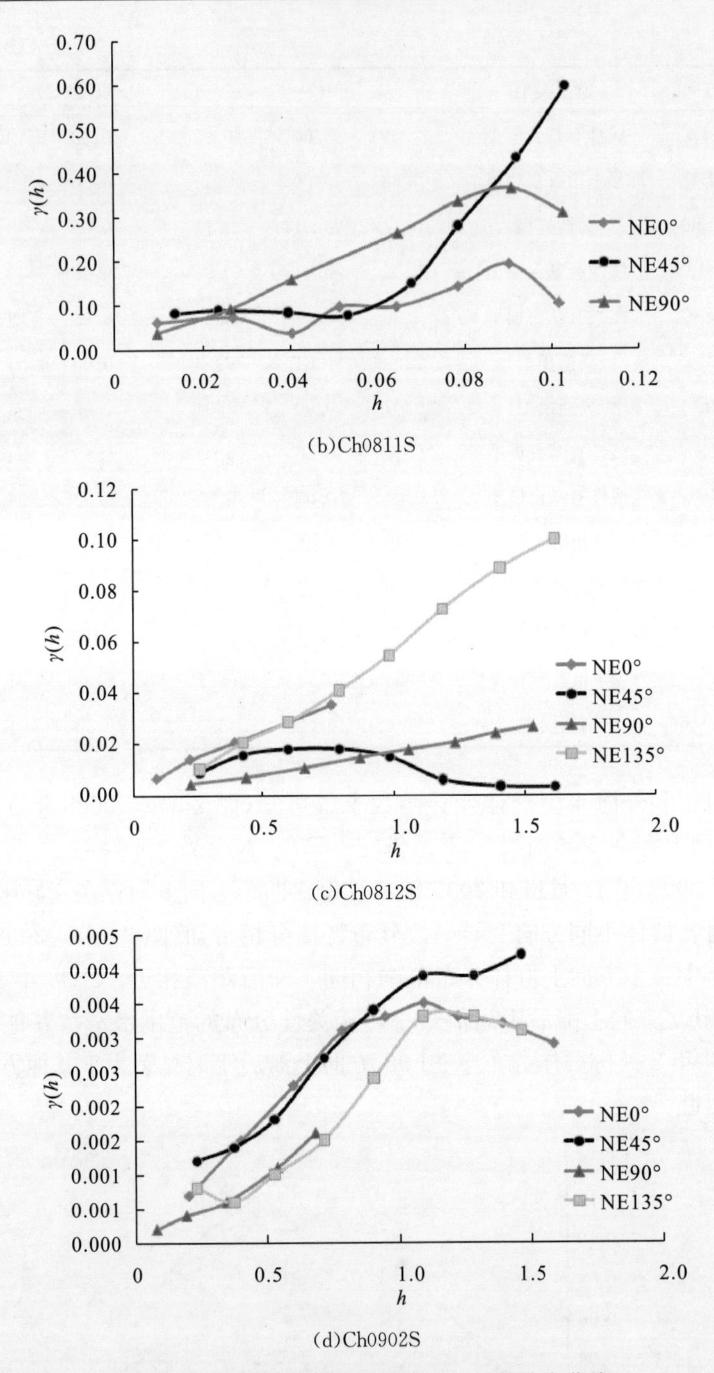

(b)Ch0811S

(c)Ch0812S

(d)Ch0902S

图 2-34　智利外海小型群体半变异函数分布曲线

通过对变异函数进行理论模型最优拟合分析可知(表 2-44)，2008 年 9 月份小型群体在 NE0°方向呈现球形＋指数套和模型特征分布，变程值为 0.55，空间异质性变异主要是群体自身分布特征影响。

表 2-44　智利外海小型群体变异函数理论模型及其参数

群体	方向	模型类型	a	C_0	C_0+C	$C_0/(C_0+C)$	D	R^2
Ch0809S	NE0°	球形+指数套和模型	0.55	0.00	0.03	0.00	1.74	0.95
Ch0811S	NE0°	线性有基台模型	0.74	0.04	0.15	0.27	1.79	0.63
	NE45°	高斯模型	203.66	0.03	876.88	0.00	1.53	0.89
	NE90°	线性有基台模型	3.92	0.00	0.31	0.00	1.50	0.99
Ch0812S	NE0°	线性有基台模型	0.04	0.00	0.04	0.00	1.62	1.00
	NE45°	球形+指数套和模型	0.60	0.00	0.01	0.00	2.35	0.65
	NE90°	线性有基台模型	0.02	0.00	0.03	0.00	1.55	1.00
	NE135°	高斯模型	2.18	0.01	0.14	0.07	1.38	1.00
Ch0902S	NE0°	线性有基台模型	0.00	0.00	0.22	0.00	1.63	0.97
	NE45°	高斯模型	0.75	0.00	0.18	0.00	1.61	0.99
	NE90°	高斯模型	2.57	0.00	0.01	0.00	1.54	1.00
	NE135°	线性有基台模型	0.00	0.00	0.35	0.00	1.50	0.90

2008 年 11 月份 NE0°方向符合线性有基台模型分布特征，变程值为 0.74，空间异质性有 29%来自随机因素的影响。NE45°方向上变异范围显著扩大，呈现高斯模型分布特征，NE90°方向上符合线性有基台模型分布特征，变程值为 3.92，NE45°、NE90°两个方向上均来自群体自身分布特征的影响。

2008 年 12 月份，NE0°、NE90°两方向上符合线性有基台模型分布特征，NE45°方向上呈现球形+指数套和模型分布特征，NE135°方向上呈现高斯模型分布特征。NE135°方向上变程显著高于其他方向，变异程度最大。NE45°、NE90°两方向上变异均来自群体自身分布特征的影响。

2009 年 2 月份，NE0°、NE135°两方向上符合线性有基台模型分布特征，NE45°、NE90°两个方向上均符合高斯模型分布特征。对比四个方向上变程可知(表 2-44)，NE90°方向上变异范围最为广泛，同时变异程度也高于其他三个方向。四个方向上均受到随机因素的影响。

通过对比群体之间分维数 D 差异可知(表 2-44)，分维数均处于 1.38～2.35，群体间空间差异性程度相差不大。其中差异程度最大的是 2008 年 12 月份 NE135°方向上，最小的是该群体 NE45°方向上。

3. 秘鲁外海空间异质性分析

通过对秘鲁外海大型群体变异函数求解可知(图 2-35)，2009 年 9 月份群体在 NE0°、NE135°两个方向上存在变异函数，通过对两方向变异函数对比可知(图 2-35)，NE0°方向上滞后距离较 NE135°方向高。2009 年 10 月份大型群体仅在 NE0°方向存在变异函数。

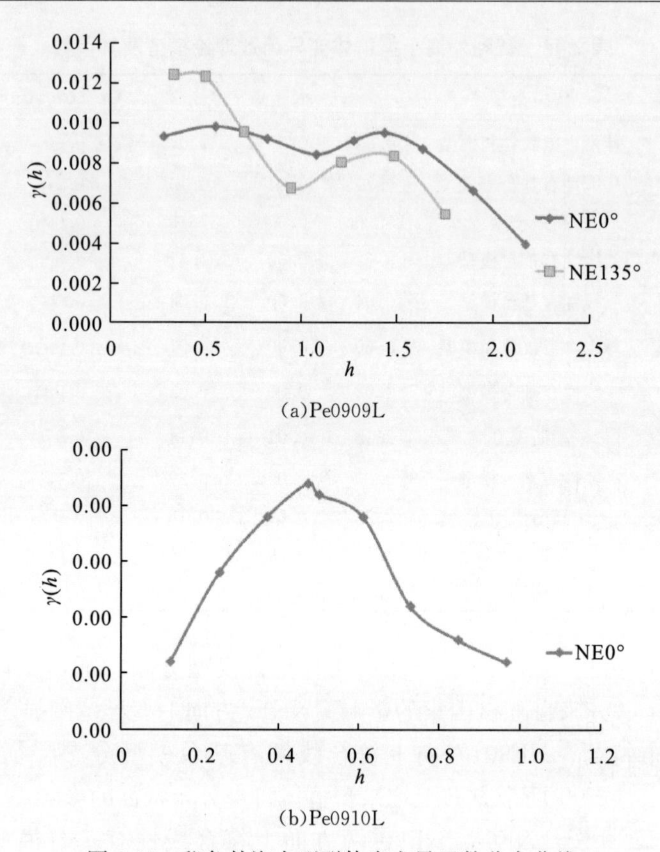

(a)Pe0909L

(b)Pe0910L

图 2-35　秘鲁外海大型群体半变异函数分布曲线

对小型群体进行变异函数求解可知(图 2-36)，2009 年 9 月份四个方向上均存在变异函数，NE90°方向上滞后距离小于其他三个方向。2009 年 10 月份在 NE°、NE90°、NE135°三个方向上均存在变异函数，NE90°方向上滞后距离最小，其次是 NE135°、NE0°方向上相似。

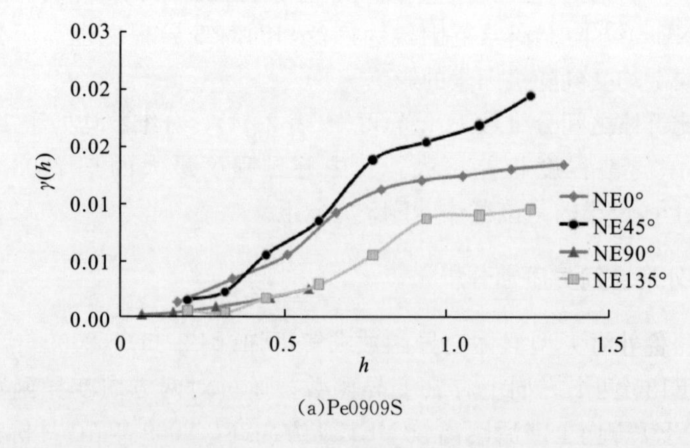

(a)Pe0909S

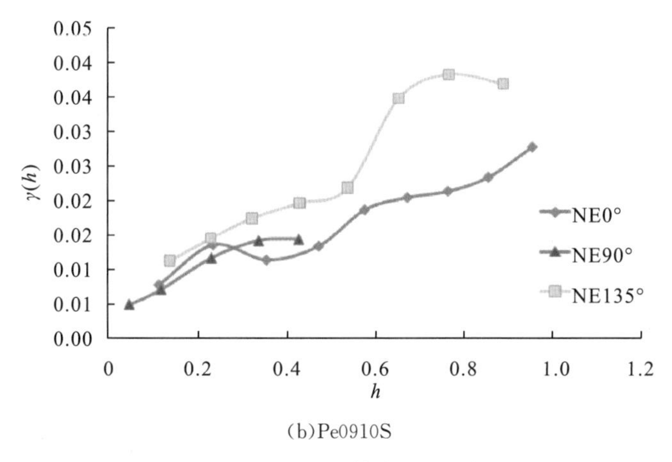

(b)Pe0910S

图 2-36 秘鲁外海小型群体半变异函数分布曲线

通过对变异函数理论模型最优拟合分析可知(表 2-45)，2009 年 9 月份大型群体 NE0°方向上分布类型属于线性有基台模型，NE135°方向上为球形+指数套和模型。NE0°方向上异质性分布范围及变异程度均低于 NE135°方向。NE0°方向上变异有 36%来自群体自身分布特征的影响，NE135°方向上 27%是来自随机因素的影响。10 月份 NE0°方向分布特征符合球形+指数套和模型，变程范围 0.59，变异程度较小，空间异质性均来自群体自身分布特征影响。

表 2-45 秘鲁外海群体变异函数理论模型及其参数

群体	方向	模型类型	a	C_0	C_0+C	$C_0/(C_0+C)$	D	R^2
Pe0909L	NE0°	线性有基台模型	0.01	0.02	0.03	0.67	2.13	0.94
	NE135°	球形+指数套和模型	2.22	0.01	0.04	0.25	2.22	0.85
Pe0910L	NE0°	球形+指数套和模型	0.59	0.00	0.01	0.00	1.99	0.98
Pe0909S	NE0°	高斯模型	0.42	0.00	0.01	0.00	1.39	0.99
	NE45°	高斯模型	0.63	0.00	0.02	0.00	1.22	0.99
	NE90°	高斯模型	0.96	0.00	0.01	0.00	1.26	1.00
	NE135°	线性有基台模型	0.01	0.00	0.01	0.20	0.98	0.98
Pe0910S	NE0°	线性有基台模型	0.02	0.01	0.03	0.33	1.72	0.99
	NE90°	高斯模型	0.04	0.00	0.01	0.00	1.73	1.00
	NE135°	线性有基台模型	0.03	0.01	0.04	0.25	1.65	0.99

2009 年 9 月份小型群体 NE0°、NE45°、NE90°三个方向上均呈高斯模型分布特征，变程依次为 0.42、0.63、0.96，NE0°方向变异范围较其他两方向窄，NE45°方向上变异程度较高。NE135°方向符合线性有基台模型分布特征，该方向变程仅为 0.01，显著小于其他三个方向，该方向 21%变异来自随机因素的影响。

4. 哥斯达黎加外海空间异质性分析

通过对哥斯达黎加外海大小两群体变异函数求解可知(图 2-37)，2009 年 8 月份两群体在四个方向均存在变异函数，其中对于大型群体，NE0°、NE45°、NE135°三个方向上滞后距离基本相同，NE90°方向上滞后距离最小。小型群体与大型群体具有相似的特征。

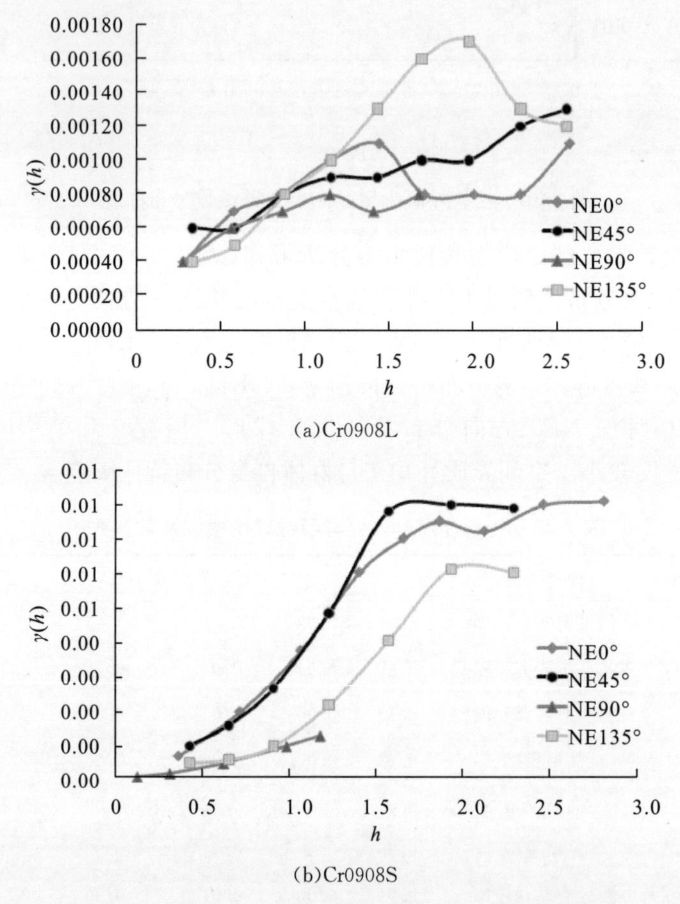

(a)Cr0908L

(b)Cr0908S

图 2-37 哥斯达黎加外海群体半变异函数分布曲线

变异函数理论模型拟合结果分析可知(表 2-46)，对于 2009 年 8 月份大型群体，在 NE90°方向上分布特征符合高斯模型，其他三个方向上分布特征符合线性有基台模型。通过对变程对比分析可知，NE0°、NE45°、NE135°三个方向上相关性分布范围较小。NE90°方向上变程为 0.22。四个方向上变异的程度均不高，除 NE135°外其他三个方向均受到随机因素的影响。

对于小型群体，NE45°、NE135°两方向上呈线性有基台模型分布特征，NE0°、NE90°方向上分别符合球形+球形套和模型、高斯模型分布特征。空间异质性相关分布 NE90°方向上分布最为广泛，NE0°方向上次之，NE135°方向上最小，但四个方向上异质性变异程度分布特征相同。NE0°、NE45°、NE135°三个方向上空间异质性有 4%、17%及 21%来自随机因素的影响，NE90°方向上只受自身分布特征影响。

通过分维数 D 对比可知(表 2-46)，两个群体不同方向上变异程度差异性显著，小型群体异质性水平高于大型群体。

表 2-46　哥斯达黎加外海群体变异函数理论模型及其参数

群体	方向	模型类型	a	C_0	C_0+C	$C_0/(C_0+C)$	D	R^2
Cr0908L	NE0°	线性有基台模型	0.00	0.00	0.02	0.00	1.83	0.82
	NE45°	线性有基台模型	0.00	0.00	0.01	0.00	1.81	0.99
	NE90°	高斯模型	0.22	0.00	0.03	0.00	1.82	0.92
	NE135°	线性有基台模型	0.00	0.00	0.01	0.00	1.65	0.98
Cr0908S	NE0°	球形+球形套和模型	2.03	0.00	0.01	0.00	1.35	0.96
	NE45°	线性有基台模型	0.01	0.00	0.02	0.00	1.28	0.99
	NE90°	高斯模型	13.68	0.00	0.01	0.00	1.06	1.00
	NE135°	线性有基台模型	0.00	0.00	0.01	0.00	1.06	0.98

2.3.4.4　基于综合指标的空间异质性分析

1. 空间相关性分析

根据 Geary C 系数对观测值与相邻空间点上的观测值相关性进行检验分析可知(表 2-47、表 2-48、表 2-49)，大部分群体在调查海域内空间分布存在空间相关性，Geary C 系数小于 3。但智利外海 2008 年 11 月份大型群体滞后距离大于 0.1 时观测值失去相关性；2009 年 1 月份大型群体当滞后距离大于 0.68 时，观测值失去相关性；秘鲁外海 2009 年 9 月份小型群体当滞后距离大于 1.71 时失去相关性。

根据滞后距离与 Geary C 系数变动关系可知(表 2-47)，随着分析尺度的增大，相关性呈现降低的趋势，但对于不同群体滞后距离的范围不同，与群体空间分布结构及调查尺度相关。

表 2-47　智利外海群体空间相关性分析

Ch0805L			Ch0809L			Ch0811L		
滞后距离	Geary C 系数	P	滞后距离	Geary C 系数	P	滞后距离	Geary C 系数	P
0.87	0.36	0.00	0.10	0.11	0.00	0.02	1.09	0.09
1.30	0.53	0.00	0.19	0.26	0.00	0.02	0.76	0.00

续表

Ch0805L			Ch0809L			Ch0811L		
滞后距离	Geary *C* 系数	*P*	滞后距离	Geary *C* 系数	*P*	滞后距离	Geary *C* 系数	*P*
1.74	0.67	0.00	0.29	0.54	0.00	0.03	0.37	0.00
2.17	0.76	0.00	0.38	0.75	0.00	0.04	0.96	0.65
2.61	0.85	0.00	0.48	1.09	0.09	0.04	1.07	0.43
3.04	1.00	0.98	0.57	1.40	0.00	0.05	0.62	0.00
3.47	1.26	0.00	0.67	1.43	0.00	0.06	0.33	0.00
3.91	1.51	0.00	0.76	1.44	0.00	0.07	1.00	0.91
4.34	1.69	0.00	0.86	1.17	0.02	0.07	1.09	0.32
4.78	1.94	0.00	0.95	0.93	0.52	0.08	1.46	0.00
5.21	1.79	0.00	1.05	0.85	0.31	0.09	0.73	0.11
5.65	1.24	0.46	1.15	0.72	0.15	0.10	1.71	0.00
6.08	0.52	0.38	1.24	0.71	0.28	0.10	3.06	0.00
			1.34	1.10	0.84			

Ch0901L			Ch0902L		
滞后距离	Geary *C* 系数	*P*	滞后距离	Geary *C* 系数	*P*
0.05	0.27	0.00	0.13	0.14	0.00
0.10	0.28	0.00	0.26	0.29	0.00
0.15	0.38	0.00	0.39	0.42	0.00
0.19	0.57	0.00	0.52	0.48	0.00
0.24	0.65	0.00	0.65	0.76	0.00
0.29	0.89	0.02	0.78	1.08	0.16
0.34	1.14	0.00	0.91	1.20	0.02
0.39	1.36	0.00	1.04	1.67	0.00
0.44	1.59	0.00	1.17	1.73	0.00
0.49	1.73	0.00	1.30	1.75	0.00
0.53	1.99	0.00	1.43	1.74	0.00
0.58	2.32	0.00	1.56	1.71	0.00
0.63	2.93	0.00	1.69	1.67	0.01
0.68	3.63	0.00	1.82	1.92	0.01

续表

Ch0809S			Ch0811S		
滞后距离	Geary *C* 系数	*P*	滞后距离	Geary *C* 系数	*P*
0.06	0.06	0.00	0.01	0.12	0.00
0.11	0.41	0.00	0.02	0.26	0.00
0.16	0.57	0.00	0.03	0.50	0.00
0.22	0.74	0.00	0.04	0.79	0.00
0.27	1.16	0.01	0.05	1.08	0.29
0.33	1.40	0.03	0.06	1.16	0.01
0.38	1.72	0.00	0.07	1.12	0.00
0.44	1.53	0.00	0.08	1.21	0.00
0.49	2.46	0.00	0.09	1.15	0.03
0.55	1.44	0.00	0.10	1.26	0.00
0.60	1.13	0.30	0.11	1.36	0.01
0.66	1.84	0.07	0.12	1.42	0.02
0.71	0.88	0.52	0.13	1.50	0.09
0.77	0.18	0.01	0.14	1.78	0.15

Ch0812S			Ch0902S		
滞后距离	Geary *C* 系数	*P*	滞后距离	Geary *C* 系数	*P*
0.15	0.29	0.00	0.13	0.12	0.00
0.30	0.46	0.00	0.26	0.34	0.00
0.44	0.78	0.00	0.40	0.52	0.00
0.59	1.10	0.06	0.53	0.67	0.00
0.74	0.99	0.82	0.66	0.94	0.23
0.89	1.10	0.12	0.79	1.26	0.00
1.04	1.48	0.00	0.92	1.55	0.00
1.18	1.01	0.86	1.06	1.48	0.00
1.33	1.06	0.38	1.19	1.46	0.00
1.48	1.82	0.00	1.32	1.75	0.00
1.63	1.03	0.82	1.45	1.28	0.03
1.78	1.03	0.88	1.58	1.08	0.67
1.92	1.35	0.14	1.71	1.15	0.53
2.07	1.82	0.01	1.85	1.23	0.47

表 2-48　秘鲁外海群体空间相关性分析

Pe0909S			Pe0910S		
滞后距离	Geary *C* 系数	*P*	滞后距离	Geary *C* 系数	*P*
0.12	0.08	0.00	0.08	0.29	0.00
0.24	0.28	0.00	0.16	0.74	0.00
0.37	0.50	0.00	0.25	1.01	0.90
0.49	0.67	0.00	0.33	1.07	0.21
0.61	0.91	0.09	0.41	1.01	0.90
0.73	1.09	0.07	0.49	0.99	0.84
0.85	1.22	0.00	0.58	0.99	0.89
0.98	1.20	0.00	0.66	1.08	0.09
1.10	1.16	0.03	0.74	1.32	0.00
1.22	1.33	0.00	0.82	1.39	0.00
1.34	1.47	0.00	0.90	1.04	0.76
1.46	2.02	0.00	0.99	0.69	0.08
1.59	2.89	0.00	1.07	0.80	0.42
1.71	3.45	0.00	1.15	0.97	0.92
Pe0909L			Pe0910L		
滞后距离	Geary *C* 系数	*P*	滞后距离	Geary *C* 系数	*P*
0.18	0.28	0.00	0.08	0.16	0.00
0.37	1.06	0.28	0.16	0.35	0.00
0.55	1.28	0.00	0.24	0.42	0.00
0.73	1.21	0.00	0.31	0.86	0.01
0.91	1.02	0.73	0.39	1.29	0.00
1.10	0.92	0.19	0.47	1.01	0.96
1.28	1.03	0.67	0.55	1.64	0.00
1.46	1.02	0.59	0.63	1.73	0.00
1.64	0.93	0.34	0.71	1.08	0.85
1.83	1.04	0.70	0.78	1.12	0.15
2.01	0.62	0.00	0.86	0.72	0.03
2.19	0.64	0.05	0.94	0.42	0.30
2.37	0.47	0.04	1.02	1.07	0.72
2.56	0.63	0.21	1.10	2.01	0.00

表 2-49　哥斯达黎加外海群体空间相关性分析

Cr0908S			Cr0908L		
滞后距离	Geary C 系数	P	滞后距离	Geary C 系数	P
0.24	0.01	0.00	0.22	0.29	0.00
0.48	0.17	0.00	0.43	0.35	0.00
0.71	0.37	0.00	0.65	0.58	0.00
0.95	0.47	0.00	0.87	0.84	0.01
1.19	0.85	0.01	1.09	0.88	0.05
1.43	1.32	0.00	1.30	1.14	0.01
1.66	1.61	0.00	1.52	1.19	0.00
1.90	1.85	0.00	1.74	1.31	0.00
2.14	1.77	0.00	1.95	1.32	0.00
2.38	1.77	0.00	2.17	1.09	0.38
2.61	1.57	0.00	2.39	1.20	0.17
2.85	1.24	0.18	2.61	1.59	0.00
3.09	1.19	0.51	2.82	1.79	0.01
3.33	1.03	0.92	3.04	2.18	0.02

2. 智利外海空间异质性分析

根据分析可知(图 2-38)，智利外海 2008 年 5 月大型群体在 NE0°、NE90°、NE135°三个方向上存在变异函数；2008 年 9 月份大型群体在 NE45°、NE90°、NE135°三个方向上存在变异函数；2009 年 1 月、2 月大型群体在 NE0°、NE45°、NE90°、NE135°四个方向上均存在变异函数，群体呈规则分布。2008 年 11 月份群体仅在 NE45°方向上存在变异函数，其他三个方向均呈不规则分布。

通过对各群体不同方向变异函数分布特征分析可知(图 2-38)，2008 年 5 月份群体分布中 NE0°、NE135°方向上滞后距离值最大，相关性分布的范围最广，NE90°方向上分布范围较之变小。2008 年 9 月份群体在各向上分布模式与 5 月份相似。2009 年 1 月份群体分布中 NE90°方向上滞后距离最小，群体相关性分布范围最窄，NE0°、NE90°、NE135°三个方向上分布范围相近，分布范围较广。2009 年 2 月份分布模式与 1 月份相似。

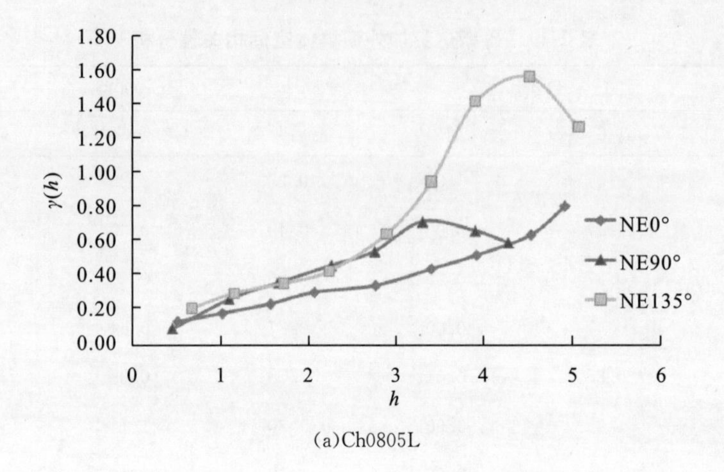

(a) Ch0805L

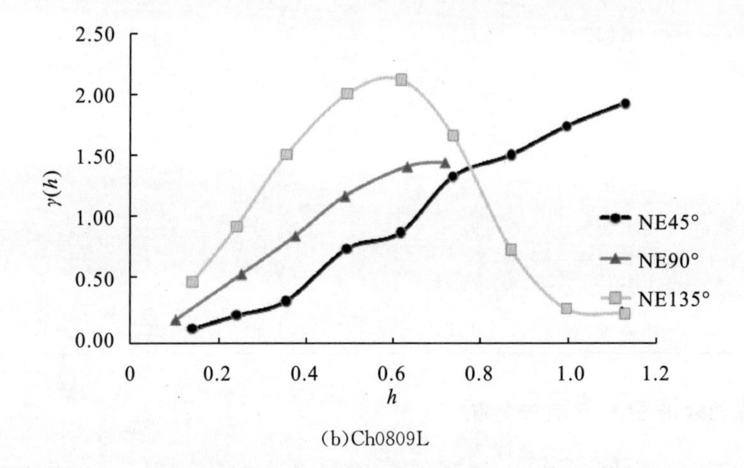

(b) Ch0809L

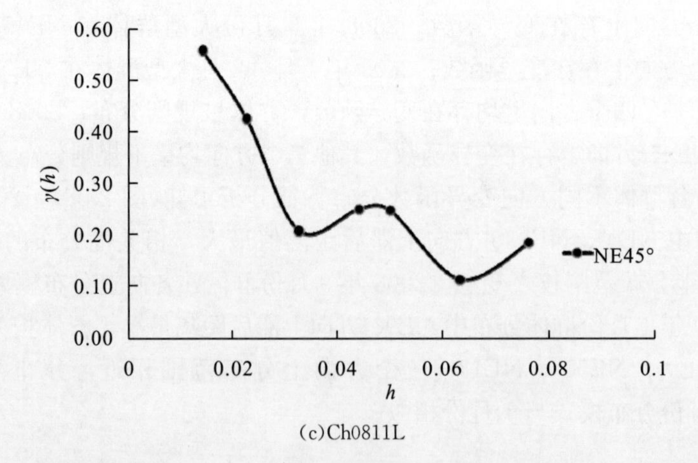

(c) Ch0811L

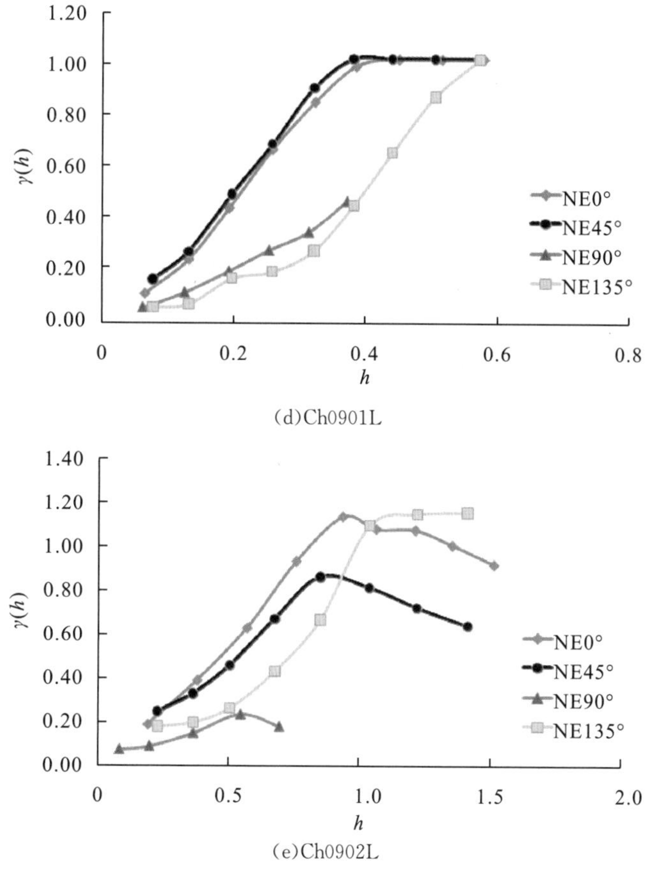

(d)Ch0901L

(e)Ch0902L

图 2-38　智利外海大型群体半变异函数分布曲线

通过对不同拟合结果的决定系数进行对比获得各变异函数最优拟合模型(表 2-50)。根据拟合模型参数分析可知，2008 年 5 月份中，NE0°、NE90°两方向分布特征呈线性有基台模型特征，NE135°更接近球形+球形套和模型。根据变程差异可知，NE0°方向上相关性分布范围最小，NE135°方向上变异范围最广。根据基台值 C_0+C 差异可知，NE135°方向上空间异质性最高，根据块金值差异可知，NE0°、NE45°、NE135°三个方向上群体的空间差异性均部分自于群体自身分布特征影响，三个方向上空间差异性受到随机因素的影响的比例依次为 7%、4%和 22%。

表 2-50　智利外海大型群体变异函数理论模型及其参数

群体	方向	模型类型	a	C_0	C_0+C	$C_0/(C_0+C)$	D	R^2
Ch0805L	NE0°	线性有基台模型	0.12	0.06	0.81	0.07	1.63	0.99
	NE90°	线性有基台模型	0.20	0.03	0.66	0.05	1.58	0.98
	NE135°	球形+球形套和模型	4.08	0.32	1.47	0.22	1.48	0.86

续表

群体	方向	模型类型	a	C_0	C_0+C	$C_0/(C_0+C)$	D	R^2
Ch0809L	NE45°	高斯模型	0.73	0.03	2.36	0.01	1.28	0.99
	NE90°	高斯模型	0.20	0.11	1.62	0.07	1.45	1.00
	NE135°	球形+指数套和模型	0.68	0.00	0.79	0.00	2.13	0.97
Ch0811L	NE45°	高斯模型	0.00	0.75	1.33	0.56	2.39	0.89
Ch0901L	NE0°	高斯模型	0.07	0.02	1.07	0.02	1.47	0.99
	NE45°	线性有基台模型	2.67	0.00	1.03	0.00	1.52	0.99
	NE90°	高斯模型	0.15	0.05	0.71	0.07	1.44	0.99
	NE135°	高斯模型	371.94	0.02	118.41	0.00	1.26	0.99
Ch0902L	NE0°	球形+指数套和模型	1.29	0.00	0.42	0.00	1.59	0.99
	NE45°	球形+指数套和模型	1.16	0.00	0.49	0.00	1.68	0.91
	NE90°	线性有基台模型	0.38	0.03	0.18	0.17	1.75	0.97
	NE135°	球形+球形套和模型	1.08	0.17	1.15	0.15	1.40	1.00

2008年9月份，NE45°、NE90°方向上分布特征呈高斯模型特征，NE135°分布符合球形+指数套和模型。根据变程差异对比可知，NE45°方向上相关性分布范围最大，其次是NE135°方向上。根据基台值 C_0+C 差异可知，NE45°方向上空间异质性最高，根据块金值差异可知，NE45°、NE90°方向空间异质性分别有1%、7%来自随机因素的影响，NE135°方向上群体的空间差异性均来自群体自身分布特征影响。

2008年11月份，仅NE45°方向上存在空间异质性，分布类型为高斯模型，空间异质性范围较小，接近于0。空间异质性仅43%由群体自身分布特征决定，受随机因素影响比例为57%。

2009年1月份，NE0°、NE90°、NE135°三方向分布特征符合高斯模型，NE45°呈线性有基台模型分布特征。根据变程差异可知，NE135°方向上相关性分布范围最大，NE45°、NE90°、NE0°三个方向上分布范围依次减小。根据基台值 C_0+C 差异可知，NE135°方向上空间异质性最高，且空间差异性只受到自身分布特征影响，NE45°方向上同样未受到随机因素的影响。其他两个方向受到随机因素影响，但比例较小，均小于10%。

2009年2月份，NE0°、NE45°两方向分布特征为球形+指数套和模型，NE90°方向上呈线性有基台模型特征，NE135°方向更接近球形+球形套和模型。NE0°、NE90°、NE135°、NE45°四个方向上变程呈递增趋势分布，NE0°方向上相关性分布范围最大，但NE135°方向上空间异质性程度最高。NE45°空间异质性程度次之，NE90°异质性程度最小，同时该方向上空间异质性受随机因素影响最大，比例为15%，与NE135°方向相同。NE0°方向上空间差异性受到随机因素影响比例较小，仅为1%，NE45°方向上未受到随机因素影响。

通过分维数D对比可知(表2-50)，不同群体间空间异质性差异显著，分维数在1.26～2.39。2009年1月份NE135°方向上空间异质性变异程度最高，2008年11月份NE45°方向上最小。

通过对智利外海小型群体变异函数求解可知，2008年9月群体仅在NE0°方向上存在变异函数，11月份四个方向均存在变异函数。2008年12月份仅在NE90°一个方向上存在变异函数，到2009年2月份在NE0°、NE90°两个方向上存在变异函数。

通过对各群体不同方向变异函数分布特征分析可知(图2-39)，2008年11月份群体分布中四个方向滞后距离基本相同，相关性分布范围相近。2009年2月份群体分布中NE0°方向上滞后距离显著高于NE90°方向。

通过对变异函数进行理论模型最优拟合分析可知(表2-51)，2008年9月份小型群体在NE0°方向呈球形+指数套和模型分布特征，变程值为0.37，空间异质性变异均来自群体自身分布特征影响，未受随机因素影响。

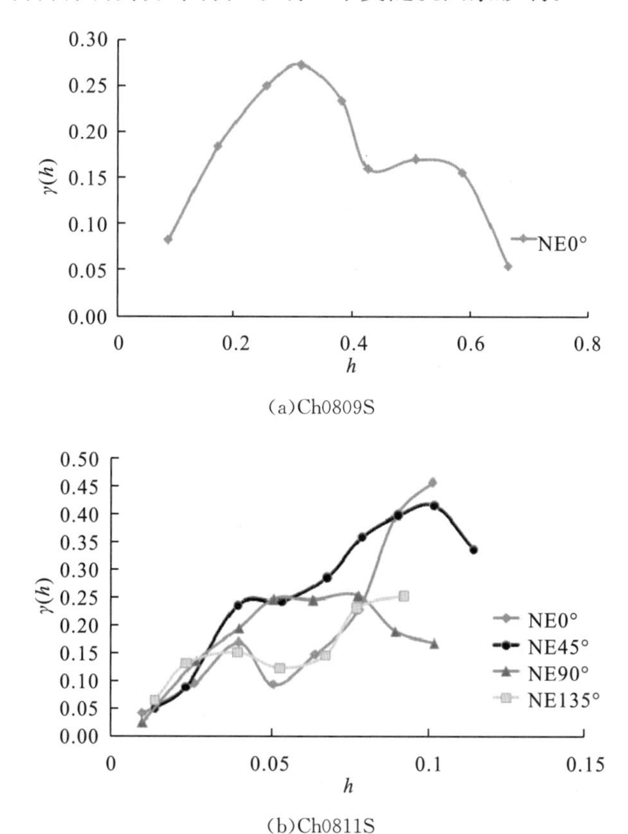

(a)Ch0809S

(b)Ch0811S

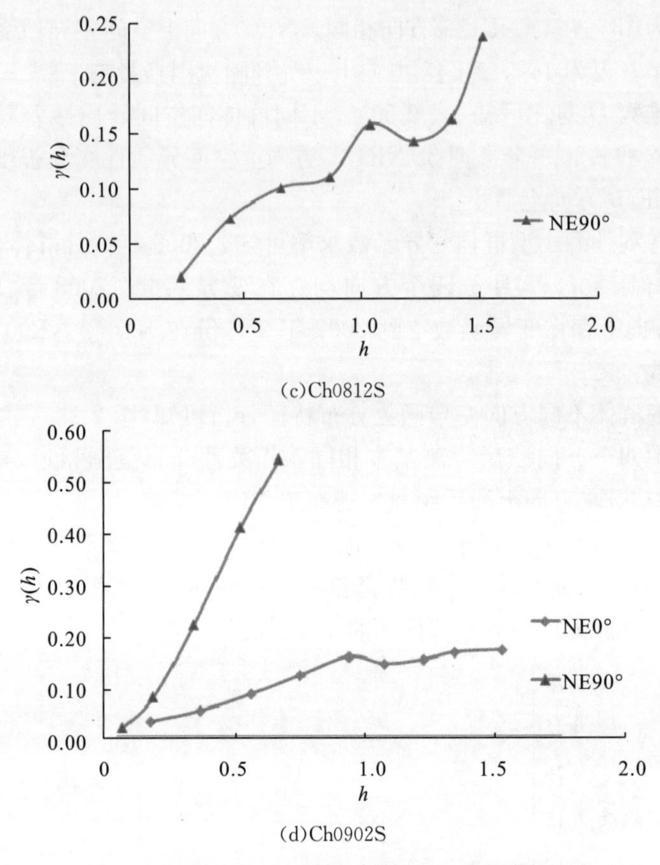

(c)Ch0812S

(d)Ch0902S

图 2-39 智利外海小型群体半变异函数分布曲线

表 2-51 智利外海小型群体变异函数理论模型及其参数

群体	方向	模型类型	a	C_0	C_0+C	$C_0/(C_0+C)$	D	R^2
Ch0809S	NE0°	球形+指数套和模型	0.37	0.00	0.05	0.00	2.01	0.88
Ch0811S	NE0°	高斯模型	530.46	0.74	204.96	0.00	1.51	0.90
	NE45°	线性有基台模型	4.16	0.01	0.33	0.03	1.49	0.96
	NE90°	线性有基台模型	3.17	0.04	0.18	0.22	1.55	0.84
	NE135°	高斯模型	140.95	0.10	222.76	0.00	1.70	0.78
Ch0812S	NE90°	线性有基台模型	0.12	0.01	0.22	0.05	1.44	0.95
Ch0902S	NE0°	高斯模型	0.54	0.02	0.17	0.12	1.55	0.98
	NE90°	球形+指数套和函数	0.61	0.01	1.83	0.01	1.16	1.00

2008 年 11 月份，NE0°与 NE135°方向分布特征符合高斯模型，且变异范围及变异程度均显著高于其他两个方向，且空间异质性均受群体自身分布特征的影响。NE45°、NE90°方向上呈线性有基台模型分布特征，变异程度较小，且两方

向受随机因素影响的比例分别为 3%及 22%。

2008 年 12 月份，NE90°方向上呈线性有基台模型分布特征。变程范围为 0.12，基台值为 0.22，且受随机因素影响的比例为 5%。

2009 年 2 月份，NE0°、NE90°两方向上分布特征分别符合高斯模型、球形+指数套和模型。NE90°方向上空间异质性范围及变异程度均高于 NE0°方向。两方向受随机因素影响的比例分别为 9%及 1%。

通过对比群体之间分维数 *D* 差异可知(表 2-51)，分维数为 1.16～2.01，群体间空间差异性程度相差较大。其中差异程度最大的是 2009 年 2 月份小型群体 NE90°方向上，最小的是 2008 年 9 月份小型群体 NE0°方向上。

3. 秘鲁外海空间异质性分析

通过对秘鲁外海大型群体变异函数求解可知(图 2-40)，2009 年 9 月份群体在 NE0°、NE90°、NE135°三个方向上存在变异函数，通过对两方向变异函数对比可知，NE90°方向上滞后距离显著小于 NE0°、NE135°方向。2009 年 10 月份大型群体仅在 NE0°方向上存在变异函数。

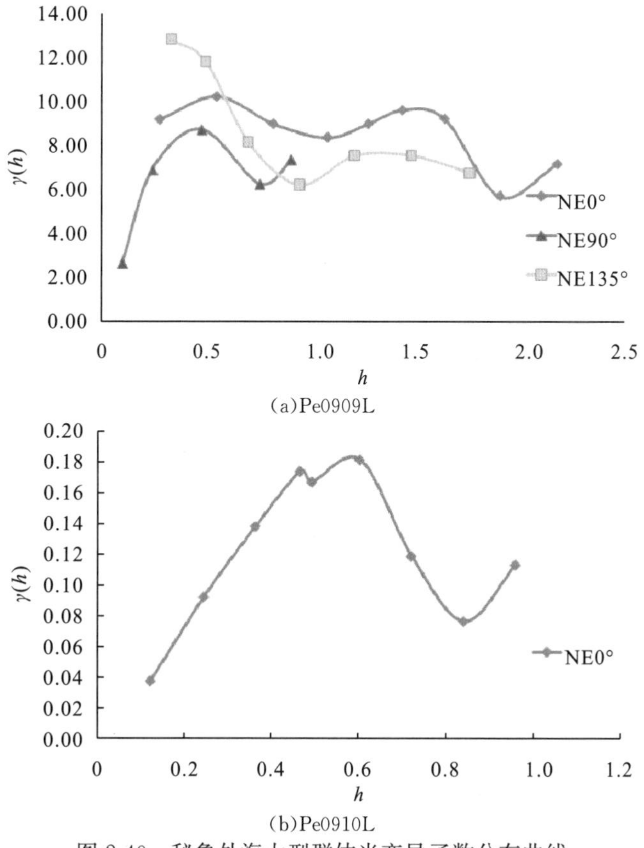

图 2-40　秘鲁外海大型群体半变异函数分布曲线

对小型群体进行变异函数求解可知(图 2-41)，2009 年 9 月份仅在 NE90°方向上存在变异函数。2009 年 10 月份除 NE135°方向外，其他三个方向上均存在变异函数，NE0°方向上滞后距离最大，其次是 NE45°方向上，NE90°方向上最小。

通过对变异函数理论模型最优拟合分析可知(表 2-52)，2009 年 9 月份大型群体 NE0°方向上分布类型属于线性有基台模型，NE90°、NE135°方向上为球形+指数套和模型。NE135°方向上异质性分布范围及变异程度均高于其他方向。NE0°方向上变异程度最高，其次是 NE135°方向，NE90°最小。NE90°方向上空间异质性均受群体自身结构的影响，其他两个方向受随机因素影响的比例分别为 74%和 89%。10 月份 NE0°方向分布特征符合球形+指数套和模型，变程值为 0.60，空间异质性均受群体自身分布特征影响，但异质性变异程度不高，基台值为 0.02。

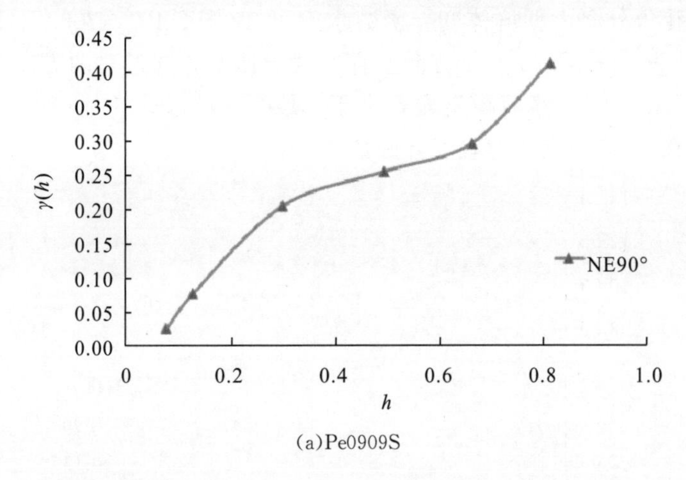

(a)Pe0909S

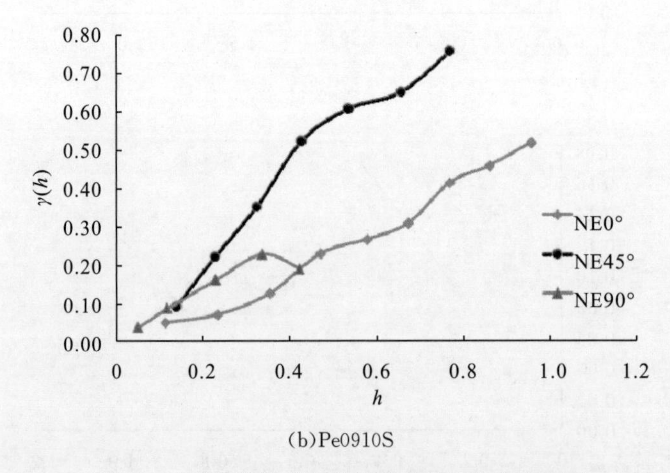

(b)Pe0910S

图 2-41　秘鲁外海小型群体半变异函数分布曲线

2009年9月份小型群体NE90°方向上均呈现球形+指数套和模型分布特征，变程为0.79。基台值为0.68，未受随机因素影响。10月份小型群体中NE0°、NE45°方向符合高斯模型分布特征，NE90°方向上符合线性有基台模型。NE0°方向上变程为0.89，变异范围最高，其次是NE90°方向上，再次是NE45°方向。NE0°方向上变异程度最高，其次是NE45°方向上，再次是NE90°方向。NE0°方向受随机因素影响的比例为3%，其他两个方向均为自身分布特征决定。

表2-52　智利外海群体变异函数理论模型及其参数

群体	方向	模型类型	a	C_0	C_0+C	$C_0/(C_0+C)$	D	R^2
Pe0909L	NE0°	线性有基台模型	0.35	9.52	12.79	0.74	2.07	0.80
	NE90°	球形+指数套和模型	0.46	0.01	4.17	0.00	1.80	0.90
	NE135°	球形+指数套和模型	1.01	7.78	8.76	0.89	2.20	0.92
Pe0910L	NE0°	球形+指数套和模型	0.60	0.00	0.02	0.00	1.78	0.85
Pe0909S	NE90°	球形+指数套和模型	0.79	0.00	0.68	0.00	1.42	0.96
Pe0910S	NE0°	高斯模型	0.89	0.03	0.78	0.04	1.37	0.99
	NE45°	高斯模型	0.16	0.00	0.73	0.00	1.37	0.99
	NE90°	线性有基台模型	0.66	0.00	0.18	0.00	1.42	1.00

4. 哥斯达黎加外海空间异质性分析

通过对哥斯达黎加外海大小两群体变异函数求解可知(图2-42)，2009年8月份两群体在两个方向均存在变异函数，其中对于大型群体，NE45°、NE90°方向存在变异函数，NE45°方向上滞后距离高于NE90°。对于小型群体，NE0°、NE90°方向存在变异函数，NE0°方向上滞后距离显著高于NE90°。

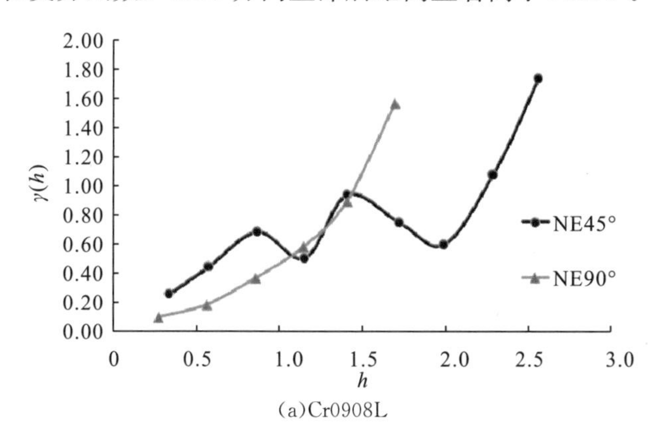

(a)Cr0908L

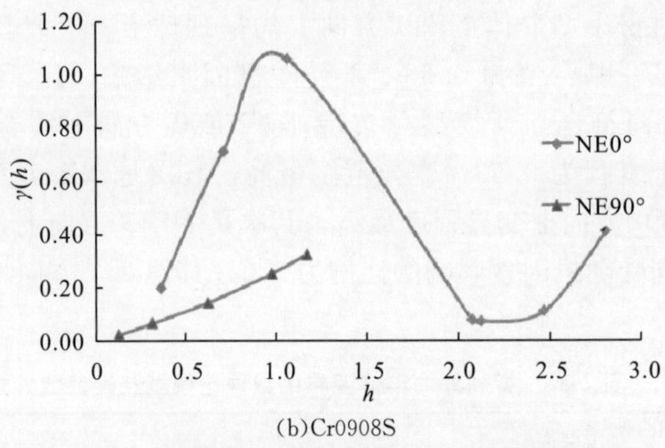

(b)Cr0908S

图 2-42 哥斯达黎加外海群体半变异函数分布曲线

变异函数理论模型拟合结果分析可知(表 2-53)，对于 2009 年 8 月份大型群体，在 NE45°、NE90°两个方向上分布特征符合高斯模型，NE45°方向变异范围及变异程度均显著高于 NE90°方向。

表 2-53 哥斯达黎加外海群体变异函数理论模型及其参数

群体	方向	模型类型	a	C_0	C_0+C	$C_0/(C_0+C)$	D	R^2
Cr0908L	NE45°	高斯模型	121.19	0.02	573.03	0.00	1.64	0.97
	NE90°	高斯模型	3.03	0.12	2.97	0.04	1.23	0.98
Cr0908S	NE45°	线性有基台模型	0.94	0.00	0.21	0.00	2.28	0.87
	NE135°	高斯模型	1.21	0.02	0.44	0.05	1.37	1.00

对于小型群体，NE45°两方向上呈线性有基台模型分布特征，NE135°方向上符合高斯模型分布特征。NE135°方向变异范围及变异程度均高于 NE45°方向。NE135°方向受随机因素影响的比例为 5%，NE45°方向均受群体自身分布特征的影响。

通过分维数 D 对比可知(表 2-53)，两个群体不同方向上变异程度差异性显著，大型群体 NE90°方向上异质性程度最高，小型群体 NE45°方向上异质性程度最小。

2.4 结论与分析

2.4.1 讨论与分析

根据相关性分析可知，群体空间分布存在相关性，但是不同月份群体在不同方向上分布模式存在差异。对于大型群体，2008 年 5 月份整体分布较为广泛，每个方向上均存在相关性分布，但根据外部形态分析主力方向为东北方向，以角质颚、耳石分析群体主力方向为南北方向。进入9月份东北方向分布范围扩大，其他方向显著减小。11月份仅存在东西方向上的相关性分布，其他方向上消失。到2009年1月份四个方向再次出现相关性分布，但是主力方向转变为西北—东南方向，2月份主力方向仍然为西北—东南方向，但是其他方向分布范围开始扩展。根据研究中群体胴长变动并结合以往研究，认为茎柔鱼南半球产卵时间一般为10月至翌年1月(Markaida et al.，2003)，由于采样海域属于智利公海海域，所以5～9月属于个体发育时期，群体分布范围广泛，没有明显的方向性，9月过后开始出现向岸洄游趋势，11月份达到向岸洄游的高峰，12月份没有大型个体分布。翌年1月份后出现离岸洄游，2月份后离岸洄游趋势减弱，群体分布范围扩大。

对于智利外海小型群体，2008年9月、11月仅存在南北方向上相关性分布，12月份后分布范围开始扩展，四个方向上均出现相关性分布，但分布的主力方向为东西方向。2月份虽然各方向上均有分布，但是东西方向上分布范围明显广于其他方向。根据群体胴长分布可知，9月、11月、2月平均胴长为26～28cm，结合耳石形态变化研究结果，认为该小型群体主要生活在表层，活动方式主要为随洋流的被动洄游，所以在分布方向上主要为东西方向上分布。12月份群体平均胴长为30cm，已经开始了主动洄游，同时12月份属于产卵期，推测小型群体中存在性成熟个体，产生向岸洄游产卵的行为(O'Dor and Coelho，1993)。

对于秘鲁外海大型群体，2008年9月份群体仅在东西、西北—东南方向上存在相关性分布，且主力方向为东西方向，10月份仅在南北方向上存在相关性分布。因为茎柔鱼属于大洋浅海种，南半球产卵场分布于3°～8°S及12°～17°S海域(Yamashiro et al.，1997)，集中在秘鲁北岸的大陆架上(O'Dor and Coelho，1993)，调查海域正处于两块产卵场中间。由于仅有两个月数据，无法推测该海域群体产生如此分布的具体原因，但推测与产卵有关。对于小型群体，分布模式与大型群体分布模式相反，9月份分布方向以东北—西南方向为主，10月份主要以东西方向为主，但其他方向上均具有相关性分布。由于9月份个体较小，平均胴长仅14cm，所以该分布模式主要与秘鲁洋流导致的被动洄游有关。10月份个体相对较大，平均胴长为28～30cm，可能存在性成熟个体，从而形成东西为主的分布模式。

对于哥斯达黎加外海海域，调查期间大小群体在四个方向上均存在相关性分布，以外部形态分析认为各方向上分布范围相近，但以其他材料分析存在主要的分布方向。对于该现象，一方面认为由于调查海域属于哥斯达黎加外海冷水丘突兀海域，不存在某个方向上的洋流定向分布，所以该分布模式可能与该海域以上升流为主的海洋环境相关。同时也可能由于该海域群体来自多个种群，且硬组织较外部形态稳定，所以出现了分析的差异。因为仅有一个月的数据，需要通过增加调查数据以分析群体时空变动模式。

通过对外部形态、角质颚、耳石及三种材料的综合指标对空间异质性对比分析可知，四种方法获得了相近的结果。其中对于智利外海 2009 年 1 月份、2 月份大型个体，2008 年 9 月份、11 月份、12 月份，2009 年 2 月份小型个体群体分布类型分析结果完全相同。同时对于秘鲁外海大小群体均取得相同的分析结果。但对于智利外海 2008 年 5 月、9 月、11 月份大型群体，哥斯达黎加外海大小群体，虽然以不同参数的分析结果并未取得相反的结果，但是在方向上存在一定的偏差。分析原因，一方面可能是调查范围有限，对结果存在一定的影响；另一方面可能是智利外海、哥斯达黎加海域存在多个群体，由于外部形态相对于硬组织更容易受到外部环境的影响，所以在分析中存在一定的偏差。同时对比不同参数分析获得的分维数差异可知，外部形态特征参数对应的分维数波动较小，不同群体差异不显著，而以角质颚、耳石为参数获得的分维数存在较大的波动，不同群体差异显著。该结果也证明了海域中存在多个群体，且硬组织结构较为稳定。

2.4.2 结论

2.4.2.1 外部形态、角质颚及耳石形态特征描述

茎柔鱼胴体呈圆锥形，后部瘦狭，体表具有大小相间的近圆形的色斑、两鳍相连呈横菱形。角质颚上颚头盖弧度较平，下颚颚角较小，头盖和侧壁较宽。耳石外部轮廓不规则，整体结构凹凸不平，背区与侧区无明显分界，背区轮廓较为平滑，表面分布不规则结晶体；侧区与背区过渡平滑，侧区中部有凸起，背面凹陷；侧区与吻区分界明显，吻区呈船桨状，吻区内侧基点位置不统一；吻区与翼区存在重叠，两部分不在同一平面上。

2.4.2.2 各形态特征生长、变化模式分析

胴长是表征外部形态的变化的最为显著因子，茎柔鱼外部形态各组织间为异速生长，不同海区之间生长模式存在差异。角质颚中上颚头盖长是表征形态特征的最为显著因子，角质颚各部分间生长模式同为异速生长。

耳石形态参数中，背区、侧区、吻区对于耳石整体形态特征变化起着重要作用。在整个生长过程中耳石各部分呈现异速特性。耳石形态变化趋势为整体狭长、吻区长窄、背区宽大，耳石重心不断向背区转移。哥斯达黎加外海茎柔鱼耳石以 TSL 长 1600μm 作为分界点，前后生长出现显著性差异。形态变化与茎柔鱼栖息水层不同导致的运动类型改变有关。

2.4.2.3　三个海域种群空间异质性及其差异

群体空间分布存在相关性，但是不同月份群体在不同方向上分布模式存在差异。依据智利外海群体空间分布变化模式可知，群体空间的变化特征与生殖洄游导致的群体分布相关。

通过对外部形态、角质颚、耳石及三种材料的综合指标对空间异质性对比分析可知，四种方法获得了相近的结果。但对于智利外海 2008 年 5 月、9 月、11 月份大型群体，哥斯达黎加外海大小群体，虽然以不同参数的分析结果并未取得相反的结果，但是在方向上存在一定的偏差。原因一方面可能是调查范围有限，对结果存在一定的影响，另一方面可能是智利外海、哥斯达黎加外海存在多个群体，外部形态相对硬组织更容易受到外部环境的影响，在分析中存在一定的偏差。对比分维数差异可知，外部形态特征参数对应的分维数波动较小，不同群体差异不显著，而以角质颚、耳石为参数获得的分维数存在较大的波动，不同群体差异显著。该结果也证明了海域中存在多个群体，且硬组织结构较为稳定。

2.4.3　展望

2.4.3.1　样本取样中存在不足

在本次调查中，雄性个体样本较少，本次研究中仅选用雌性个体进行。虽然 Markaida 等(2003)认为雌雄个体耳石生长模式相同，但不同种类耳石形态存在差异(Clarke and Maddock，1988)，在以后研究中需要采集各性成熟度样本以探究雌雄间生长关系。

样品取自商业捕捞鱿钓船，调查站点分布随机，对于空间异质性分析存在一定影响。在以后调查中需要通过采用资源探捕等海洋科学调查方式，对调查站点分布及空间分布精度统一，进行群体月份间分布特征环比比较。

O'Dor 和 Coelho(1993)认为秘鲁外海、智利外海茎柔鱼来自同一产卵群体，且位置越偏高纬度胴长越大，在本次研究中由于调查时间有限，无法得到证明。Masuda 等(1996)认为加利福尼亚海域、秘鲁外海茎柔鱼全年产卵，不同产卵群体由孵化时间不同造成的栖息环境、食物丰度差异影响耳石生长。在以后研究中需要在划分产卵种群的基础上深入研究耳石生长规律。

Nigmatullin 等(2001)认为地理隔离导致的对不同环境的适应使基因发生适应辐射。但 Sandoval-Castellanos 等(2010)认为东南太平洋茎柔鱼基因结构差异不明显，不足以说明存在空间的差异。以往研究认为北半球茎柔鱼主要在加利福尼亚湾内部及其邻近海域进行产卵(Ehrhardt et al.，1986；Hernández-Herrera et al.，1996)，本研究中未包含加利福尼亚海域样本，无法证明该海域样本是否也来自南半球产卵群体。在以后调查中增加加利福尼亚海域的调查以验证东南太平洋整个茎柔鱼结构特征，以及是否存在跨赤道洄游现象。

尽管对三个海区是分不同时间采样进行的，但根据 Markaida 等(2003)、Jackson 和 Domeier(2003)对于加利福尼亚海域多年的研究可以证明拉尼娜事件对茎柔鱼生长产生显著的影响，这种差异是由于拉尼娜年份形成的低温上升流提供了丰富的饵料同时低温推迟了性腺发育(Nesis，1970，1983)。同时 Markaida 等(2003)认为厄尔尼诺事件不仅对茎柔鱼的资源量及空间分布产生影响，对其外部形态也产生及其显著的影响。本次取样时间覆盖拉尼娜、厄尔尼诺、正常年份，所以环境导致的形态学差异会对结果产生一定影响。需要在以后研究中通过申请多海域联合作业调查以消除时间差异对于空间特征分析的影响。

2.4.3.2 研究方法的改进

在本研究中采用的是形态测量法(刘必林，2006)和角度法(Arkhipkin and Bizikov，1997)，这些方法存在无法消除环境或生物对短生命周期生物生长产生的平行演化及异速生长弊端(许嘉锦，2003)。同时由于背侧区分界点难以确定，LDL 较其他数据存在较大波动。以后研究需要借助地标点法提高头足类硬组织的形态学研究准确性。

第3章 基于地统计学的秘鲁外海茎柔鱼资源分布的初步研究

3.1 研究背景及其内容

3.1.1 研究背景

茎柔鱼(*Dosidicus gigas*)是产量较高的大洋性经济种类之一，其分布较为广泛，北至加利福尼亚(35°N)，南至智利沿岸(55°S)(Nigmatullin et al.，2001)，洪堡海流流经的秘鲁中北部和加利福尼亚海域是其产量最高地，也是重要的作业渔场。从1990年开始，日本、韩国等国家和地区的渔船开始进入秘鲁外海捕获茎柔鱼，作业方式包括围网、钓捕等(Taipe et al.，2001)。中国于2001年开始在该海域进行探捕，并取得1.78×10^4t的可观产量，自此中国正式开辟了东太平洋海域茎柔鱼渔场，产量连年增加。根据联合国粮食及农业组织(Food and Agriculture Organization，FAO)统计，2013年世界茎柔鱼总年产量为77.3×10^4t，仅中国产量就达26.1×10^4t(FAO，2015)。开发和利用大洋性柔鱼类资源不仅为我国近海渔民提供更多的就业机会，而且会带动运输、加工、出口贸易等行业的发展，具有显著的经济效益和社会效益，对维护我国在国际公海的海洋权益以及推动建设海洋强国具有重要的意义(刘连为，2014)。

众多研究证明，茎柔鱼资源及渔场分布极易受厄尔尼诺-南方振动(ENSO)等气候环境变化的影响(徐冰等，2012；Robinson et al.，2013)，所以对高产资源区进行准确预报显得极为重要，这既有利于提高作业渔船的捕捞效率，也有利于掌握茎柔鱼的生态习性及其分布。

通常以单位捕捞努力量渔获量(catch per unit effort，CPUE)为资源指标进行资源丰度及空间分布的研究，其研究的方法手段有很多，包括基于分位数回归(宋利明等，2007)、栖息地模型(陈新军等，2012)、广义线性模型(GLM)和广义加性模型(GAM)(郑波等，2008)、贝叶斯模型(樊伟等，2006)、人工神经网络模型(汪金涛等，2014)。但是，上述统计学研究的前提是建立在样本独立与完全随机两个基本假设上的，对于渔业资源空间分布这样一个具有时间和空间概念的预报因子，这两个基本假设通常都得不到满足，故经典统计学方法对空间数据分析或非线性复杂问题的处理存在很大的局限性(樊伟等，2006)。地统计学则避免了经典统计学中忽视空间位置和方向的缺陷，是一个非常有效的分析和解释空间数据的方法(孙海泉等，2014)。除了克里金法相比较于传统统计学的上述优点外，还有一个很重要的就是克里金法可以实现基于自身变量的空间相关性进行估值(Simard et al.，1992)，而以 GLM 为代表的统计模型，除了自身变量外还需要结合预测变量才能实现对响应变量的预测(郑波等，2008)。

作为地统计学手段之一的克里金方法有很多种，目前应用最为广泛的为普通克里金法和协同克里金法。普通克里金(OK)属于线性平稳地统计学范畴，协同克里金(COK)属于多元地统计学范畴，将主变量的自相关性和主变量与协变量的交叉相关性结合起来用于无偏最优估计之中。根据其他领域的相关研究认为(Yang et al.，2014)，协同克里金比普通克里金法的插值精度更胜一筹，并且协变量的选择会影响协同克里金结果。

另外，在诸多大洋性渔业资源与渔场的研究中，都是基于 CPUE 进行相关处理分析。然而 Pedro 等(2011)的研究认为，商业渔业 CPUE 并不总是可靠的丰度指标，渔民更愿意到他们认为有鱼群分布的区域进行捕捞作业，这样就会导致在鱼类丰度高的区域捕捞努力量高，丰度低的区域捕捞努力量极低。因此，CPUE 作为资源丰度指标对其时空变化可能有失偏颇。一些研究认为，捕捞努力量可能比 CPUE 更能指示资源丰度情况(Tian et al.，2009)。

为此，本章拟利用长期的历史统计数据，基于地统计学中的变异函数和克里金插值法，结合海洋遥感、地理信息系统、数学统计等多种手段，研究秘鲁外海茎柔鱼资源分布问题，其涉及的科学问题主要有：①秘鲁外海茎柔鱼资源丰度在空间上的分布具有何种特性，引起此种现象的机理原因是什么？②对于秘鲁外海茎柔鱼资源的插值预测，协同克里金是否同其他领域一样相比较于普通克里金方法也表现出较优的插值精度？③既然秘鲁外海茎柔鱼生活环境如此复杂，各环境因子的影响权重在不同时期也会有所不同，那么如何在协同克里金法中解决诸多变量的问题？④除了普通克里金法相比较于 GLM 可以克服自身变量进行预测的困难外，协同克里金与 GLM 相同，同时可以借助外在变量，与响应变量建立模型关系，那么建立在空间自相关基础上的协同克里金与传统统计学的 GLM 两者的预测 CPUE 结果会有什么样差异吗？⑤捕捞努力量和单位捕捞努力量渔获量都可作为资源状况的指标，不同指标的选择会对资源空间异质性的表现有何影响？克里金插值精度预测产会有何不同？为此，本章拟通过解决以上五个基础性科学问题，初步探索地统计学在秘鲁外海茎柔鱼资源分布研究中的适用性，并结合海表面温度等环境因子来解释空间分布异质性及变化的机理，有利于更好地掌握秘鲁外海茎柔鱼资源空间分布规律，丰富地统计学在海洋渔业中的应用，为茎柔鱼资源的开发和利用提供理论支撑。

3.1.2 研究内容

本章以秘鲁外海茎柔鱼为研究对象，采用中国远洋渔业协会鱿钓技术组收集的秘鲁外海作业船队的生产统计数据，内容包括经纬度、时间、单船产量和作业船数等，以单位捕捞努力量渔获量(CPUE)作为标准资源丰度指标，基于经典统计学和地统计学等方法，探讨秘鲁外海茎柔鱼资源分布的空间异质性；针对应用比较广泛的普通克里金、协同克里金，比较两者对秘鲁外海茎柔鱼资源分布预报及精度差异特点；结合主成分分析法，构建综合环境因子下的单一协变量，对秘鲁外海茎柔鱼资源分布进行协同克里金估值；比较基于经典统计方法的 GLM 预测与地统计学方法预测茎柔鱼资源的差异比较；利用作业次数捕捞努力量作为资源状况指标进行克里金插值与以 CPUE 为主变量的克里金插值作比较，为进一步研究茎柔鱼资源空间分布特征及相关预报研究提供一种新思路及方法支撑。

具体研究内容包括：①秘鲁外海茎柔鱼资源空间异质性研究。通过空间自相关理论及变异函数分析秘鲁外海茎柔鱼资源分布特点，结合海表面温度等海洋环境因子对秘鲁外海茎柔鱼资源空间分布的差异性及变化机理进行阐述。②基于单因子的协同克里金法和普通克里金法比较茎柔鱼资源分布。通过以海表面温度(sea surface temperatatare，SST)、海表面盐度(sea surface salinity，SSS)、海表面高度(sea surface height，SSH)和叶绿素浓度(Chl-a)为协变量进行协同克里金插值预测，比较不同环境因子下的插值结果，选择最优协同克里金方法，并与普通克里金法进行插值精度比较，分析两者的不同。③基于综合环境因子的协同克里金法预测秘鲁外海茎柔鱼资源空间分布。主要介绍利用主成分分析法将 SST 等环境因子整合为单一变量，对 CPUE 进行协同克里金插值，预测资源空间分布，探寻高产分布区空间位置，解决多环境因子的权重问题，分析综合环境因子在协同克里金插值中的可行性。④基于协同克里金法与 GLM 的 CPUE 预测研究。通过协同克里金插值预测 CPUE 值，与传统统计学方法 GLM 预测结果进行比较，分析两者在预测效果上的差异。⑤基于 CPUE 和作业次数的普通克里金插值法比较秘鲁外海茎柔鱼资源空间分布。主要介绍了作业次数和 CPUE 归一化处理，比较两种指标反映的资源状况异质性特点及在进行克里金估值时的精度差异。

3.2　基于 CPUE 的秘鲁外海茎柔鱼资源空间异质性

3.2.1　材料与方法

3.2.1.1　数据来源及处理

我国鱿钓渔船主要是在秘鲁外海海域(6°～20°S)进行全年作业，由于每年 6～9 月是茎柔鱼的渔汛旺期(胡振明等，2010)，因此本研究从上海海洋大学鱿钓技术组提供的渔业数据库中筛选出 2003～2012 年 6～9 月的数据进行研究，数据包括时间、经纬度、作业船只、渔获产量等。研究区域为 6°～20°S、75°～88°W(图 3-1)。

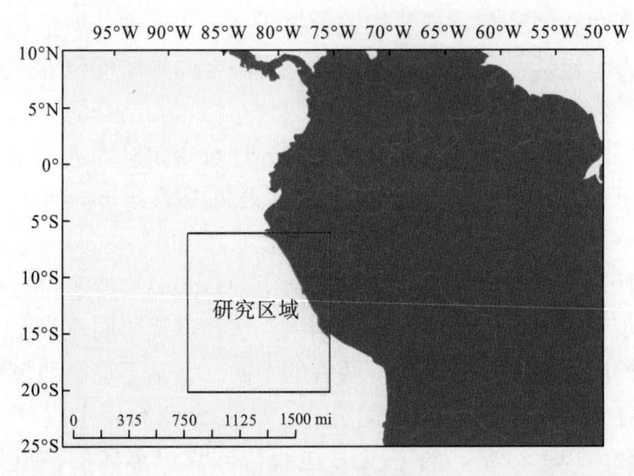

图 3-1　研究区域

注：1mi=1.609344km

将渔业数据处理成以月为单位，空间分辨率为 0.5°×0.5°的数据格式。以单位捕捞努力量渔获量(CPUE)作为资源密度指标，计算公式为(方学燕等，2014)

$$\text{CPUE} = \frac{\sum C}{\sum D} \tag{3-1}$$

式中，C 为产量，$\sum C$ 为渔区中多年所有渔船的捕捞产量之和，D 为捕捞作业天数，$\sum D$ 为渔区中多年所有渔船的作业天数之和。数据栅格化过程如下(图 3-2)。

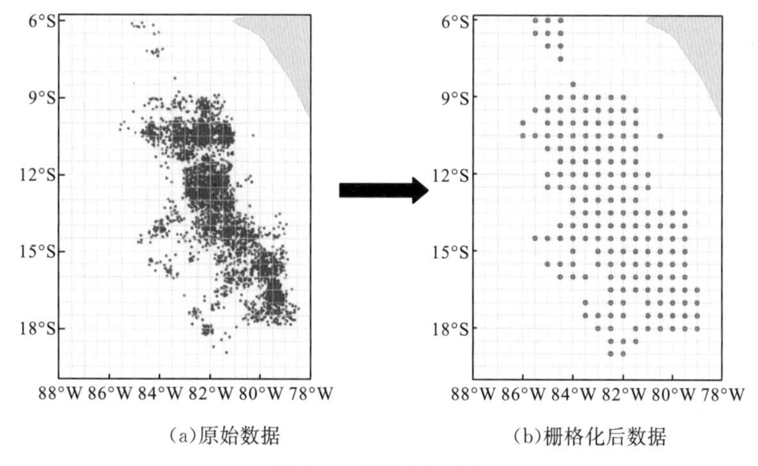

(a)原始数据　(b)栅格化后数据

图 3-2　栅格化过程图

根据 Taipe 等(2001)、Robinson(2013)、胡振明等(2010)、汪金涛等(2014)的研究结果，环境数据选用 SST、SSH、Chl-a（数据下载网址：http：//oceanwatch.pifsc.noaa.gov)和 SSS(数据下载网址：http：//iridl.ldeo.columbia.edu)，时间分辨率为月，空间分辨率分别 0.1°×0.2°、0.25°×0.25°、0.05°×0.15°、0.33°×1°。为了与渔业数据匹配，将各环境因子求平均值后处理成时间和空间分辨率分别为月、0.5°×0.5°的数据格式。

3.2.1.2　正态性检验及转换

使用地统计学方法进行空间统计分析的前提条件是研究数据要符合正态分布(杨铭霞等，2013)。为此，本研究采用单样本 Kolomogorov-Semirnov(K-S)检验法，并运用 SPSS 17.0 对各月 CPUE 值进行正态性检验。对非正态分布的数据进行对数、倒数、反正弦平方根、Box-Cox(高义民等，2009)和平方根等一系列转换，以选择满足地统计学分析要求的转换数据。

单样本 K-S 检验的基本原理如下：$F_0(x)$为理论分布的分布函数，$F_n(x)$为一组随机样本的累积频率函数。设 D 为 $F_n(x)$与 $F_0(x)$差距的最大值，定义(张寒野和林龙山，2005)：

$$D = \max|F_n(x) - F_0(x)| \tag{3-2}$$

式中，标准显著性水平设置为 0.05。

3.2.1.3　全局趋势性分析

趋势分析可反映物体在空间区域内变化的主体特征，揭示研究对象的总体规律(高义民等，2009)。本研究应用 ArcGIS 10.1 的地统计模块 Geostatistical Analyst 中数据分析工具 Trend Analysis，获取茎柔鱼 CPUE 空间趋势图，分析其资源丰度空间分布趋势。

3.2.1.4　空间相关性分析

空间自相关是指同一个变量在不同空间位置上的相关性，是空间单元属性值聚集程度的一种度量(常变蓉等，2014)。采用探索性空间数据分析(exploratory spatial data analysis，ESDA)中的全局空间自相关统计量 Moran's I 分析茎柔鱼资源可能存在的聚集、离散和随机分布模式(Bez and Rivoirard，2001)，公式如下(冯永玖等，2014b)：

$$I=\frac{n\sum_{i=1}^{n}\sum_{j=1}^{n}[\boldsymbol{W}_{ij}(x_i-\bar{x})(x_j-\bar{x})]}{(\sum_{i=1}^{n}\sum_{j=1}^{n}\boldsymbol{W}_{ij})\sum_{i=1}^{n}(x_i-\bar{x})^2}(i\neq j) \tag{3-3}$$

式中，n 是参与计算的样本数量，x_i 是空间单元 i 的属性值，x_j 是空间单元 j 的属性值，$\bar{x}$ 是全部空间单元的平均值，$\boldsymbol{W}_{ij}$ 是空间权重矩阵，表示 i 和 j 的邻近关系，相邻为 1，不相邻为 0。Moran's I 值域为 $[-1，1]$，大于 0 时为正相关，小于 0 时为负相关，其绝对值越大表示空间分布的自相关程度越高，空间分布呈现聚集现象；绝对值越小代表示空间分布的自相关程度越低，空间分布呈现分散格局；当 Moran's I 等于 0 时，表示空间分布呈现随机分布(Mitchell，2005；张松林和张昆，2007)。

对于局部空间自相关性，可通过 ArcGIS 的空间统计方法获得茎柔鱼资源丰度的空间热点。利用 Getis-Ord G_i^* 统计量进行局部空间自相关分析，以识别在整体分布状况下局部的分布特征，其计算公式为(冯永玖等，2014b)：

$$G_i^*=\frac{\sum_{j=1}^{n}\boldsymbol{W}_{ij}x_j-\bar{x}\sum_{j=1}^{n}\boldsymbol{W}_{ij}}{S\sqrt{\left[n\sum_{j=1}^{n}\boldsymbol{W}_{ij}{}^2-\left(\sum_{j=1}^{n}\boldsymbol{W}_{ij}\right)^2\right]/(n-1)}} \tag{3-4}$$

式中，S 为标准差，$G_i{}^*$ 统计结果用 z 得分表示，z 得分为正表示资源丰度高产值聚集区，称为热点；z 值为负表示资源丰度低产值聚集区，称为冷点。z 得分无论正负，当其绝对值越大，表明资源丰度的聚集性越强(张松林和张昆，2007)。本研究以 $z<-2.58$ 为冷点，$z>2.58$ 为热点。

3.2.1.5　空间异质性分析

半变异函数是探测研究对象空间变异性的重要工具，能够定量描述变量的空间变异和空间分布模式。半变异函数计算公式为(刘爱利等，2012)：

$$\gamma(h)=\frac{\sum_{i=1}^{n}[Z(x_i)-Z(x_i+h)]^2}{2N(h)} \tag{3-5}$$

式中，$\gamma(h)$为半变异函数值，h 为样点的空间间隔距离，称为步长，n 是距离等于h 时点对数，$Z(x_i)$是位置 x_i的实测值，$Z(x_i+h)$是位置 x_i距离为h 处样点的值，$N(h)$是空间间隔距离为 h 时的样本点对总数。

基于各向同性条件下，利用 GS+9.0 进行理论半变异函数模型的拟合，其中有效滞后距可通过 ArcGIS 10.1 软件 Toolbox 中的 Average Nearest Neighbor 命令计算得到(Getis and Ord，1992)。常用的拟合半变异函类型有球状模型、指数模型和高斯模型，决定系数(R^2)和残差平方和(RSS)是反映拟合模型精度的指标，R^2越大，RSS 越小，则表示模型的拟合效果越好(赵斌和蔡庆华，2000)。

拟合的半变异函数用块金值(C_0)、偏基台值(C)和变程(a)这三个参数来描述研究对象的空间分布结构。其中 $h=0$ 时的变异称为块金值，通常表示由实验误差或小于实验取样尺度引起的变异，基台值(C_0+C)表示系统内的总变异(Zulu et al.，2014)。块金值与基台值之比[$C_0/(C_0+C)$，称为块金系数]表示由随机性因素引起的空间异质性占系统总变异的比例，是反映区域化变量空间异质性程度的重要指标(赵斌和蔡庆华，2000)。块金系数小于 25%时，系统变异主要是由系统内部的结构性因素引起的，表明系统变量具有较强的空间自相关性，异质性程度低；块金系数大于 25%、小于 75%时，表明系统变量的空间相关性处于中等水平；块金系数大于 75%时，变异主要是由随机因素引起的，表明系统变量具有较弱的空间相关性，异质性程度较高(杨铭霞等，2013)。

3.2.1.6　相关性检验

利用 SPSS 17.0 统计包中的相关分析对 SST、SSS、SSH 和 Chl-a 与 CPUE 进行相关性检验，分析引起局部空间自相关的相关环境因子。

3.2.2　研究结果

3.2.2.1　常规性统计

从表 3-1 可知，6～9 月份 CPUE 为 0～25.6t/d，平均值为 3.95～4.10t/d。经 K-S 检验，7、8、9 月份 CPUE 数据都符合正态分布要求($P>0.05$)，只有 6 月份数据不符合正态分布。所有偏态 $S_k>0$，表明频数分布为正偏性；峰度 $K>3$，属于高狭峰，这说明 6～9 月秘鲁外海茎柔鱼资源丰度分布以低密度区域为主，高密度区域较少，且其正态分布性并不好。变异系数 C_v(coefficient of variation)值均大于 10%，但小于 100%，这表明秘鲁外海茎柔鱼资源丰度值具有中等程度上的差异性。

表 3-1 秘鲁外海茎柔鱼资源丰度 CPUE 经典统计

月份	平均值	最大值	最小值	极差 R	偏度 S_k	峰度 K	标准差 S_d	变异系数 C_v/%	K-S检验 P 值
6	3.95	24.5	0	24.5	2.51	13.58	3.23	81.77	0.00
7	4.07	16.67	0	16.67	1.48	6.47	2.76	67.81	0.06
8	4.02	17.12	0	17.12	1.18	5.04	3.01	74.88	0.38
9	4.10	25.60	0	25.6	2.83	18.6	2.9	70.73	0.16

3.2.2.2 正态性检验及转换

从表 3-2 可知，对 6 月份 CPUE 进行对数、平方根、反正弦平方根和 Box-Cox 转换均满足正态分布的要求（$P>0.05$），对 7～9 月份 CPUE 进行对数、平方根、反正弦平方根和 Box-Cox 转换均可使 P 值增加，增强对正态性的要求。在本研究中，为与 ArcGIS 转换方式相一致及各月统一，6～9 月 CPUE 数据均选用对数转换。

表 3-2 数据转换后的 K-S 检验值

月份	样品数	对数	平方根	反正弦平方根	倒数	Box-Cox
6	170	>0.15	0.65	0.55	0.00	>0.15
7	177	0.35	0.89	0.83	0.00	1.04
8	187	0.93	>0.15	>0.10	0.00	>0.15
9	202	1.13	1.18	1.12	0.00	1.27

3.2.2.3 秘鲁外海茎柔鱼资源丰度分布趋势

由空间趋势分析的结果可知，6 月、7 月、9 月茎柔鱼资源丰度在南北方向上基本都呈现出南低北高的变化趋势，8 月份总体趋势是南低北高，具体来看中间高两端低(图 3-3)；而东西方向上 6 月、7 月、8 月份均呈现出中间高两端的趋势，7 月份东向比西向略高，9 月份呈现出明显的东高西低的趋势。

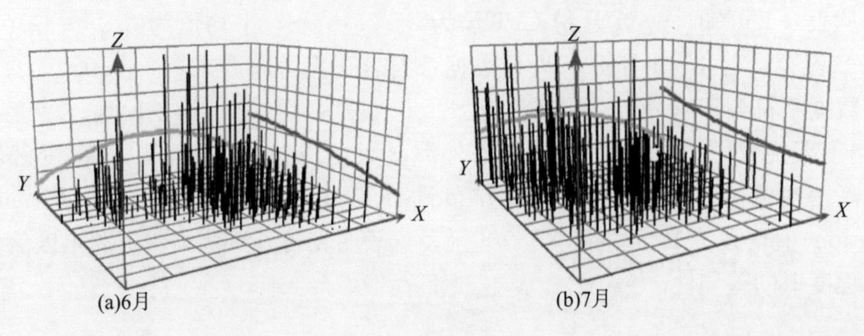

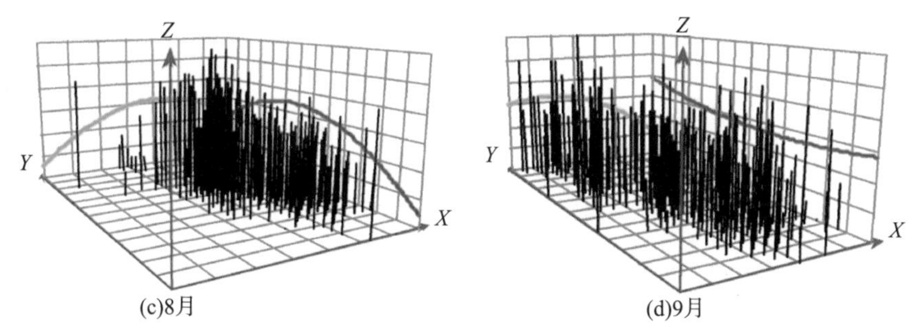

图 3-3　2003~2012 年 6~9 月秘鲁外海茎柔鱼资源丰度空间分布趋势

注：X 轴表示正东方向，Y 轴表示正北方向，Z 轴表示各采样点 CPUE 值，XY 轴所在平面上的竖棒表示每一个空间位置上的 CPUE 值。南北方向趋势线和东西方向趋势线分别为 CPUE 值在南北方向和东西方向投影的拟合曲线

3.2.2.4　秘鲁外海茎柔鱼资源丰度空间分布相关性

从全局自相关来看(表 3-3)，6~9 月份茎柔鱼资源丰度均为正相关(Moran's $I>0$)，Z 值较大，P 值全为 0，表明秘鲁外海茎柔鱼资源丰度呈显著的聚集分布，6、8、9 月的 Moran's I 值比 7 月份大，表明 6 月、8 月、9 月的空间自相关性比 7 月份强。

表 3-3　秘鲁外海茎柔鱼 CPUE 对数转换经典统计

月份	平均值	最大值	最小值	极差	偏度	峰度	标准差	变异系数	Moran's I	Z 得分	P 得分
6	1.42	3.24	0	3.24	−0.09	3.35	0.59	41.545	0.328	13.74	0.00
7	1.49	2.87	0	2.87	−0.56	3.79	0.56	37.58	0.214	10.13	0.00
8	1.43	2.90	0	2.90	−0.39	2.62	0.64	44.76	0.368	11.27	0.00
9	1.49	3.28	0	3.28	−0.20	3.45	0.54	36.24	0.347	14.18	0.00

根据 Getis-z 得分进行普通克里金插值可得到 6~9 月茎柔鱼热点特征面状分布图(图 3-4)。6 月份，在研究区域存在三个热点区域，其中一个较为明显，面积较大，为主热点，位于 11°~16°S、78°~82.5°W，无明显的方向性，另外两个则比较小，可以忽略不计；同时存在三个冷点区域。7 月份，在研究区域存在两个地理位置上很接近的热点区域，可以近似为一个热点，位于 9°~12°S、80°~85°W，呈东西向分布，近岸区域出现一个冷点。8 月份，该研究区域有一个较明显的热点区域，主热点区位于 10°~13°S、82°~85°W，呈西北东南向分布；三个较明显的冷点区域分别位于东南和西北方向上，具体位置为 6°~8°S、83°~85°W，12°~15°S、79°~81°W 和 17°~19°S、79°~81°W，大体都为东西向分布。9 月份，在研究区域则出现三个热点区域，主热点位于 17°~19°S、81°~84°W，另一个主要位于 10°~13°S、80°~82°W，另一个可以忽略不计；研究区域南部出

现三个冷点，一个较大的冷点位于13°~15°S、79°~84°W，呈东西向分布。

从图3-4可知，6月、7月、8月主热点地带位置大体相同，9月的热点区域相对零散不集中。从热点特征来看，7、9月冷热点分布不均匀性较大，故其局部空间自相关性较强于6月、8月的局部空间自相关性，秘鲁外海茎柔鱼资源丰度呈现出斑块状聚集分布，且具有明显的月间差异性。

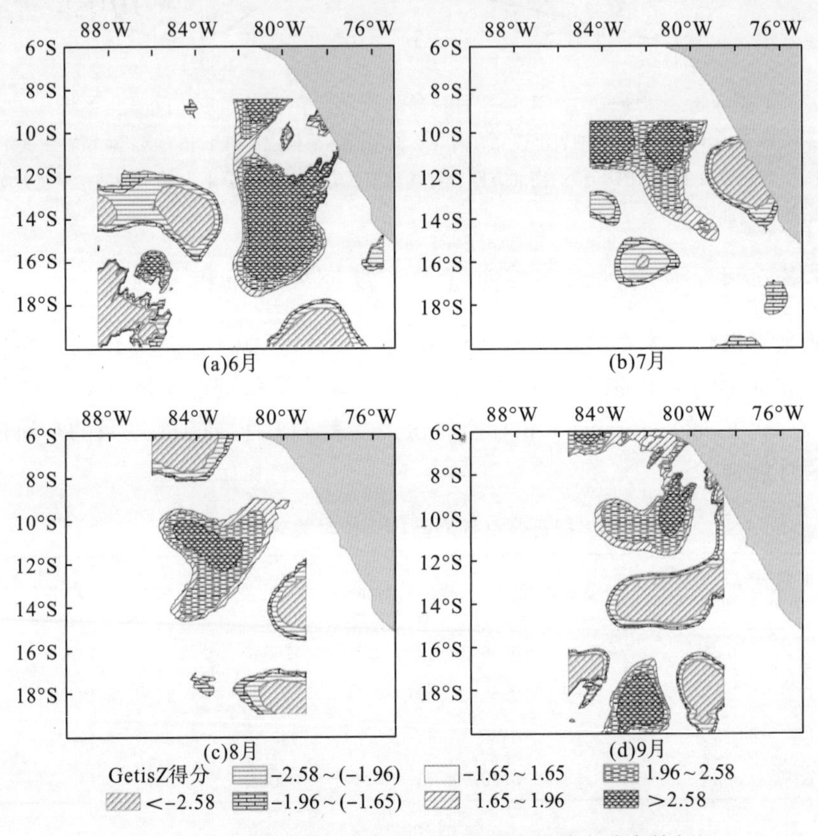

图3-4 6~9月份秘鲁外海茎柔鱼资源丰度热点分布特征

3.2.2.5 秘鲁外海茎柔鱼资源丰度空间分布变异性

半变异函数反映了6~9月份秘鲁外海茎柔鱼资源丰度的空间结构(表3-4)。根据决定系数(R^2)和残差平方和(RSS)最小原则，6月份最适模型为指数模型(R^2=0.991，RSS=1.446×10^{-3})，7、9月份为球状模型(7月份，R^2=0.986，RSS=1.838×10^{-3}；9月份，R^2=0.980，RSS=8.447×10^{-4})，8月份为高斯模型(R^2=0.971，RSS=5.673×10^{-3})。6月份的块金系数最小(9.53%)，说明6月份系统性变异较大，具有较强的空间自相关性，而7~9月份的块金系数较大，说明7~9月份的变异性主要来自微观结构，由空间尺度或测量误差导致，具有中等程度的空间自相关性。6~9月份的变程(即自相关范围)分别为15.42°、

11.09°、7.60°、3.75°，说明6~9月份秘鲁外海茎柔鱼资源丰度的空间自相关范围逐渐减小。6~9月份变异函数之间的差异说明在不同月份不同生长阶段秘鲁外海茎柔鱼资源丰度的空间分布结构各不相同。

表3-4 6~9月秘鲁外海茎柔鱼资源半变异函数拟合模型

月份	步长	模型	块金值	基台值	块金系数	变程	决定系数R^2	残差平方和RSS
6	0.5	球状模型	0.087	0.4728	18.40	8.32	0.989	2.193×10^{-3}
	0.5	指数模型	0.057	0.598	9.53	15.42	0.991	1.446×10^{-3}
	0.5	高斯模型	0.128	0.460	27.83	6.51	0.978	4.426×10^{-3}
7	0.5	球状模型	0.106	0.506	20.40	11.09	0.986	1.838×10^{-3}
	0.5	指数模型	0.092	0.765	12.08	29.76	0.984	2.053×10^{-3}
	0.5	高斯模型	0.157	0.479	31.70	8.63	0.977	2.091×10^{-3}
8	0.5	球状模型	0.137	0.609	22.50	9.06	0.959	8.047×10^{-3}
	0.5	指数模型	0.128	1.014	12.62	29.07	0.954	8.970×10−3
	0.5	高斯模型	0.203	0.604	33.61	7.60	0.971	5.673×10^{-3}
9	0.5	球状模型	0.075	0.305	24.59	3.75	0.980	8.447×10^{-4}
	0.5	指数模型	0.0318	0.3136	10.14	4.17	0.954	1.925×10^{-3}
	0.5	高斯模型	0.113	0.3058	36.95	3.24	0.978	9.174×10^{-4}

3.2.2.6 秘鲁外海茎柔鱼资源与环境因子的相关性检验

6月份茎柔鱼主要分布在SSS为35.1‰~35.3‰、SST为19~21℃、SSH为21~31cm、Chl-a为0.1~0.2mg/m³的海域（其产量占总产量的比例>80%）（图3-5）；7月份茎柔鱼主要分布在SSS为35.0‰~35.2‰、SST为18~20℃、SSH为21~31cm、Chl-a为0.1~0.3mg/m³的海域（其产量占总产量的比例>80%）（图3-5）；8月份茎柔鱼主要分布在SSS为35.1‰~35.3‰、SST为17~20℃、SSH为26~36cm、Chl-a为0.2~0.4mg/m³的海域（其产量占总产量的比例>80%）（图3-5）；9月份茎柔鱼主要分布在SSS为35.0‰~35.2‰、SST为17~20℃、SSH为21~31cm、Chl-a为0~0.3mg/m³的海域（其产量占总产量的比例>80%）（图3-5）。6、7月份的适宜环境条件较为相似，8、9月份的适宜环境条件较为接近。

虽然分布区域环境较为相似，但是各月CPUE与环境因子的相关性检验表现出不同的结果。6月份CPUE与SSH具有极显著的正相关性（Pearson系数>0，$P<0.01$），与Chl-a和SSS具有极显著负相关关系（Pearson系数<0，$P<0.01$）（表3-5）；7月份的CPUE与SSH和SST具有正相关性（Pearson系数>0，$P<0.05$），与SSS具有极显著负相关性（Pearson系数<0，$P<0.05$）（表3-5）；8

月份的 CPUE 与 SSS、SST 具有显著正相关性(Pearson 系数>0，$P<0.05$)(表 3-5)；9 月份的 CPUE 与 SST 具有极显著正相关性(Pearson 系数>0，$P<0.05$)(表 3-5)。

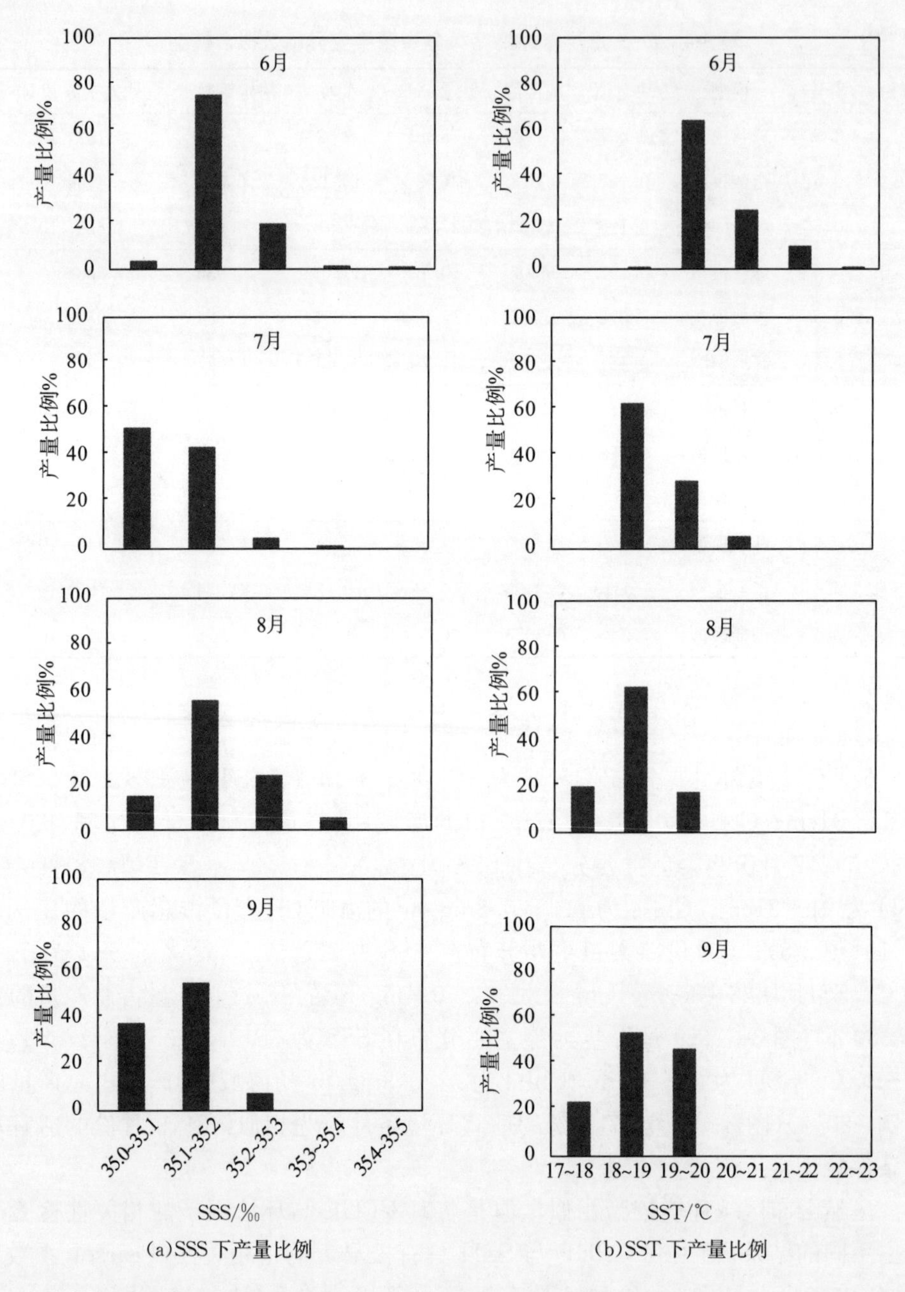

(a)SSS 下产量比例　　(b)SST 下产量比例

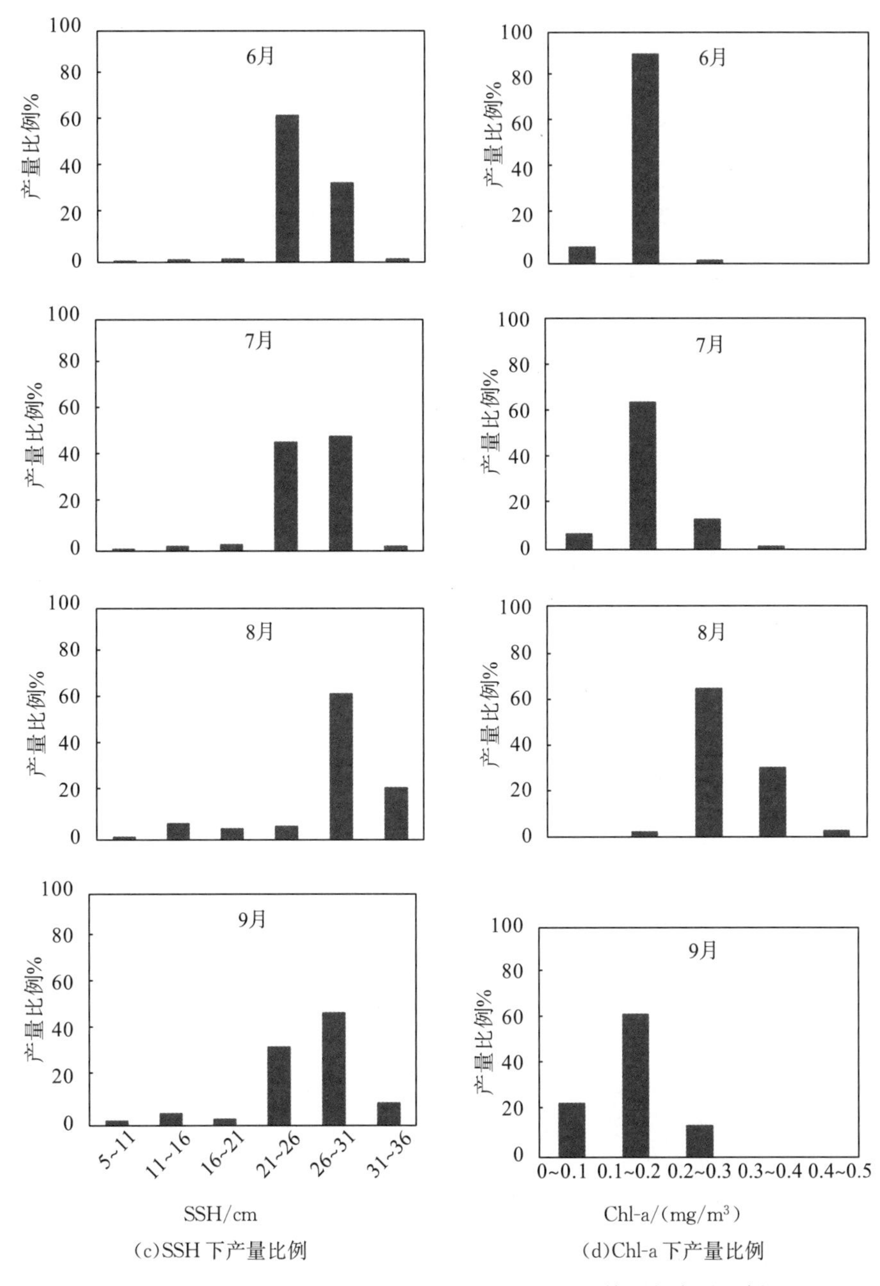

(c)SSH 下产量比例　　(d)Chl-a 下产量比例

图 3-5　6～9 月份 SSS、SST、SSH 和 Chl-a 环境下的产量比例

表 3-5　Pearson 相关性检验结果

月份	SSH		Chl-a		SSS		SST	
	Pearson 系数	*P*	Pearson 系数	*P*	Pearson 系数	*P*	Pearson 系数	*P*
6	0.426	**	−0.349	**	−0.365	**	−0.093	n. s.

续表

月份	SSH		Chl-a		SSS		SST	
	Pearson 系数	P	Pearson 系数	P	Pearson 系数	P	Pearson 系数	P
7	0.351	**	−0.110	n. s.	−0.157	**	0.314	**
8	−0.005	n. s.	0.013	n. s.	0.198	**	0.147	*
9	−0.118	n. s.	0.048	n. s.	0.102	n. s.	0.403	**

注：Pearson 相关系数，*表示在 0.05 水平上显著性相关(双尾检验)，**表示 0.01 水平上极显著相关(双尾检验)，n. s. 表示相关性不显著，下同；6 月份样本量为 170，7 月份样本量为 176，8 月份样本量为 187，9 月份样本量为 202

3.2.3 分析与讨论

3.2.3.1 秘鲁外海茎柔鱼资源丰度分布的空间相关性和异质性

本研究在进行热点分析时，由于在 6°~8°S 没有 6、7 月份的渔业数据，普通克里金法不能完成对无数据区域的估值(Tafur et al.，2001)，所以在 6、7 月的面状分布图中 6°~8°S 未显示可视化结果。本研究着重分析研究区域内热点的分布位置及其不均匀性，因此即使 6°~8°S 无插值对研究区域的结果影响不大。

具备高度洄游特性的茎柔鱼，在南半球主要分布区域为秘鲁至智利沿岸，位于秘鲁寒流流经区域。根据相关研究可知(Tafur et al.，2001)，秘鲁外海的茎柔鱼有大小两个群体，小型群体分布于秘鲁北部，大型群体分布于秘鲁南部，并且全年产卵，其中 7~8 月是其产卵高峰期之一。Taipe 等(2001)认为，从 6 月开始茎柔鱼向秘鲁近岸进行产卵洄游，本研究的时间恰为 6~9 月，茎柔鱼进入产卵场进行产卵，呈现一定的聚集分布。茎柔鱼具有中等程度全局自相关，但在局部范围内自相关性较强，这表明产卵期茎柔鱼分布受局部周围环境的影响较大，呈现斑块状分布，表现出明显的异质特性。6~9 月份秘鲁外海茎柔鱼资源分布趋势具有明显的月间差异性，6、7 月份主要分布在近岸区域，8 月份主要分布在研究区域的中部，9 月份则主要分布在研究区域的外部区域。结合高 CPUE 值聚集的热点区域也可以看出，6~9 月份秘鲁外海茎柔鱼资源分布呈现出由南向北，由近岸向远洋移动的特点，这可能与群体产卵洄游有关。

在半变异函数模型类型中，球状模型表示聚集性分布较强，指数模型和高斯模型表示中等程度聚集(赵斌和蔡庆华，2000)。6 月份属于指数模型，7、9 月份属于球状模型，8 月份属于高斯模型，这说明 7、9 月份茎柔鱼资源分布聚集性强于 6、8 月份的聚集性，这与局部空间自相关分析结果相一致。茎柔鱼 CPUE 各月份间半变异函数有所不同，意味着不同生活阶段茎柔鱼资源丰度的空间分布模式有所差异(表 3-2、表 3-3 和表 3-4)。从热点分布来看，6 月份秘鲁外海茎柔鱼主要分在11°～16°S、78°～82.5°W；7、8月份热点分布区域与6月份较为相似，7月份分布在9°～12°S、80°～85°W，8月份位于10°～13°S、82°～85°W；9月份，热点分布较为零散，主要位于研究海域的边缘地域(图3-4)。这说明6～9月份秘鲁外海茎柔鱼资源丰度高值区有从近岸向离岸方向移动的趋势，在南北方向上稍有北移，但不甚明显，且6～9月份茎柔鱼资源丰度的空间依赖范围呈降低趋势，这可能与茎柔鱼的生殖活动有关。产卵高峰的前期6月份大量的雌雄个体积极进行捕食为生殖活动储备能量，聚集范围较大，7、8月份雌雄个体聚集进行交配授精活动，范围相对减小。茎柔鱼属于一次交配多次产卵的种类，产卵持续100～120d，每次产卵几百万个，产卵期间停止进食。然而，在各次产卵间期会从近岸向大陆架边缘区域积极进行捕食活动(Csirke et al.，2015)。秘鲁外海茎柔鱼的主要捕食对象为分布在大陆架边缘的头足类(包括同类)和磷虾(Anne et al.，2011；Alegre et al.，2014)。为下次产卵积极进行捕食活动，使得群体小范围聚集，大范围分散分布。这或许是在6～9月份热点区域呈现出由近岸向离岸移动趋势的原因。

块金系数的计算结果表明，秘鲁外海茎柔鱼资源分布属于中等程度的空间变异，随机性因素在总变异中超过25%比例，这可能是船员的捕捞水平、渔具渔法及船舶等作业因素引起的(Tian et al.，2009)。

3.2.3.2　秘鲁外海茎柔鱼资源丰度分布特点及与环境的关系

空间异质性反映了自然界各物体分布的不均匀性现象，通常以斑块状的形式存在，其主要是由生物和非生物变量之间的相互作用引起的。进行空间自相关的研究，对认识变量的空间异质性具有内在的支撑意义。不同的环境因子对茎柔鱼资源丰度空间变异影响各不相同。Chl-a作为初级生产力的代表，主要影响茎柔鱼的摄食状况，Robinson等(2013)的研究认为，茎柔鱼喜欢生长在叶绿素浓度较高的区域；SST和SSS是水中生物生存的基础条件，分别影响其新陈代谢和调节渗透压，Arkhipkin等(2014)研究了SST对茎柔鱼生活周期的影响，认为SST能够影响茎柔鱼的孵化、生长及成熟发育。SSH可用以表征中尺度涡旋特征(陈长胜，2003；Pasual and Mcwillams，2014)，冷涡旋内营养盐含量、浮游植物和动物的生物量比周围海域明显较高，温度较低，海面上升；暖涡旋则具有相反的特征(Pasual and Mcwillams，2014)，冷涡旋和暖涡旋的存在对幼鱼的生长及存活率产生一定影响。

茎柔鱼这种受海洋环境影响比较大的短生命周期物种，全年产卵的生殖习性(Nigmatullin et al.，2001)及索饵产卵洄游(Taipe et al.，2001)的时空分布表现了其对环境的适应机制。根据空间相关性及半变异函数分析可知，秘鲁外海茎柔鱼具有明显的中强度聚集分布特性(表3-3、表3-4)，这可能与其生存环境特征有关。本研究中，秘鲁外海茎柔鱼资源主要分布在 SST 为 17～23℃、SSH 为 5.3～36.3cm、SSS 为 35.0‰～35.5‰、Chl-a 为 0.06～0.5mg/m³ 的海域。6 月份与 7 月份，8 月份与 9 月份分布范围的环境条件很相似(图 3-5)，但是 CPUE 与各环境因子的相关性检验并非都是显著的。6 月份 CPUE 与 SSS、SSH 和 Chl-a 具有显著相关性，7 月份 CPUE 与 SSS、SSH 和 SST 有显著相关性，8 月份 CPUE 与 SSS 和 SST 具有显著相关性，而 9 月份 CPUE 仅与 SST 具有显著相关性。这表明各环境因子对不同生长阶段的茎柔鱼影响有所不同。

6 月份可能是秘鲁外海茎柔鱼产卵前期，存在一定的摄食行为，其分布在一定程度上受 Chl-a 的影响，秘鲁外海茎柔鱼资源丰度高值区主要分布在 Chl-a 为 0.1～0.2mg/m³ 的区域，Chl-a 高值区也有一定比例的茎柔鱼分布。7 月、8 月份可能进入产卵高峰期，9 月份为产卵间期或是末期，进入产卵期后 SST 对茎柔鱼资源空间分布具有一定的影响，相关性检验结果可以证明这一点(表 3-4)，然而影响较大的主要是 SSS 和 SSH；9 月份热点零散，区域较小，产卵过后成体死亡(Taipe et al.，2001)，产卵期的个体分散积极进行觅食以补充繁殖所需能量(Nigmatullin and Markaida，2009；Csirke et al.，2015)，群体分布不集中。6～8 月茎柔鱼资源丰度分布均呈现出高值聚集区，并且均与 SSS 相关性显著，6～7 月份相关性系数较大的环境因子为 SSH，9 月份没有高值聚集区，分布不集中，其 CPUE 与 SSS 的相关性不显著，而仅与 SST 具有相关性。因此，本研究认为产卵期茎柔鱼资源聚集性分布特点主要由 SSS 和 SSH 决定，主要集中分布在 SSS 为 35.0‰～35.3‰、SSH 为 21～31cm 的海域。但为何在产卵阶段秘鲁外海茎柔鱼聚集于 SSS 为 35.0‰～35.3‰、SSH 为 21～31cm 的海域，这需要今后仍从茎柔鱼的生物生理及行为学上深入探讨。

3.3 基于单因子的协同克里金法和普通克里金法比较茎柔鱼资源丰度空间分布

3.3.1 材料与方法

3.3.1.1 数据来源及处理

为比较普通克里金(OK)法和协同克里金(COK)法在秘鲁外海茎柔鱼资源丰度空间分布的差异，本研究选用上海海洋大学鱿钓技术组提供的我国远洋鱿钓渔船在秘鲁外海的渔业捕捞数据，包括作业时间、作业天数、作业位置及捕捞产量，时间分辨率为天。计算 0.5°×0.5°网格中对应的秘鲁外海茎柔鱼渔获量和作业天数，并以单位捕捞努力量渔获量作为资源丰度指标。

环境数据包括海表面温度(SST)、海表面高度(SSH)、叶绿素浓度(Chl-a)(数据下载网址：http：//oceanwatch.pifsc.noaa.gov)和海表面盐度(SSS)(数据下载网址：http：//iridl.ldeo.columbia.edu)，时间分辨率为月、空间分辨率分别 0.1°×0.2°、0.25°×0.25°、0.05°×0.15°、0.33°×1°。研究时间为 2003～2012 年 8～9 月。为与渔业数据相匹配，将环境数据分别处理成时间分辨率为月，空间分辨率为 0.5°×0.5°的格式。

3.3.1.2　相关性检验及正态性检验

利用 SPSS 17.0 软件将 SST、SSS、SSH 和 Chl-a 分别与 CPUE 进行相关性检验，以期选择在统计上具有显著相关性的环境因子。由于地统计学的应用以数据满足正态分布为前提(张寒野和林龙山，2005)，所以在 SPSS 17.0 中利用 Kolomogorov-Semirnov(K-S)检验，对不满足正态分布的数据进行对数转换，对环境数据和秘鲁外海茎柔鱼 CPUE 进行相关经典统计描述。

3.3.1.3　半变异函数模型拟合

对筛选后的相关性环境因子及正态转换后的数据，利用 GS+7.0 软件进行半变异函数模型得拟合，选用残差平方和(RSS)和决定系数(R^2)作为拟合精度的评价指标，RSS 越小、R^2越大表明拟合精度越高(赵斌和蔡庆华，2000)，以此选择最优拟合模型。

3.3.1.4　克里金插值

普通克里金(OK)法属于线性平稳地统计学范畴，采用普通克里金插值法分析渔场空间分布时，首先要对数据进行探索性分析，在此基础上计算实验变异函数，再通过实验变异函数拟合理论变异函数，其半变异函数计算公式如式(3-5)所示。OK 法估值计算公式为(赵斌和蔡庆华，2000)

$$Z^*(x_0) = \sum_{i=1}^{n} \lambda_i Z(x_i) \tag{3-6}$$

式中，λ_i为权重系数，$Z^*(x_0)$为 x_0处的待估值。

与普通克里金法不同的是，协同克里金(COK)法属于多元地统计学范畴，将主变量的自相关性和主变量与协变量的交叉相关性结合起来用于无偏最优估计之中，同样要求数据呈正态分布。其变异函数模型为(冯永玖等，2014b)

$$\gamma_{kk'}(h) = \frac{1}{2N(h)} \sum_{i=1}^{N(h)} [Z_{k'}(x_i + h) - Z_{k'}(x_i)][Z_k(x_i + h) - Z_k(x_i)] \tag{3-7}$$

式中，$Z_{k'}(x_i)$为协变量在位置 x_i的实测值，$Z_{k'}(x_i+h)$为协变量在距离位置 x_i

为 h 处样点的值，$Z_k(x_i)$为主变量在 x_i 位置处的样点值，$Z_k(x_i+h)$为主变量在距离为 h 处样点的值。本研究时空领域中所选用的协变量包括 SST、SSS、Chl-a 和 SSH，主变量为 CPUE。

COK 法估值公式为(冯永玖等，2014b)

$$Z_k^*(x_{k0}) = \sum_{i=1}^{N_k} \lambda_{ki} Z_k(x_{ki}) + \sum_{j=1}^{N_{k'}} \lambda_{k'i} Z(x_{k'j}) \tag{3-8}$$

式中，$Z_k^*(x_{k0})$为 CPUE 在 x_0处的估计值，$Z_k(x_{ki})$为各点 CPUE 值，λ_{ki}为赋予各点 CPUE 的一组权重系数，$Z_k(x_{k'i})$为各点 SST 或 SSH 的值，$\lambda_{k'i}$为赋予各点环境因子的一组权重系数。

3.3.1.5 插值精度评估

模型拟合效果不确定性可采用交互检验法，评价标准为(高义民等，2009)：①平均误差(mean error，ME)，其代表了评价结果的无偏性，其值越接近 0 越好；②均方误差(mean square error，MSE)，其值越接近 0 越好；③均方根误差(root-mean-square error，RMSE)其是估值方法精确性的一种度量，其值越小越好；④平均标准误差(average standard error，ASE)更接近与均方误差，可以正确评价预测的不确定性；⑤标准化均方根误差(root-mean-square standard error，RMSSE)应该接近于 1，大于 1 则低估预测的不确定性，小于 1 则高估预测的不确定性。根据 RMSE 的相对提高 RI(a relative improvement)指数可以定量比较 COK 法与 OK 法的预测精度，其计算公式如下(Sumfleth and Duttmann，2008)：

$$\mathrm{RI} = \frac{\mathrm{RMSE_{OK}} - \mathrm{RMSE_{COK}}}{\mathrm{RMSE_{OK}}} \times 100\% \tag{3-9}$$

3.3.2 研究结果

3.3.2.1 CPUE 与环境变量的统计描述

6 月份茎柔鱼主要分布在 SSS 为 35.1‰～35.3‰、SST 为 19～21°C、SSH 为 21～31cm、Chl-a 为 0.1～0.2mg/m^3 的海域(其产量占总产量的比例>80%)；7 月份茎柔鱼主要分布在 SSS 为 35.0‰～35.2‰、SST 为 18～20°C、SSH 为 21～31cm、Chl-a 为 0.1～0.3mg/m^3 的海域(其产量占总产量的比例>80%)；8 月份茎柔鱼主要分布在 SSS 为 35.1‰～35.3‰、SST 为 17～20°C、SSH 为 26～36cm、Chl-a 为 0.2～0.4mg/m^3 的海域(其产量占总产量的比例>80%)；9 月份茎柔鱼主要分布在 SSS 为 35.0‰～35.2‰、SST 为 17～20°C、SSH 为 21～31cm、Chl-a 为 0～0.3mg/m^3 的海域(其产量占总产量的比例>80%)(图 3-6)。6、7 月份的适宜环境条件较为相似，8、9 月份的适宜环境条件较为接近。

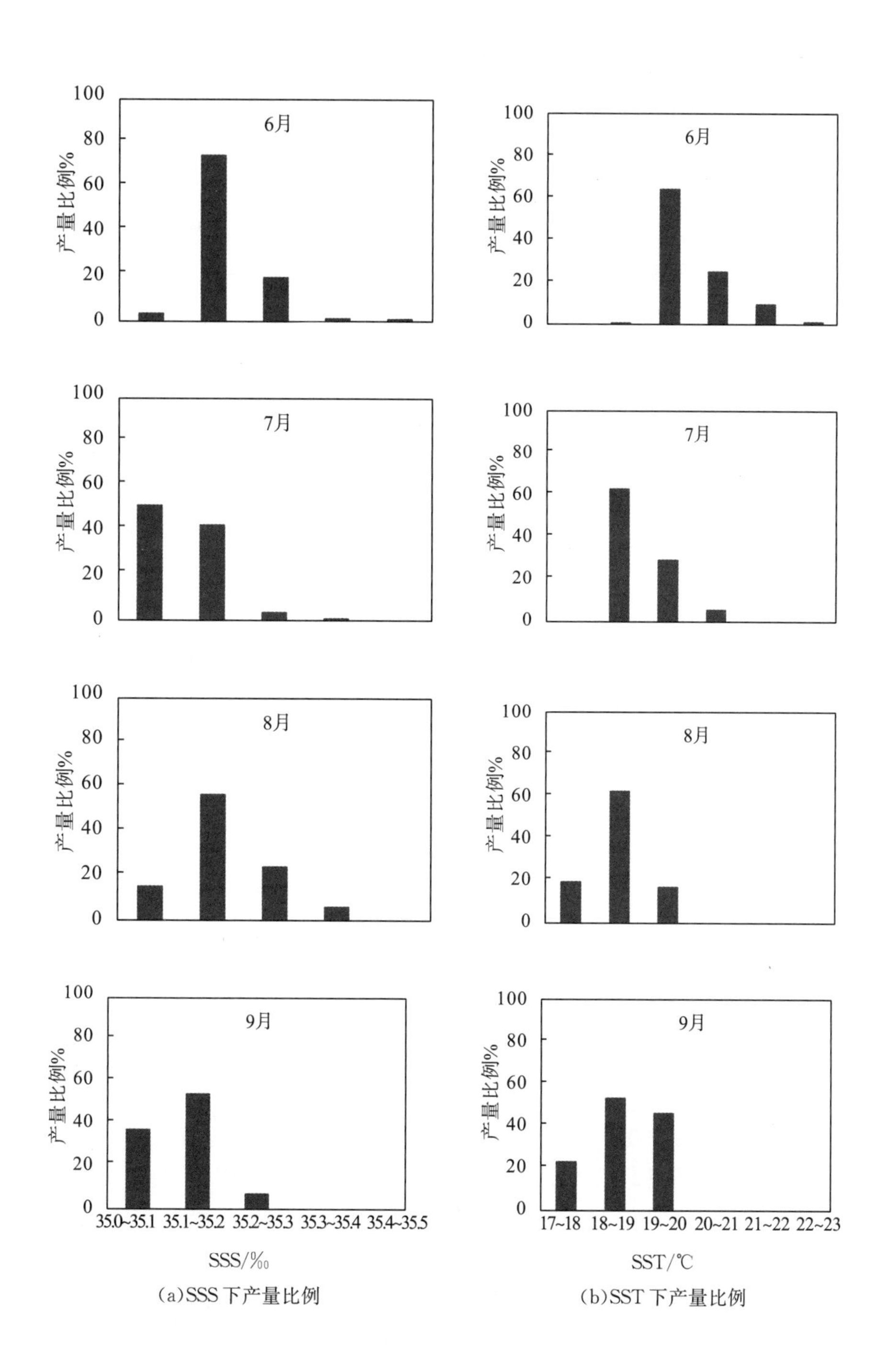

(a)SSS下产量比例　(b)SST下产量比例

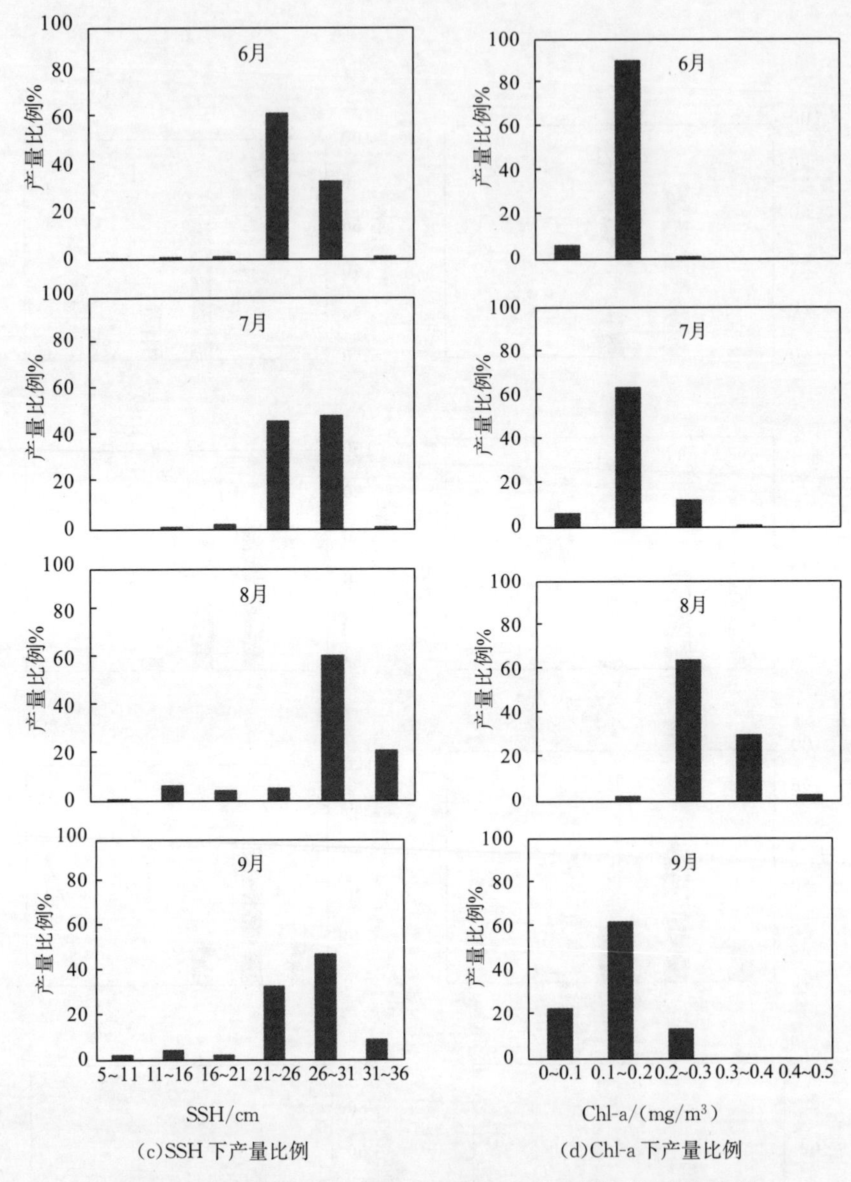

(c)SSH下产量比例　　(d)Chl-a下产量比例

图 3-6　6～9月份 SSS、SST、SSH 和 Chl-a 环境下的产量比例

虽然分布区域环境较为相似，但是各月 CPUE 与环境因子的相关性检验表现出不同的结果。6月份 CPUE 与 SSH 具有极显著的相关关系($P<0.01$)，与 Chl-a 和 SSS 具有极显著相关关系($P<0.01$)；7月份 CPUE 与 SSS、SSH 和 SST 具有极显著相关关系($P<0.01$)；8月份 CPUE 与 SSS 相关性极显著($P<0.01$)，与 SST 具有显著的相关关系($P<0.05$)；9月份 CPUE 仅与 SST 具有极显著的相关关系($P<0.01$)(表 3-6)。所以在本研究中，6月份选择 SST、Chl-a 和 SSS 为辅助变量，7月份选择 SST、SSH 和 SSS 为辅助变量，8月份选择 SSS 和 SST 为

辅助变量，9月份选择SST为辅助变量，以进行后续的拟合与空间插值。

表3-6 6~9月CPUE与主要环境因子的相关性检验

月份	SSH	*P*	Chl-a	*P*	SSS	*P*	SST	*P*
6	0.426	**	−0.349	**	−0.365	**	−0.093	n. s.
7	0.351	**	−0.110	n. s.	−0.157	**	0.314	**
8	−0.005	n. s.	0.013	n. s.	0.198	**	0.147	*
9	−0.118	n. s.	0.048	n. s.	0.102	n. s.	0.403	**

K-S检验表明，6～9月所有变量都满足正态分布要求($P>0.05$)，但是CPUE的平均值和中间值之间存在较大差异(表3-7)，所以对CPUE进行对数转换，从转换后的结果来看，*P*值明显增大，能更好地符合正态分布。

表3-7 秘鲁外海茎柔鱼CPUE与相关环境因子

月份	变量	最小值	最大值	平均值	标准误差	偏度	峰度	中间值	*P*值
8	CPUE	0	17.12	4.02	3.01	1.18	5.04	3.25	0.37
	SSS	35.03	35.41	35.19	0	0.34	2.07	35.18	0.63
	SST	17.04	20.47	18.51	0.78	0.42	2.51	18.46	>0.15
	ln(CPUE)	0	2.90	1.43	0.64	−0.39	2.62	1.45	0.93
9	CPUE	0	25.6	4.10	2.99	2.84	18.60	3.72	0.16
	SST	16.98	20.08	18.14	0.70	0.62	2.73	18.01	0.77
	ln(CPUE)	0	3.28	1.49	0.54	−0.20	3.45	1.55	1.13

注：P值为K-S检验值

3.3.2.2 协同克里金法分析

基于R^2最大和RSS最小原则，6月份ln(CPUE)的最佳变异函数模型为指数模型，7、9月份的ln(CPUE)最佳模型为球状模型，8月份ln(CPUE)的最佳模型为高斯模型，各环境因子的变异函数模型和交叉变异函数模型均为高斯模型。在6~9月份中，除了6月份ln(CPUE)的块金系数NC<25%，7~9月份的ln(CPUE)的块金系数25%<NC<75%，这表明6月份的秘鲁外海茎柔鱼CPUE具有较强的空间依赖性，7~9月份秘鲁外海茎柔鱼CPUE具有中等程度的空间依赖性。SST、SSS、SSH、Chl-a、COK-SSS、COK-SSH、COK-Chl-a、COK-SST的块金系数<25%，具有强烈的空间依赖性(表3-8)，可见，渔业资源及环境因子的空间分布均存在显著的空间自相关性。6月份，ln(CUUE)指数模型的半变异函数值呈现出随着距离的增大斜率增速逐渐降低，在15.42°(A)时到达稳定；7月份的变程距离为11.09°，8月份的变程距离为7.77°，9月份的变程

距离 3.75°。变程距离表明，6~9 月份秘鲁外海茎柔鱼 CPUE 的聚集范围分别为 15.42°、11.09°、7.77°、3.75°。6~9 月份不同的半变异函数模型说明，不同月份间秘鲁外海茎柔鱼资源丰度具有不同的空间聚集结构。

表 3-8　6~9 月份主变量与协变量的变异函数和交叉变异函数模型

月份	变量	模型	块金值	基台值	变程	残差平方和	决定系数	块金系数	空间依赖性
6	ln(CPUE)	E	5.8×10^{-2}	0.59	15.42	1.45×10^{-3}	0.991	9.83	S^2
	SSS	G	1.0×10^{-4}	0.08	12.75	1.17×10^{-5}	0.997	0.12	S^2
	SSH	G	2.1	54.85	4.91	53.20	0.988	3.83	S^2
	Chl-a	G	5.7×10^{-4}	0.02	21.60	6.08×10^{-7}	0.979	3.49	S^2
	COK-SSS	G	-1.3×10^{-3}	−0.11	11.14	8.54×10^{-5}	0.991	1.19	S^2
	COK-SST	G	1.0×10^{-3}	3.01	7.81	0.10	0.993	0.03	S^2
	COK-Chl-a	G	1.0×10^{-3}	0.07	21.77	2.18×10^{-5}	0.96	1.46	S^2
7	ln(CPUE)	S^1	1.1×10^{-1}	0.51	11.09	1.84×10^{-3}	0.986	20.95	M
	SSS	G	1.0×10^{-5}	0.01	5.73	1.38×10^{-6}	0.996	0.07	S^2
	SSH	G	5.3	53.74	5.96	41.90	0.989	9.86	S^2
	SST	G	1.0×10^{-3}	3.01	10.26	1.07	0.953	0.03	S^2
	COK-SSS	G	-1.0×10^{-5}	−0.01	2.98	4.61×10^{-4}	0.224	0.11	S^2
	COK-SSH	G	1.0×10^{-3}	3.01	10.31	0.45	0.948	0.03	S^2
	COK-SST	G	1.0×10^{-3}	2.01	22.85	0.04	0.972	0.05	S^2
8	ln(CPUE)	G	0.20	0.60	7.60	5.67×10^{-3}	0.971	33.33	M
	SSS	G	1.0×10^{-5}	0.01	4.69	3.11×10^{-6}	0.99	0.00	S^2
	SST	G	1.0×10^{-3}	2.01	12.63	0.08	0.97	0.00	S^2
	COK-SSS	G	1.0×10^{-5}	0.02	7.55	1.66×10^{-4}	0.873	0.00	S^2
	COK-SST	G	1.0×10^{-3}	0.92	21.14	7.38×10^{-3}	0.957	0.00	S^2
9	ln(CPUE)	S^1	7.5×10^{-2}	0.31	3.75	8.44×10^{-4}	0.980	24.20	M
	SST	G	1.0×10^{-2}	1.24	12.40	3.73×10^{-2}	0.972	0.81	S^2
	COK-SST	G	1.0×10^{-4}	0.22	6.91	3.57×10^{-3}	0.971	0.18	S^2

注：COK-SSS 为 ln(CPUE)与 SSS 的交叉变异函数模型，COK-SSH 为 ln(CPUE)与 SSH 的交叉变异函数模型，COK-Chl-a 为 ln(CPUE))与 Chl-a 的交叉变异函数模型，COK-SST 为 ln(CPUE))与 SST 的交叉变异函数模型；G 表示高斯模型，E 表示指数模型，S^1 表示球状模型；S^2 表示强空间依赖性，M 表示中等程度空间依赖性

由于 9 月份中只有 SST 与 CPUE 具有显著相关性，故而 9 月份没有不同环境变量的协同克里金之间的比较。6 月份，以 Chl-a(COK-Chl-a)为协变量进行协同克里金插值计算得到的 ME 和 MSE 为 0.0057 和 0.0089，比以 SSS(COK-

SSS）为协变量的克里金插值结果小，与以 SSH（COK-SSH）为协变量的克里金结果值接近，但从 RMSE 和 RMSSE 及 ASE 来看，COK-Chl-a 中的值都比 COK-SSS 和 COK-SSH 中的小，所以认为 6 月份 COK-Chl-a 为最优的协同克里金，即 Chl-a 为协同克里金的最佳协变量。

7 月份，以 SSS（COK-SSS）为协变量进行协同克里金插值的 ME（0.0009）与以 SSH（COK-SSH）为协变量的插值 ME（－0.0005）相近，但是 COK-SSS 中的 MSE、RMSE、RMSSE 均小于 COK-SSH 和 COK-SST 中的值，且 ASE 更接近于 RMSE，所以认为 7 月份中 COK-SSS 为最优协同克里金，即以 SSS 为最佳协变量。

8 月份，以 SSS（COK-SSS）为协变量进行协同克里金插值计算得到的 ME 和 MSE 为 0.0034 和 0.0041，比以 SST（COK-SST）为协变量的 ME（0.0093）和 MSE（0.0470）小（表 3-9）；COK-SSS 中的 RMSE 和 RMSSE 都比 COK-SSH 中的值小；COK-SSS 中的 ASE 比 COK-SSH 中的 ASE 更接近于 RMSE，所以认为 8 月份中，COK-SSS 是最优协同克里金，即 SSS 为协同克里金插值的最佳变量。

表 3-9　6～8 月份基于不同环境因子的协同克里金插值结果比较

月份	交叉变异函数模型	平均误差（ME）	均方误差（MSE）	均方根误差（RMSE）	标准化均方根误差（RMSSE）	平均标准误差（ASE）
6	COK-SSS	0.0063	0.0117	0.4149	1.0103	0.3957
	COK-SSH	0.0046	0.0085	0.4166	0.9486	0.4257
	COK-Chl-a	0.0057	0.0089	0.4116	0.9474	0.4185
7	COK-SSS	0.0009	－0.0015	0.4594	1.1492	0.3906
	COK-SSH	－0.0005	－0.0029	0.4634	1.1557	0.3933
	COK-SST	－0.0028	－0.0070	0.4679	1.2372	0.3704
8	COK-SSS	0.0034	0.0041	0.5134	1.0830	0.4788
	COK-SST	0.0093	0.0470	0.5454	0.9923	0.5068

3.3.2.3　协同克里金法和普通克里金法插值预测资源丰度空间分布

OK 法和 COK 法插值结果可视化见图 3-7。两种插值结果均显示，6～9 月份秘鲁外海茎柔鱼资源丰度呈一定程度的聚集状态分布，2003～2012 年 ln（CPUE）>5.61t/d，故认为 6～9 月 ln（CPUE）>1.8t/d 聚集区为高产分布区。6 月份高产分布区范围较大，从南到北，横跨整个研究区域，在经度方向上主要位于近岸区域，总产量为 3.20×10^4 t，高产分布区产量占总产量的 80%以上。7 月、8 月份总产量分别为 3.43×10^4 t 和 4.24×10^4 t，茎柔鱼资源分布范围较为集中，主要位于 9°～14°S、79°～85°W，9 月份茎柔鱼总产量为 3.88×10^4 t，资源聚集性较弱，分布在整个研究海域的西部边缘区域(图 3-7)。然而，从图 3-7 中可以很明显地看出，COK 法比 OK 法的插值结果收敛性强：6～8 月份，COK 法比 OK 法预测的茎柔鱼资源分布表现得更为详尽，且 COK 法高产值区域的整体面积比 OK 法的小。6 月份在 16°S、86°W 的高值区域，COK 法比 OK 法的外延性扩大估值范围小；7 月份高产分布区的 COK 法插值结果相比较于 OK 法存在两个高值区域 [ln(CPUE)>2.1t/d]；8 月份 COK 法结果相比较 OK 法多了两个高值 [ln(CPUE)>2.1t/d] 和两个低值区 [ln(CPUE)<0.6t/d]；从与 ln(CPUE) 的叠加图来看，COK 法的插值结果符合实际分布情况(图 3-7)。而 9 月份中 COK 法的插值结果比 OK 法的结果中少了一个低值区和高值区，且 COK 法的高值区域[ln(CPUE)>2.1t/d]与实际的位置有一定的偏差(图 3-7)。

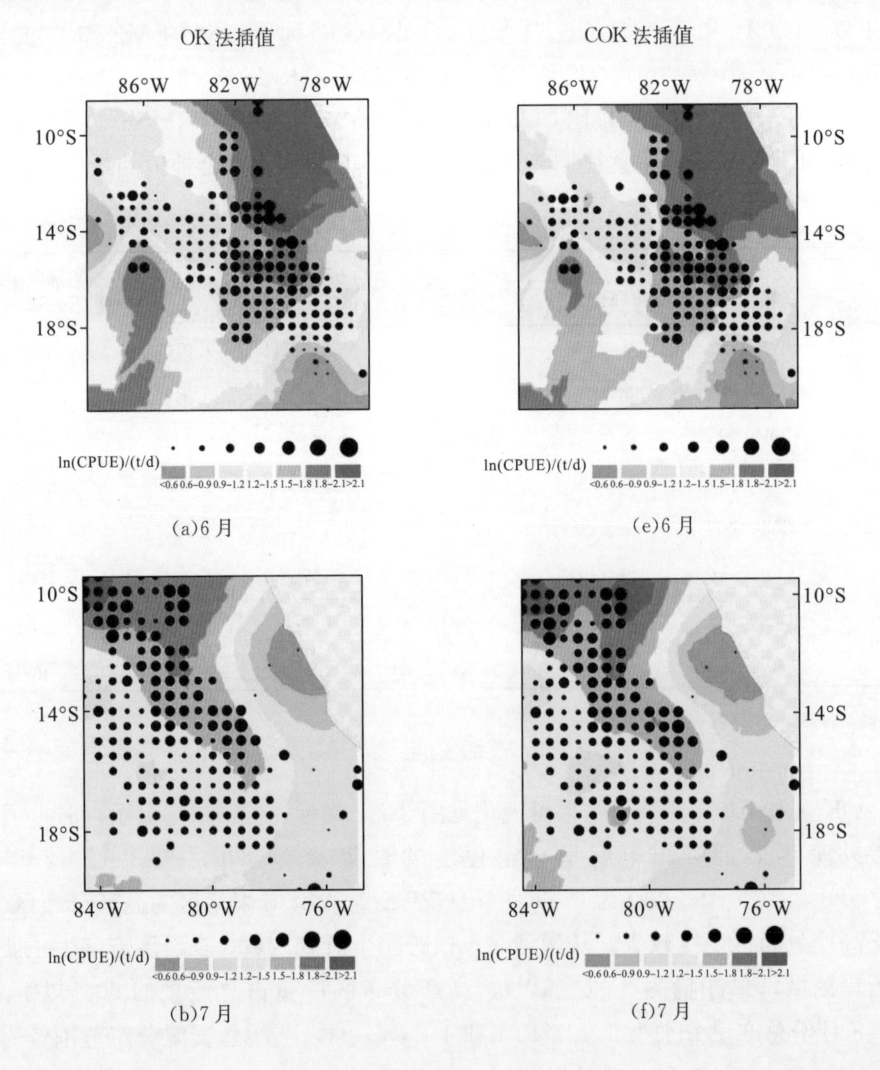

(a)6 月　　(e)6 月

(b)7 月　　(f)7 月

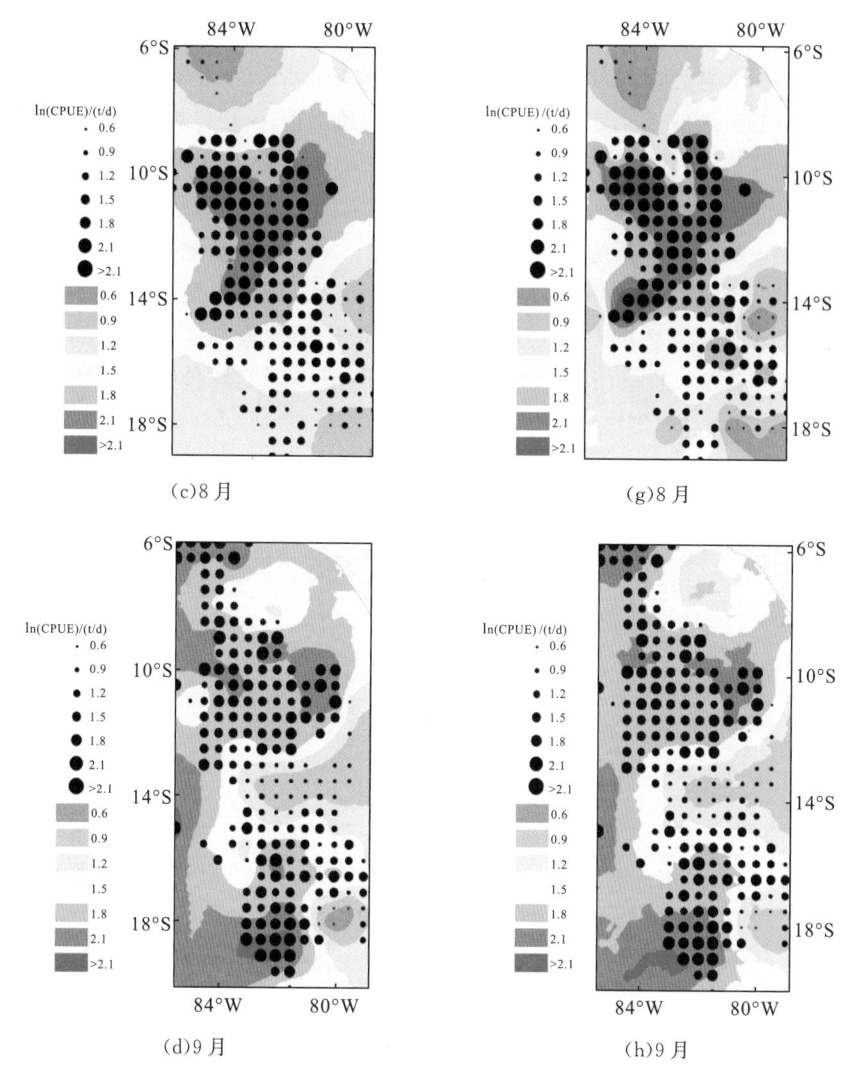

图3-7 6~9月秘鲁外海茎柔鱼CPUE预测图

3.3.2.4 CPUE预测精度比较及不确定评价

6月份COK法的ME和RMSE分别为0.0057和0.4115，小于OK法中的ME和RMSE值，COK法预测精度比OK法的预测精度提高了1.51%(表3-10)；7月份COK法的ME和RMSE分别为0.0009和0.4593，相比较于OK法预测精度提高了3.00%(表3-10)；8月份COK法的ME和RMSE分别为0.0062和0.5083，COK法较OK法的预测精度平均提高了1.72%(表3-10)；9月份COK法的ME和RMSE分别为0.0004和0.4114，COK法与OK法预测的准确度极为相近，但从预测的精度来看，COK法较OK法的精度较高，平均提高了1.18%(表3-10)。

6~9 月份 COK 法和 OK 法实测数据与预测数据之间的线性关系如图 3-8 所示。6 月份中预测数据与实测数据的回归性较好［R^2=0.4908(COK)>0.5058(OK)］，CPUE 阈值为 1.5t/d，小于阈值时，预测值小于实测值；大于阈值时，预测数据大于实测数据。7 月份，预测数据与实测数据的回归性较好［R^2=0.3079(COK)>0.3472(OK)］，CPUE 阈值为 1.5t/d，小于阈值时，预测值小于实测值；大于阈值时，预测数据大于实测数据。8 月份，预测数据与实测数据之间的关系在低值区较为离散，且实测数据低于 1.4t/d 时，预测数据小于实测数据，≥1.4t/d 时预测数据大于实测数据。9 月份预测数据与实测数据的回归性较好，CPUE 阈值为<1.5t/d，小于阈值时，预测值小于实测值；大于阈值时，预测数据大于实测数据(图 3-8)。

表 3-10　6~9 月份 OK 和 COK 交互检验结果

	6月		7月		8月		9月	
	OK	COK	OK	COK	OK	COK	OK	COK
决定系数(R^2)	0.4908	0.5058	0.2646	0.3079	0.3472	0.3750	0.4073	0.4121
平均误差(ME)	0.0065	0.0057	0.0061	0.0009	−0.0077	0.0062	−0.001	0.0004
均方根误差(RMSE)	0.4178	0.4115	0.4735	0.4593	0.5172	0.5083	0.4163	0.4114
相对提高指数(RI)/%	—	1.51	—	3.00	—	1.72	—	1.18

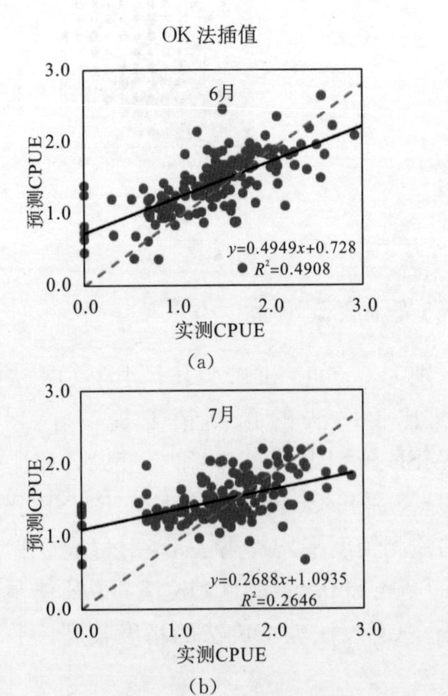

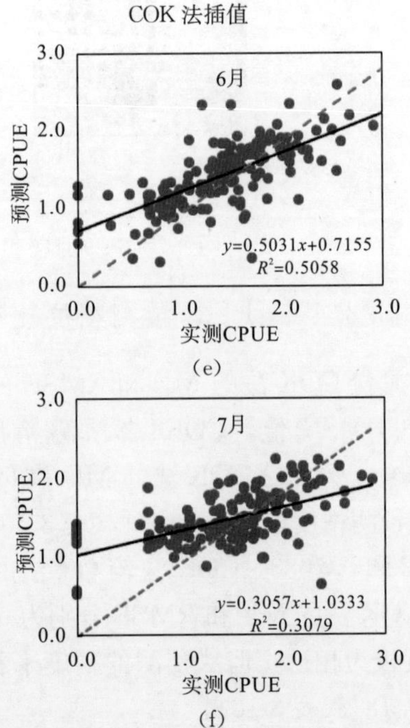

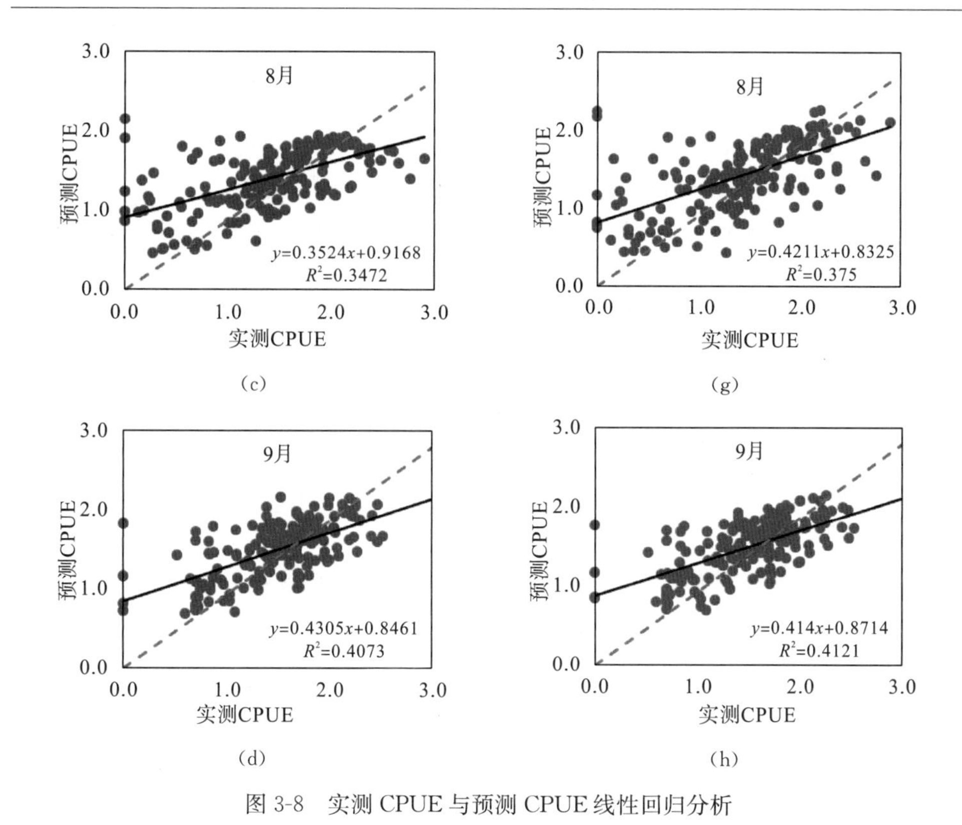

图 3-8　实测 CPUE 与预测 CPUE 线性回归分析

3.3.3　分析与讨论

在本研究中，研究时间范围仅为 2003～2012 年的 6～9 月，相对于 12 个月来说稍显不足，但是 6～9 月属于秘鲁外海茎柔鱼生活史中的一个产卵阶段，且本研究的着重点在于比较 COK 法和 OK 法在预测资源丰度中的差异。

6 月份在 16°S、86°W 的高值区域，COK 法比 OK 法的外延性扩大估值范围小；7 月份茎柔鱼资源丰度分布的 COK 法插值结果相比较于 OK 法存在两个高值区域[ln(CPUE)>2.1t/d]；8 月份 COK 法结果相比较 OK 法多了两个高值[ln(CPUE)>2.1t/d]和两个低值区 [ln(CPUE)<0.6t/d]；从 CPUE 叠加图来看，COK 法的插值结果符合实际分布情况(图 3-7)。而 9 月份中 COK 法的插值结果比 OK 法的结果中少了一个低值区和高值区，且 COK 法的高值区域与实际 ln(CPUE)(>2.1t/d)的位置有一定的偏差。

利用 COK 法进行估值计算可以囊括相关环境因子作为辅助变量，而利用 OK 法则可以很好地利用主变量数据的自相关性进行估值计算。无论是 COK 法还是 OK 法，预测结果误差均能满足统计学要求(ME<0.01)(表 3-6 和表 3-10)。6～8 月份，COK 法预测分布图符合 CPUE 的实际分布，6 月份 COK 法估值收敛

性好，7 月份 COK 法插值结果存在两个高值区域 [ln(CPUE)>2.1t/d]，8 月份 COK 法存在两个高值(>2.1t/d)和两个低值区(<0.6t/d)，而 OK 法的预测处理结果较为光滑，忽略了在片区中的细节区域(图 3-8)。但如果仅从空间自相关的角度评价 COK 法和 OK 法，则 OK 法具有较好的预测结果。OK 法的光滑结果可能是受到周围渔业数据的影响，正如"地理学第一定律"所表述(Rivoirard et al.，2008)，9 月份的 OK 法也表现出相同的结果。9 月份的 COK 法预测的高产分布区(>1.8t/d)与实际 CPUE 分布区域有所偏移，这可能是局部 SST 的异质性与茎柔鱼空间分布的异质性并非完全同步造成的，即使 SST 通过了与 CPUE 的相关性检验。

但如果考虑预测结果的精确性和准确性，本研究认为利用 COK 法得到的结果比较理想，相比较 OK 法精度有所提高，虽然提高水平不是很高。有其他相关研究证明了当辅助变量与主变量之间的相关性不是很高时(Pearson 系数<0.5)，COK 法相对于 OK 法在预测精度方面并非具有十足的优越性(Triantafilis et al.，2001)。本研究中，相关系数都未超过 0.5，所以也表现出同样的现象，COK 法较 OK 法的提高程度都未超过 25%，也许取样的尺度大小影响了各环境因子与 CPUE 之间的相关性。另一个值得注意的问题是 SSS 的栅格化处理，原始数据的经纬度尺寸为 0.33°×1°，栅格化为 0.5°×0.5°格式过程中涉及重取样问题。对于纬度方向，从 0.33°到 0.5°属于由细精度向粗精度的转换，转换后的尺度范围信息会包含原数据信息；而对于纬度方向，从 1°实现到 0.5°属于由粗精度向细精度的转化，在重采样过程中可能会增加随机误差。但是限于本研究的研究区域，经度方向上的盐度差异并不是特别明显，故也采用金岳和陈新军(2014)的研究尺度(0.5°×0.5°)。

茎柔鱼生命周期较短，其生长、成熟及繁殖期间在整个生命史中所占比例有所不同，在各个时期生长速度也各不相同，因此以月为单位的 0.5°×0.5°的时空分辨率也许并不是茎柔鱼与各环境因子的最佳匹配尺度，资源丰度与环境因子之间的一些信息或许会被掩盖。在后续的研究中，应结合不同生活史阶段，加强时间和空间分辨率下相互关系的基础研究。

根据空间自相关理论，在某一范围内，两物体距离越近，其相似性越大。如果所有的渔船具有相同的捕捞努力量，那么 CPUE 就只与实际资源丰度有关，但事实是由于捕捞努力量的差异，即使是在资源量丰富区域，捕捞努力量较低的渔船也会捕到较少的渔获物。因此在某些区域，CPUE 表现出很强的波动性，通过作业次数获得的名义 CPUE 并不总是反映出实际资源的分布状况，此为取样偏差，所以预测精度偏差也有可能是由影响捕捞努力量的作业方式、渔船马力、船员自身素质等(Tian et al.，2009)造成的。6～9 月份 COK 法和 OK 法预测 CPUE 与实测 CPUE 之间的线性回归分析都存在一个转折阈值，大约在1.5t/d，小于阈值时预测值大于实测值，大于阈值则具有相反现象。这可能与搜索用于估值的邻域范围有关，在邻域范围内，极端高低值之间对彼此的估值预测具有一定的影响。

另外，茎柔鱼的生长与周围环境息息相关，将相关因子考虑到 COK 法中会更加合理，但是在本研究中其预测效果并未像在土壤环境中的预测效果一样表现出较好的优越性。应用地统计学方法时一个很重要的条件就是基于稳定性假设，而对于茎柔鱼这样的海洋生物来说，其游泳能力较强，时刻处于变动之中，相对于土壤数据，渔业数据除了在短时间内外是不能满足稳定性假设条件的，所以时间尺度也是影响结果的因素之一。

总之，COK 法和 OK 法各有各的优点，OK 法只需考虑主变量自身的相关性进行计算，应用更为方便，而 COK 法可以利用相关环境因子弥补对缺失主变量的估值从而提高预测精准性。虽然在本研究汇总上 COK 法的预测精度提高不是十分明显，但这是利用 OK 法和 COK 法对秘鲁外海茎柔鱼资源分布预测准确性的初次探讨，将为今后进行资源分布及渔场预测及分析提供一个新的视角。

3.4　基于综合环境因子的协同克里金法研究茎柔鱼资源丰度空间分布

3.4.1　材料与方法

3.4.1.1　数据处理

本研究选用上海海洋大学鱿钓技术组提供的我国远洋鱿钓渔船 2003～2012 年 6～9 月在秘鲁外海的渔业捕捞数据，包括作业时间、作业天数、作业位置及捕捞产量，时间分辨率为天。计算 0.5°×0.5°网格中对应的秘鲁外海茎柔鱼渔获量和作业天数，并以 CPUE 作为资源丰度指标。

环境数据包括 SST、SSH、Chl-a（数据下载网址：http://oceanwatch.pifsc.noaa.gov）和海表面盐度（SSS）（数据下载网址：http://iridl.ldeo.columbia.edu），时间分辨率为月，空间分辨率分别为 0.1°×0.2°、0.25°×0.25°、0.05°×0.15°、0.33°×1°。研究时间为 2003～2012 年 8～9 月。为与渔业数据相匹配，将环境数据分别处理成时间分辨率为月、空间分辨率为 0.5°×0.5°的格式。

SST、SSH、SSS 和 Chl-a 的测量值存在量纲差异，将各因子的数据进行归一化处理，可以避免大值环境因子对小值环境因子的掩盖，减少相关信息的丢失。数值归一化处理的相关公式如下：

$$X^{*} = (X_i - X_{\min})/(X_{\max} - X_{\min}) \tag{3-10}$$

式中，X^{*}为归一化处理后的值，数值为0～1；X_i为变量的第i个实际观测值，$X_{\max}$为所有观测值中的最大值，$X_{\min}$为所有观测值中的最小值。

3.4.1.2 主成分分析

主成分分析(principal component analysis，PCA)通过降维技术把多变量化成少数几个互不相关的主成分，这些主成分能够反映原始变量的绝大部分信息(薛毅和陈立萍，2007)。PCA法在综合评价中可以消除各指标不同量纲的影响，也可以消除由各指标之间相关性所带来的信息重叠，特别是它克服了综合评价中需要确定各指标权重系数的问题，在综合评价中显示出它的优越性(于化龙，2013)。根据PCA法，将SST、SSH、SSS和Chl-a评价为一个综合环境指标，主成分构成公式如下：

$$Z_i = q_{1i} \cdot \mathrm{SSS} + q_{2i} \cdot \mathrm{SST} + q_{3i} \cdot \mathrm{SSH} + q_{4i} \cdot \mathrm{Chl\text{-}a} \tag{3-11}$$

式中，Z_i为第i主成分变量，$q_{ji}(j=1\sim4)$分别为第i主成分对应于原始变量SSS、SST、SSH和Chl-a的系数，它度量了相应变量对Z_i的重要性(于化龙，2013)。

综合环境指标的构成公式如下(于化龙，2013)：

$$Y = \sum \lambda_i \times Z_i \tag{3-12}$$

式中，Y为综合环境指标，Z_i为第i主成分，λ_i为第i主成分的贡献率。

3.4.1.3 协同克里金理论和插值结果评价

其理论和方法参见3.3.1.5。

3.4.2 结果

3.4.2.1 主成分分析处理结果

在R 3.0.2软件中，用PCA法分别提取6～9月份SST、SSH、SSS和Chl-a四个环境变量的主成分，经过标准化后的相关系数矩阵的特征值、特征向量系数见表3-11，各主成分的贡献率和累积贡献率见图3-9。本研究应用主成分的主要目的为综合评价四个环境变量的权重，故四个主成分全部保留。各主成分构成如下式：

$$Y_6 = 0.527\mathrm{SSS} + 0.163\mathrm{SST} - 0.683\mathrm{SSH} - 0.479\mathrm{Chl\text{-}a}$$

$$Y_7 = -0.485\mathrm{SS} - 0.706\mathrm{SST} - 0.215\mathrm{SSH} - 0.47\mathrm{Chl\text{-}a}$$

$$Y_8 = 0.452\mathrm{SSS} - 0.637\mathrm{SST} - 0.214\mathrm{SSH} + 0.587\mathrm{Chl\text{-}a}$$

$$Y_9=0.531SSS-0.265SST+0.665SSH-0.454Chl\text{-}a$$

表 3-11　特征值和特征向量系数表

内容	变量	1	2	3	4
特征值		1.321	1.090	0.925	0.4573
特征向量	SSS	0.605	0.170	0.367	0.686
	SST	0.440	0.737	−0.151	−0.491
	SSH	−0.496	0.558	−0.414	0.521
	Chl-a	−0.441	0.341	0.819	−0.134

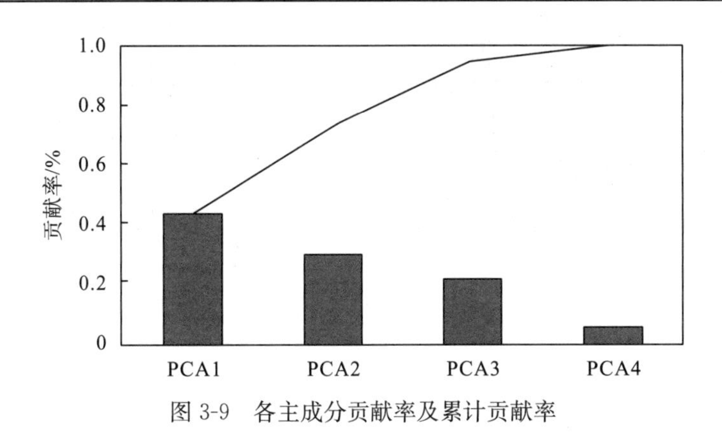

图 3-9　各主成分贡献率及累计贡献率

DPS 软件计算综合环境因子 Y 及各环境因子与 CPUE 的相关性结果见表 3-12。6 月份茎柔鱼 CPUE 与 SSS 具有极显著的负相关关系，与 SSH、Chl-a 和综合环境因子 Y 具有极显著的正相关关系；7 月份秘鲁外海茎柔鱼 CPUE 与 SSS 和 Y 的具有极显著的负相关性，与 SSH 具有极显著的正相关性；8 月份秘鲁外海茎柔鱼 CPUE 与 SSS 和 SST 具有极显著正相关性，而与 Y 的相关性不显著；9 月份秘鲁外海茎柔鱼 CPUE 与 SST 和 Y 都具有极显著正相关性，与其他环境因子的相关性不显著。

表 3-12　相关性检验

月份	SSS	SST	SSH	Chl-a	Y
6	−0.365**	−0.093	0.426**	0.349**	0.32**
7	−0.157**	0.314**	0.351**	−0.110	−0.35**
8	0.147**	0.21**	−0.005	0.013	0.12*
9	0.102	0.403**	−0.118	0.048	0.18*

3.4.2.2　协同克里金估值结果

利用 ArcGis 10.2 软件的 Geostatistical Analysis 模块，对 6～9 月秘鲁外海

茎柔鱼 CPUE 进行协同克里金插值绘制成面状图(图 3-10)。2003～2012 年秘鲁外海茎柔鱼的 ln(CPUE)中位数为 1.725t/d，本研究取 ln(CPUE)大于 1.8t/d 的区域作为高值区域。6～8 月份出现集中大范围高值区，6 月份主要出现在 76°～82°W、10°～17°S，7 月份主要集中在 80°～84.5°W、10°～14°S，8 月份主要出现在 80°～85°W、9°～13°S，而 9 月份秘鲁外海茎柔鱼 CPUE 高值区并不集中。6、7、9 月份中比 8 月份多 2.1～2.4t/d 的等级(红色区域)。从 CPUE 实际分布与预测图的叠加方面来看，高低值区域与实际 CPUE 分布较为吻合。

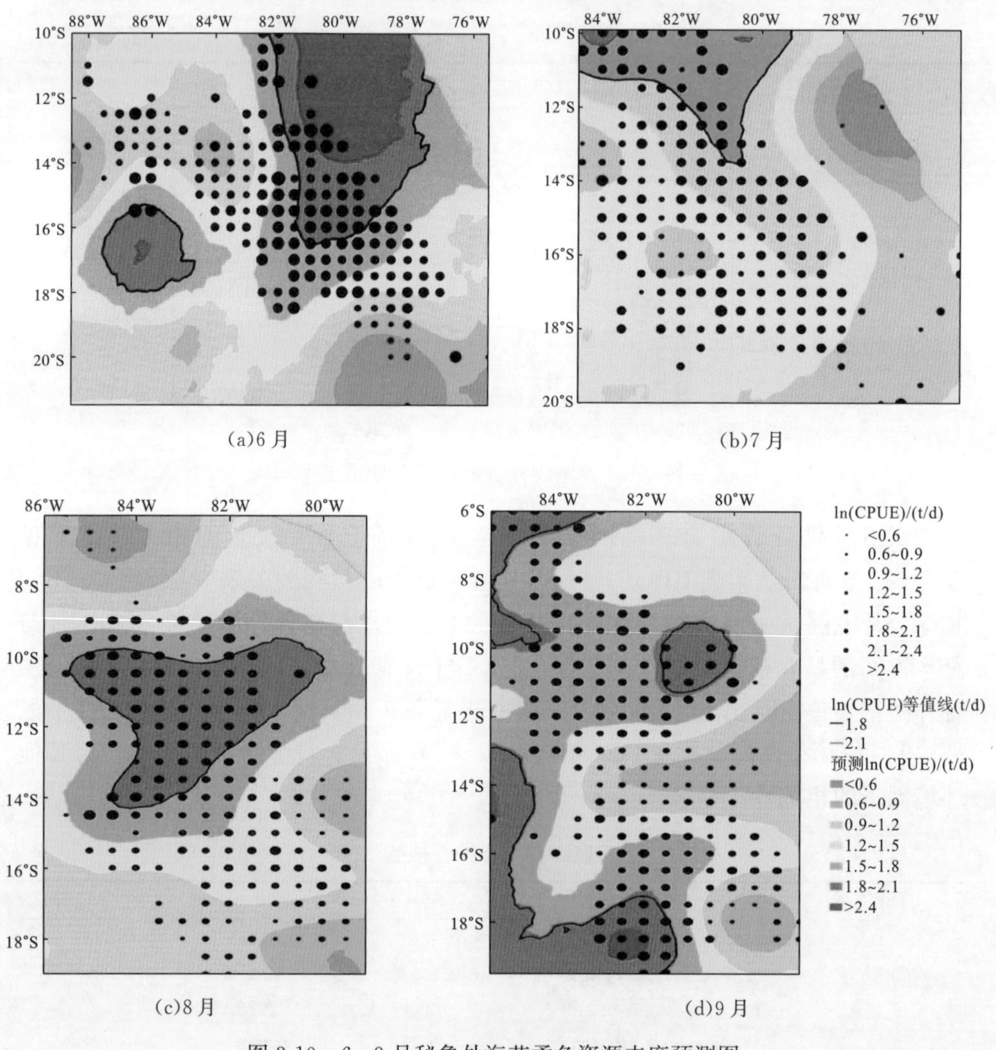

图 3-10 6～9 月秘鲁外海茎柔鱼资源丰度预测图

3.4.2.3 插值结果评价

表 3-13 结果显示，6～7 月份协同克里金插值效果较好，ME 分别为 0.0026

和 0.0025，说明预测准确性很高，平均预测结果稍高于实际观测值；而 7～9 月份的 ME 分别为−0.0078 和−0.0002，说明预测准确性较高，平均预测结果稍低于实际观测值。RMSE 的计算结果说明 6 月份的估值精度最高，8 月份的估值精度最低。而从 RMSSE 来看，较接近 1 的是 6、7 月份，8 月、9 月份的 RMSSE 与 1 的差值都大于 0.1，说明 6 月、7 月份的预测标准差有效性高，8 月、9 月份的稍差一点。从 ME、RMSE 和 RMSSE 三者综合来看，6～9 月的预测值具有一定的可靠性。

表 3-13　交互检验结果

月份	模型	ME	RMSE	RMSSE
6	球状	0.0026	0.4128	0.9747
7	球状	0.0025	0.4496	1.1623
8	高斯	−0.0078	0.5169	1.1037
9	高斯	−0.0002	0.4152	1.0811

3.4.3　分析与讨论

协同克里金的一个优点就是引入相关的辅助变量，将渔业资源丰度与环境辅助变量同时研究时，一旦某些空间位点上缺乏渔业数据的观测值时，就可以用相应的环境因子所提供的信息进行资源密度的空间变异性及统计特征分析。根据 Sumfleth 和 Duttmann(2008)相关研究可知，辅助变量可以提高插值预测精度。本研究利用 COK 法进行插值预测秘鲁外海茎柔鱼资源丰度分布情况，从 CPUE 与预测叠加图来看，预测能够较真实地反映实际 CPUE 的分布情况。当然，对于无值区域，希望通过此种估值方法获取其中的信息，形成对渔业资源分布的宏观认识。从插值验证的评价结果来看，对于未知区域的预测具有一定的可靠性。故而，预测分布图可以有效地展示资源分布情况。

本研究采用主成分分析法将易于获得的四个环境因子综合为一个变量，将复杂的生长环境囊括其中，期望在茎柔鱼资源分布上给予一个解释复杂环境的指标。6、7 月份中茎柔鱼 CPUE 分别与 SSS、SSH、Chl-a 和 SSS、SSH 具有极显著相关性，综合后的环境变量的相关性也极显著；而 8 月份中，CPUE 仅与 SSS 和 SST 有极显著相关性，9 月份 CPUE 仅与 SST 有极显著相关性，综合后的环境变量则与 CPUE 相关性显著。应用主成分分析综合环境指标进行协同克里金插值，能够很好地解决在协同克里金插值时多因子辅助变量权重的“黑匣子效应”。

6～9 月份 CPUE 与综合环境变量 Y 的相关系数为 0.32、−0.35、0.12、0.18，插值精度分别为 0.4128、0.4496、0.5169、0.4152。而在本章 3.3 节的研究中，6～9 月份与参与协同克里金插值的环境因子的相关系数分别为 0.349、

0.157、0.198、0.403，插值精度分别为 0.4115、0.4593、0.5083、0.4114。本节与 3.3 节各月份对应的相关系数大，则插值精度高，相关系数小，则插值精度降低，因此本研究可以很好地说明相关性越强的辅助变量，将越有助于协同克里金插值结果精确性的提高。但为什么 8、9 月份的综合环境变量的相关性系数会明显变小呢？8、9 月份与 CPUE 具有显著相关性的环境因子分别是 SSS 和 SST、SST，在主成分分析处理中，各主成分的系数是基于 2003～2012 年 6～9 月各环境因子分析得到的，从主成分分析获取的特征向量系数可知，在 8 月份，SSS 系数较大，说明 SSS 在对综合变量贡献率较大的第一主成分(贡献率为 43.6%)中重要性大，而 SST 的系数最小；在第二主成分(贡献率为 29.72%)中 SSS 的系数最小，SST 的系数最大；第三主成分(累积贡献率为 94.77%)中 SSS 和 SST 的系数是最小，这样作为具有显著相关性的两个环境因子在利用主成分分析综合成综合环境因子时，其中的相关信息有被掩盖的嫌疑。9 月份 CPUE 仅与 SST 有极显著相关性，但从主成分分析的特征向量来看，在贡献率最大的第一主成分中，SST 的权重仅为 0.440，而其他相关性不显著的 SSS、SSH 和 Chl-a 的权重都较之大，虽然在第二主成分中 SST 的权重最大，但是第二主成分的贡献率的仅为 29.72%，且贡献率为 21.41%的第三主成分中 SST 权重也较小，这样在综合变量中 SST 的相关性被掩盖。

但是，从预测精确性计算结果及预测图与实际 CPUE 叠加图的目测结果来看，利用主成分分析方法建立综合环境影响因子，可以实现对茎柔鱼资源丰度空间分布的预测。

3.5 基于单因子的协同克里金法与 GLM 茎柔鱼资源丰度预报比较研究

3.5.1 材料与方法

3.5.1.1 数据来源

本研究选用上海海洋大学鱿钓技术组提供的我国远洋鱿钓渔船 2003～2012 年 6～9 月在秘鲁外海的渔业捕捞数据，包括作业时间、作业天数、作业位置及捕捞产量，时间分辨率为天。计算 0.5°×0.5°网格中对应的秘鲁外海茎柔鱼渔获量和作业天数，并以单位捕捞努力量渔获量(catch per unite effort，CPUE=总渔获量/总作业天数)作为资源丰度指标。

环境数据包括海表面温度(SST)、海表面高度(SSH)、叶绿素浓度(Chl-a)(数据下载网址：http：//oceanwatch. pifsc. noaa. gov)和海表面盐度(SSS)(数据下载网址：http：//iridl. ldeo. columbia. edu)，时间分辨率为月，空间分辨率分别 0.1°×0.2°、0.25°×0.25°、0.05°×0.15°、0.33°×1°。研究时间为 2003～2012 年 8～9 月。为与渔业数据相匹配，将环境数据分别处理成时间分辨率为月，空间分辨率为 0.5°×0.5°的格式。

3.5.1.2　协同克里金

协同克里金方法参见 3.3.1.4。

3.5.1.3　GLM 建模

利用 GLM 对影响茎柔鱼资源丰度的环境因子进行分析，其表达式(郑波等，2008)为：

$$\ln(\text{CPUE}+1) = s(\text{Lat}) + s(\text{Long}) + s(\text{SST}) + s(\text{SSS}) + s(\text{SSH}) + s(\text{Chl-a}) + \varepsilon \quad (3\text{-}14)$$

式中，CPUE+1 是为了消除 0 值的影响，ln 取自然对数，以满足 GLM 建模对响应变量正态性的要求，Lat 为经度，Long 为纬度，s 为平滑函数。

根据逐步回归原理，在 R 语言利用 step(glm. sol，direction="both")语句，筛选出符合赤池信息量准则(Akaike information criterion，AIC)的最优 GLM。

3.5.1.4　估值验证及精度评价

对 2003～2013 年 6～9 月 CPUE，随机抽取每月中的 75%为建模样本，进行 GLM 建模，并对该 75%数据进行模型自身验证，剩余 25%用于模型预测验证，计算外推误差(ME*)与内插误差(ME)的比值：

$$J = \frac{\text{ME}^*}{\text{ME}} \quad (3\text{-}14)$$

J 的绝对值越小，则模型的预测效果越好(杨桂元，1999)。

3.5.2　结果

3.5.2.1　GLM 研究结果

根据 AIC 值选择的 GLM(表 3-14)，6～9 月的模型中具有显著贡献率的影响因子有所不同，这说明环境因子对不同生长阶段的茎柔鱼资源丰度影响不同。对于 6 月份秘鲁外海茎柔鱼资源丰度，盐度效应最大，其次是经度效应和温度效应，最后是纬度效应；对 7 月份的茎柔鱼资源丰度，盐度效应最大，其次是温度效应；在8月份，对茎柔鱼资源丰度分布，盐度效应最大，其次是温度效应，最小的是纬度效应；在9月份，对茎柔鱼资源丰度分布，温度效应最大，其次是经度效应和海表面高度效应。其中，6月、8月、9月份都有地理坐标因子，这说明茎柔鱼资源丰度的分布具有一定的空间相关性。

表 3-14　GLM 中各因子系数

因子	6月	7月	8月	9月
Slope	116.7	52.78	−118.187	−1.35006
Lat	0.1823	n.	0.17245	n.
Long	0.4041	n.	n.	0.06765
SSS	3571	−1604	3740.505	n.
SSH	n.	n.	n.	−0.02671
SST	−0.496	0.2655	−0.52503	0.49723
Chl-a	n.	n.	n.	n.
AIC	163.64	204.84	262.57	208.4

n. 表示相关性显著，下同

3.5.2.2　单因子协同克里金法

结果请参见本章3.3节。

3.5.2.3　单因子协同克里金与 GLM 结果验证

在自身验证(原有的75%样本数据)中(表 3-15)，GLM 得到的平均误差(ME)几乎接近且小于0，协同克里金法的误差维持在属于误差可接受范围的千分位水平上，GLM 与 COK 法的 ME 在数量级上的差别较大，说明 GLM 表现出较好的预测准确性；在外推验证中(剩余的25%样本)，GLM 的 ME 普遍小于 COK 法的 ME，但是两者的 ME 数量级相差不大。COK 法的 J 绝对值明显小于 GLM 模型的 J 绝对值，说明在内外预测上 GLM 不如 COK 法的稳健性强。

表 3-15　GLM 和协同克里金模型验证结果

月份	样本	GLM_75%	GLM_25%	GLM_J	COK_75%	COK_25%	COK_J
6	169	-5.691×10^{-15}	−0.145	2.54×10^{13}	0.003	−0.164	−63.57
7	177	-7.300×10^{-15}	0.018	-2.46×10^{12}	−0.006	0.141	−23.50
8	187	-1.168×10^{-15}	−0.050	4.26×10^{13}	−0.004	−0.041	11.40
9	202	-1.600×10^{-15}	0.075	-4.68×10^{13}	0.004	−0.181	−188.93

3.5.3　分析与讨论

在 GLM 中具有显著贡献率的环境因子与相关性检验得到的结果有所出入，

以 6 月份为例，在相关性检验中，茎柔鱼资源丰度与 SST 的相关性并不显著，与 Chl-a 相关性极显著，而在 GLM 中，SST 却具有显著的贡献率，Chl-a 并未能成为模型的预测指标，这对模型解释产生一定的影响，但是根据相关性理论来看，相关性不显著并不等于没有相关性，只是在假设计算上未通过检验，而 GLM 综合众多环境因子数据，建立最能解释响应变量的函数模型。另外，根据 Nesis(1970)的研究，茎柔鱼在进入繁殖期以前需要大量摄食，以促进能量转换用于生长及生殖，捕食对象是影响其分布的最重要因素，代表初级生产力的 Chl-a 的影响要优于 SST 等其他环境因素。由于相关性检验是单因子一一进行的，而 GLM 是综合评价的，两者在计算原理及考虑重点上有所不同，着重解决的问题不同，所以不能以偏概全地否定其中哪一种。

自身验证中，GLM 的 ME 非常小，几乎可以忽略其存在的估计误差(ME<0)，COK 法的 ME 也较小，但是其数量级相对于 GLM 较大。而外推验证中，两种方法的 ME 数量级差别不大，都较小，能够满足统计学的误差要求(ME<0.1)。仅从 COK 法的预测效果来看，基于局部插值法的自身估值要优于对未知数据的估计 [ME(COK _ 75%)<ME(COK _ 25%)]。根据克里金估值原理(刘爱利等，2012)，就预测误差而言，COK 法与 GLM 的预测效果不相上下。

就本研究而言，COK 法相对于 GLM 明显的一个优势就是对空间自相关问题的解决。利用 GLM 可以获得影响 CPUE 的主要因子及其贡献率，本研究中除了 7 月份，其他月份的 GLM 中均有经纬度因子，由此空间相关性也显而易见。有学者(Zucchetta et al.，2010)也将空间自相关概念引入 GLM 建模进行 CPUE 标准化，通过变异函数模型消除误差项的随机独立性假设。而利用 COK 法可以更好地了解 CPUE 的空间自相关问题，从变异函数入手解读不同时间内资源分布的空间模式。由此本研究的一个思考性启发便是，今后是否可以将克里金法应用到渔情预报及资源评估中，结合以 ArcGis 对空间点的提取，实现更精准化的资源量预测。

本研究中应用的克里金法只是对已知数据下的局部估值，并未真正实现未来时空的预测，最主要的原因是缺少时间参数。根据已有相关研究，海洋环境及渔业资源都存在一定的时间滞后性，了解秘鲁外海茎柔鱼资源动态变化的滞后性及多年变化规律，有助于在掌握现有渔业数据基础上对未来某一时间的资源情况进行预测，从而将时间因子转化为预测参数之一，真正实现囊括空间自相关问题的资源丰度及渔场预测。

3.6 基于 CPUE 和作业次数捕捞努力量的普通克里金插值法比较秘鲁外海茎柔鱼资源空间分布

3.6.1 材料与方法

3.6.1.1 数据来源及处理

本研究选用 2003～2012 年 6～9 月秘鲁外海茎柔鱼作业次数作业次数和 CPUE 为区域化变量进行普通克里金插值。为消除量纲的影响，采用 3.4.1.1 节中数据归一化处理方法，将 CPUE 与作业次数统一为 0.5°×0.5°网格内 0～1 数值区间。利用 ArcGis 10.1 绘制标准化后作业次数和 CPUE 的空间分布。

3.6.1.2 变异函数拟合

变异函数拟合方法参见本书 3.3.1.3 节。

3.6.1.3 普通克里金法插值

普通克里金法插值方法参见本书 3.3.1.4 节。

3.6.1.4 插值结果比较及评价

插值结果比较及评价方法参见本书 3.3.1.5 节。

3.6.2 结果

3.6.2.1 作业次数和 CPUE 空间分布

以经过标准化后的 CPUE 大于或等于 0.6 为茎柔鱼资源丰度主要分布区，6 月份 CPUE 主要集中分布在 13°～16°S、78°～82°W 海域，7 月份主要集中分布在 9.5°～15°S、78°～84.5°W 海域，8 月份主要集中分布在 9°～14.5°S、80.5°～86°W海域，9 月份分布比较分散，集中分布区域很小(图 3-11、图 3-12)。

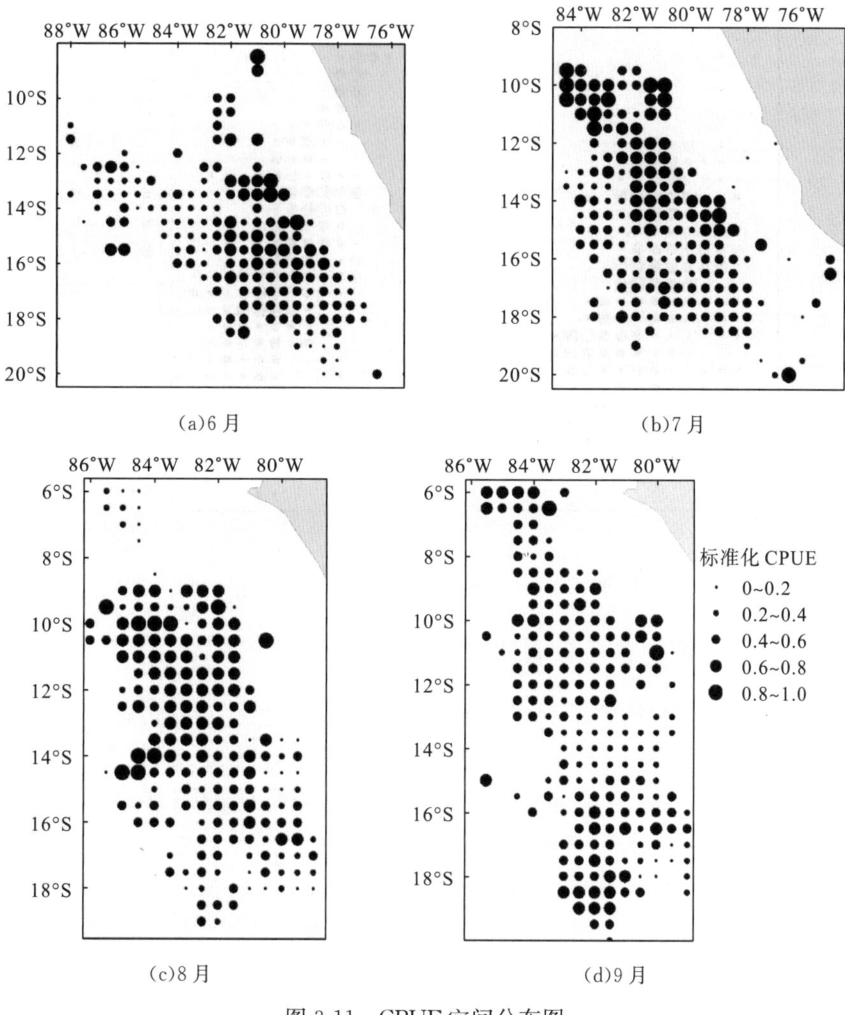

图 3-11　CPUE 空间分布图

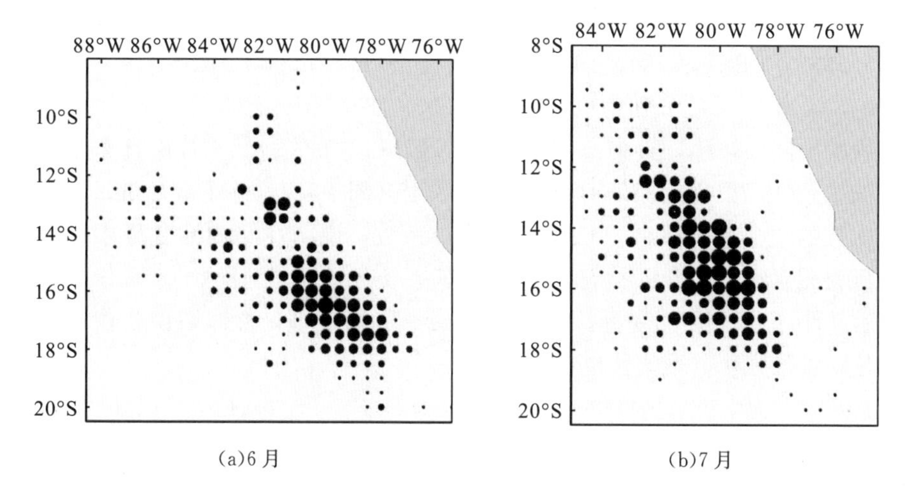

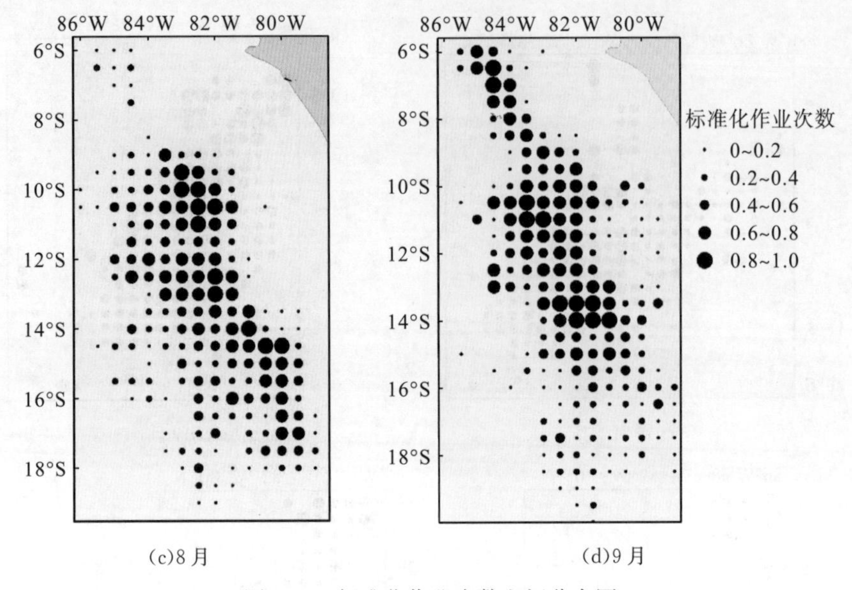

(c)8月 (d)9月

图 3-12 标准化作业次数空间分布图

3.6.2.2 半变异函数模型

半变异函数反映了6～9月份秘鲁外海茎柔鱼资源空间分布聚集情况。6～9月份CPUE的半变异函数模型分别为指数模型($R^2=0.991$，$RSS=1.338\times10^{-4}$)、球状模型($R^2=0.990$，$RSS=1.07\times10^{-5}$)、高斯模型($R^2=0.971$，$RSS=8.059\times10^{-5}$)和球状模型($R^2=0.980$，$RSS=7.323\times10^{-6}$)(图 3-13)；块金系数分别为9.87%、26.67%、33.47%和24.81%，6月份具有较好的空间依赖性，聚集范围为5.03°(变程a)，7、8、9月份具有中等程度的空间依赖性，聚集范围分别为8.53°、4.37°、3.75°(图 3-13)。

6～9月份作业次数的半变异函数最佳模型聚集性为球状模型($R^2=0.866$，$RSS=1.395\times10^{-4}$)、球状模型($R^2=0.979$，$RSS=1.283\times10^{-4}$)、球状模型($R^2=0.965$，$RSS=8.194\times10^{-5}$)和高斯模型($R^2=0.980$，$RSS=0.482\times10^{-5}$)(图 3-13)；块金系数分别为6.40%、5.29%、26.75%、25.80%，6、7月份具有较强的空间依赖性，聚集范围分别为2.57°和3.94°，8、9月份具有中等程度的空间依赖性，聚集范围分别为3.97°和2.45°(图 3-13)。除了9月份，6～8月份作业次数的块金系数都小于CPUE的块金系数，说明在结构性变异中作业次数的随机误因素小于CPUE的随机因素，其系统性结构较强。6～9月份作业次数的变程皆小于CPUE的变程，作业次数聚集范围较小，整体来说，作业次数的空间依赖性较强，其聚集性也更强。

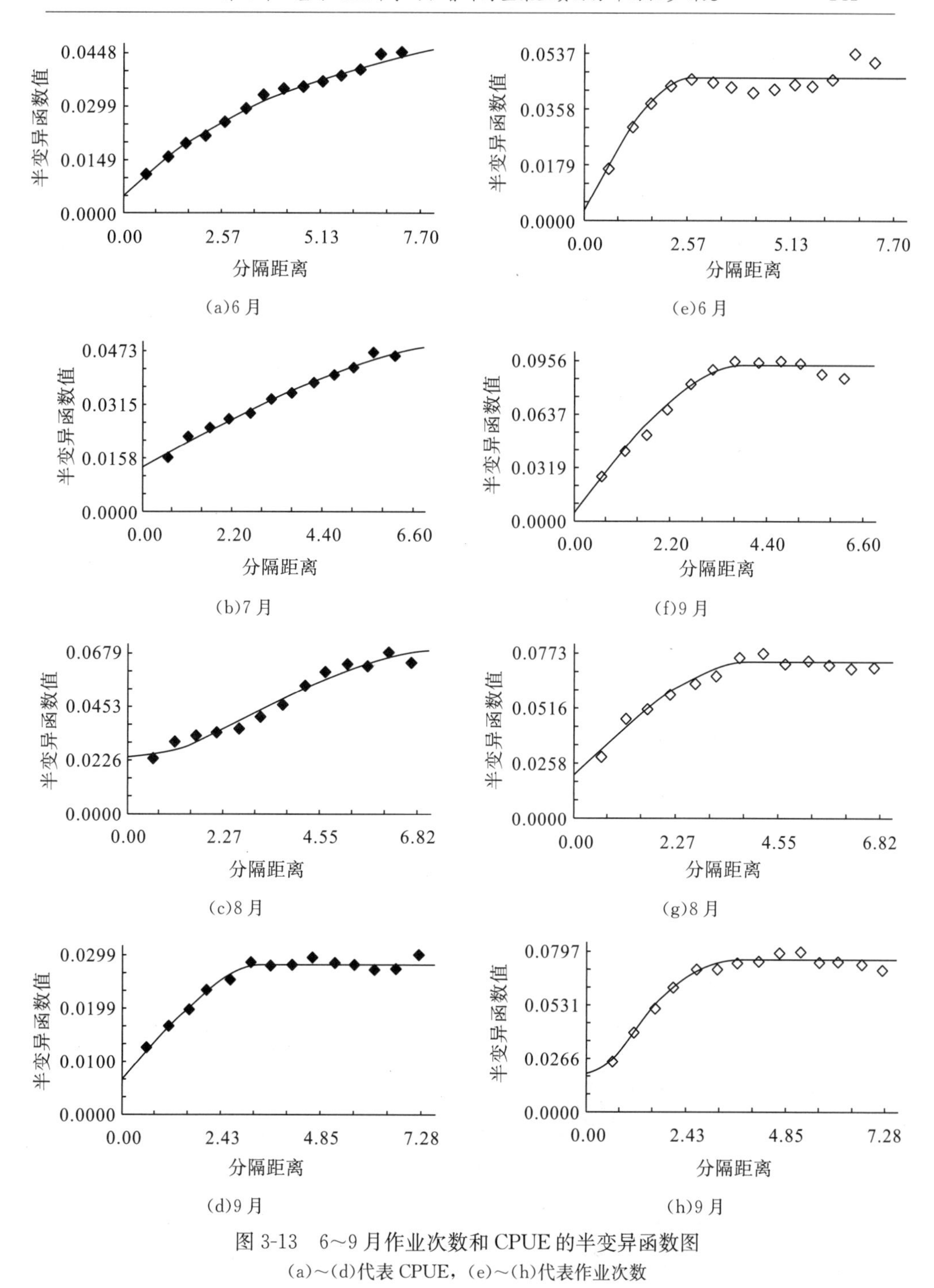

图 3-13　6～9 月作业次数和 CPUE 的半变异函数图
(a)～(d)代表 CPUE，(e)～(h)代表作业次数

3.6.2.3　作业次数和 CPUE 的普通克里金插值比较

6～9 月份基于作业次数的 OK 法(OK _ NET)和基于 CPUE 的 OK 法(OK _

CPUE)中(表 3-16)，除了 7 月份 OK _ NET 的 ME(0.0028)值小于 OK _ CPUE 的 ME(0.0037)，6、8、9 月份的 OK _ NET 的 ME 值均大于 OK _ CPUE 的 ME，这说明总体上 OK _ NET 的准确性不如的 OK _ CPUE 准确性高，但是 OK _ NET 的 ME 水平属于可接受的误差范围，且与 OK _ CPUE 的差值不大。6～8 月份 OK _ NET 的 RMSE 值小于 OK _ CPUE 的 RMSE 值，9 月份 OK _ NET 的 RMSE 值大于 OK _ CPUE 的 RMSE 值，这说明 6～8 月份基于作业次数的克里金估值精度高于基于 CPUE 的估值精度，而 9 月份基于作业次数的克里金估值精度低于基于 CPUE 的克里金估值精度，同时这也表明了基于作业次数的克里金估值精确度稳定性不强。

6～9 月份基于作业次数和 CPUE 算术平方和的克里金法(C+N)的 ME 和 RMSE 值均小于 OK _ NET，且其精度比 OK _ NET 的精度提高明显，均大于 10%(表 3-16)，这说明基于作业次数和 CPUE 算术平方和的克里金估值具有很好的精准性，稳健性较好。从产量叠加图来看，基于作业次数和 CPUE 算术平均数预测秘鲁茎柔鱼资源分布更符合实际分布情况(图 3-14)。

表 3-16 基于作业次数、CPUE 及作业次数和 CPUE 算术平均数的克里金交互检验结果

月份	ME			RMSE			RI	
	OK _ NET	OK _ CPUE	OK _ C+N	OK _ NET	OK _ CPUE	OK _ C+N	NET _ CPUE	C+N _ NET
6	0.0039	0.0031	0.0030	0.1098	0.1314	0.0944	16.44	14.04
7	0.0028	0.0037	−0.0008	0.1419	0.1655	0.1158	14.26	18.40
8	0.0020	−0.0009	−0.0016	0.1567	0.1765	0.1217	11.19	22.34
9	0.0016	0.0000	0.0002	0.1494	0.1268	0.0902	−17.84	39.65

注：OK _ NET 为基于作业次数的 OK 法结果，OK _ CPUE 为基于 CPUE 的 OK 法结果，OK _ C+N 为基于作业次数和 CPUE 算术平均值的 OK 法结果

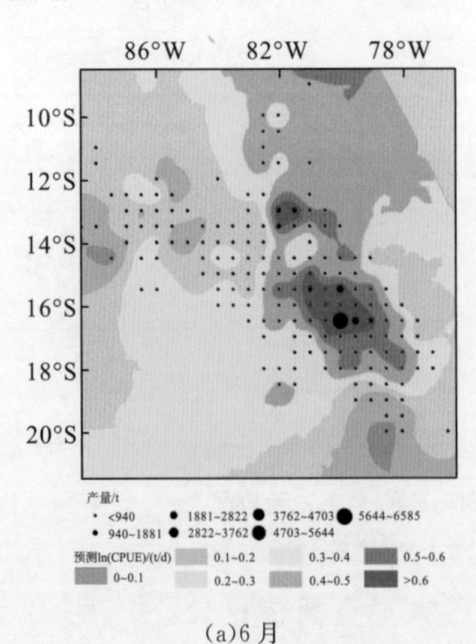

(a)6 月

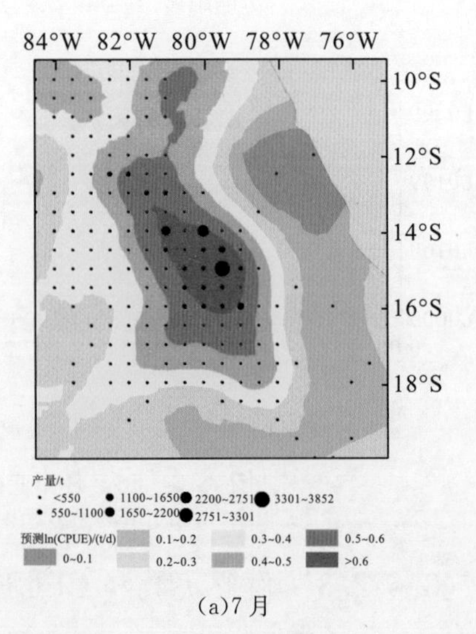

(a)7 月

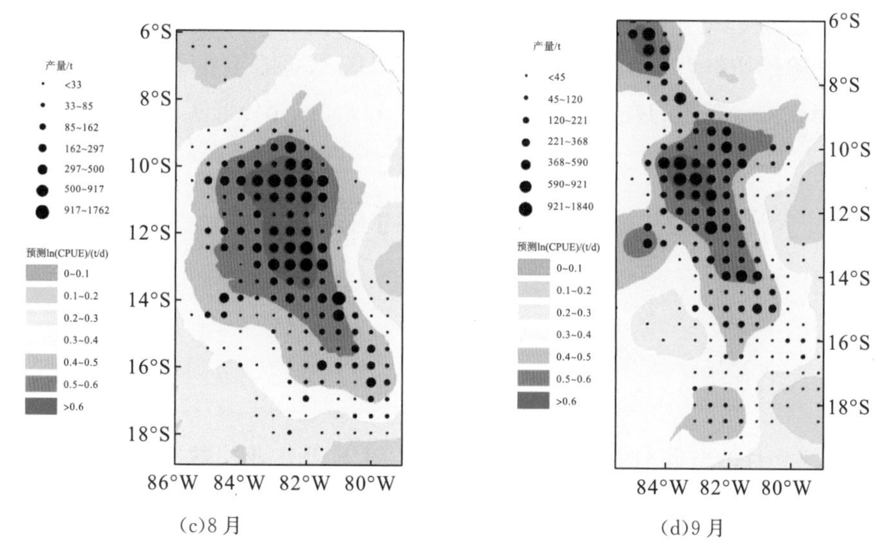

(c)8月　　(d)9月

图3-14 基于作业次数与CPUE算术平均的克里金预测渔场及产量分布图

3.6.3 分析与讨论

对比标准化后的CPUE和作业次数的空间分布图可以看出，高值作业次数在空间分布上较为聚集，而高值CPUE集中分布的区域较小且较为零散。作业次数反映资源利用开发状况，通常与捕捞作业经验有关。在渔业上，一方面根据以往经验，在某一区域内有鱼群出现时，大量渔船则会集中在此区域内，另一方面为了信息共享，节约成本，实现共利共生，各渔船之间通常不会“单打独斗”，所以研究中在时空分辨率下，作业次数的聚集程度较强(图3-11、图3-12、图3-13)。CPUE理论上仅与资源丰度有关，但实际受到渔船马力、网具先进性、船员身体素质等客观因素分布不均的影响，其表现的聚集程度不如作业次数。另外，根据Tian等(2009)的研究，如果某一海域鱼群较大且资源量较大，那么渔船会持续在该海域捕捞作业，而当某一海域的渔获产量不容乐观、经济利益很小时，通常的做法是转移阵地重新寻找渔场。这样，在以月为单位的时间分辨率下以CPUE指示的资源丰度会有失偏颇，以其计量的高产区域(>0.6)较为零散(图3-11)。因此，以作业次数为指标随机误差性比CPUE的要小一些(图3-13)。

以随机误差性小、聚集性好的作业次数为主变量进行普通克里金估值计算，可以很好地利用其空间分布结构特征。从插值精度结果比较可以看出，以作业次数为主变量的总体误差大于CPUE的总体误差，但是其精度总体小于CPUE的总体精度，从准确性与精确性来看，作业次数还是表现出了不稳定性。为此将作业次数与CPUE进行算术平均，从普通克里金插值结果来看，6～9月份的准确性均较好，其精度相对于CPUE均有所提高，且提高水平都在10%以上。这样，将作业次数与CPUE综合考虑，既可以加入渔民经验规律指标，又可以在一定程度上消除捕捞努力量的过度悬殊，弥补CPUE数据自身的规律失调性。从实际产量与预测分布图的叠加效果上来看(图3-14)，也充分证实了这一点。

3.7　结论与展望

3.7.1　结论

从6～9月的空间分布图中可以看出，CPUE及作业次数的分布具有一定的方向性。在基于地统计学方法对秘鲁外海茎柔鱼资源渔场的研究中，全部都是建立在各向同性的假设下进行。作为利用地统计学方法对秘鲁外海茎柔鱼资源渔场的初次探索，各向同性下的分析还是具有参考价值的，本章研究结论如下。

(1)在不同的生活史阶段秘鲁外海茎柔鱼资源具有不同的聚集分布结构，表现出空间分布异质性，这主要是与其生活的周围环境有关，在不同的月份，各环境因子的影响作用会有所不同。在产卵前期Chl-a的影响较大，产卵期主要受SSS和SSH的影响。

(2)如果仅从空间自相关的角度评价COK法和OK法，OK法具有较好的预测结果。从精准度方面来看，协同克里金法可以利用相关环境因子为辅助变量比普通克里金法提高预测精度，预测图更加符合实际CPUE分布。

(3)主成分分析法可以解决在协同克里金插值时多因子辅助变量权重的“黑匣子效应”，利用主成分分析法将各环境因子综合成一个综合环境因子，一来可以减少计算量，二来可以解决多因子的权重问题，能够实现将多个环境因子进行协同克里金估值计算。

(4)协同克里金法与GLM建模法相比，其优点表现在可以利用利用变异函数对空间分布结构进行分析，但是其估值预测能力与GLM建模方法相近，其不足之处在于不能实现对未来时间内的未知数据进行预测，而GLM可以基于线性关系实现对未来时间场中的预测。

(5)在利用名义CPUE对秘鲁外海茎柔鱼资源进行分析研究时，随机性误差不容忽视，但仍能足以表现空间结构性。利用作业次数对秘鲁外海茎柔鱼资源插值预测，相比较于CPUE具有较好的精确性，但其准确性不如基于CPUE的插值结果。考虑将作业次数与CPUE进行算术平均化，可以避免作业次数人为经验比例过高和CPUE对资源丰度指示的缺陷，交互检验了此种指标的可靠性，精确性和准确性都表现出较好的结果，且更符合实际产量的分布情况，使得基于地统计法进行克里金插值预测分析资源及渔场分布更具可靠性。

3.7.2 展望

本研究是利用地统计学方法对秘鲁外海茎柔鱼资源渔场的初步探讨性研究，有许多方面需要继续改进与深入性研究。

本研究仍然是建立在稳定性假设基础之上的，而忽略了对茎柔鱼渔业数据的稳定性进行检验。根据 Simard 等(1992)的研究，渔业数据的非稳定性对空间结构的模型会有一定的影响。因此，在今后的相关研究中应对数据稳定性进行检验，以确保得到更加准确的结构模型。

空间异质性的研究是基于各向同性进行的，而根据秘鲁寒流的流向来看，海洋环境的差异分布存在一定的方向性，因此今后可以深入探讨秘鲁外海茎柔鱼各向异性下的空间异质性分布。

时空分辨率大小决定样本数量，对变异函数及克里金插值结果会有一定的影响。对于茎柔鱼这种短生命周期的生物而言，其最佳的研究尺度是什么？周、半月和月哪个是更合适的时间尺度，1°×0.1°、0.25°×0.25°、0.5°×0.5°、0.75°×0.75°和 1°×1°哪个可以作为研究的最佳空间尺度？这些问题在今后的研究中需要深入探讨，为茎柔鱼资源分布研究提供更加科学的研究尺度的理论支撑。

基于协变量的协同克里金插值方法，可以很好地利用协变量的相关性弥补在主变量数据缺失时的插值准确性，根据 Yang 等(2014)的研究认为增加协变量的数量可以提高协同克里金插值精度。秘鲁外海茎柔鱼生存环境的复杂多变性决定了相关环境因子的多样性，今后可以探讨究竟几个环境因子为协变量时，协同克里金插值结果更为准确。

另外，地统计学现在的主要缺陷也是最为棘手的问题是只能基于现有数据进行局部三维属性的估计，难以进行未来三维属性预测。虽然有时空克里金方法的提出，在变异函数模型构建汇总加入了时间因子，但这种方法主要还是应用于陆地具有稳定采样点降水等方面(徐爱萍等，2011)，对于渔业上这种移动性作业采样，实现起来难免有些局限性。因此，探讨时间维度的加入成为地统计学在海洋渔业应用中亟待解决的问题，时间因子的成功解决将从空间自相关出发，进行渔场预报，这无疑将是渔业科学的进步。或许，将渔业资源分布及环境因子变化的时间滞后性研究引入地统计学中，能为这一问题的解决提供一定的新思路。

第4章　基于地统计学的西北太平洋柔鱼资源丰度空间变异研究

4.1　科学问题与研究内容

4.1.1　问题的提出

柔鱼(*Ommastrephes bartramii*)是西北太平洋海域重要的经济头足类之一，目前主要由中国、日本等国家开发利用。自20世纪70年代初日本对柔鱼资源进行开发后，其规模逐渐扩大。我国于1994年对西北太平洋柔鱼资源进行大规模捕捞，后成为我国远洋鱿钓渔业的重要捕捞对象。柔鱼为一年生的短生命周期大洋性洄游种类，具有生长和世代更替快、繁殖力高、资源恢复迅速等特性。我国传统柔鱼作业渔场主要分布在150°～160°E、38°～48°N海域，其渔汛时间一般为6～12月，其盛渔期为8～10月(王尧耕和陈新军，2005)。有关研究表明(铃木史纪和赤羽光秋，1997；Akihiko and Junta，2000)，柔鱼渔场随着海况的变化每年均有不同程度的迁移，渔汛期有可能提前也有可能滞后，因此找准中心渔场和作业时间显得尤为重要。除此之外，掌握柔鱼资源量现状、种群结构变化以及群体数量变动规律也是实现柔鱼资源可持续利用的关键。

已有学者分别采用GAM、世代分析法、贝叶斯Schaefer模型等对柔鱼资源量进行评估，预测其最大可持续产量(陈新军和田思泉，2007；陈新军等，2011)；利用基于分位数回归、表温因子等栖息地模型预测中心渔场位置(陈新军等，2009；冯波等，2010)。但柔鱼常常以群体的形式分布在某种特定的空间或时间上，它们具有高度的空间和时间异质性。传统统计学通常把研究对象作为独立存在的随机变量，不考虑与影响因素之间的空间相关性，因此存在很大的局限性。

地统计学避免了经典统计学中忽视空间位置和方向的缺陷，提供了一个非常有效的分析和解释空间数据的方法。柔鱼资源丰度变化及其空间异质性通常以地统计学中的变异函数为手段，研究那些在空间分布上既具有结构性又有随机性，或有空间相关和依赖性的自然现象(林幼斌和杨文凯，2001)，这一方法已在海洋渔业领域得到了应用(杨晓明等，2012；张寒野和程家骅，2014)，并取得了较好的成果。

为此，本章利用地统计学来分析研究西北太平洋柔鱼资源丰度空间分布及其规律，其涉及的科学问题主要有：①西北太平洋柔鱼资源丰度空间分布的空间研究尺度如何选择，是否尺度越小越好，如何评判出一个最佳研究尺度？②地统计学中常见的计算方法有多种，哪种方法或者模型更适合柔鱼资源丰度空间结构特征的研究？③柔鱼资源丰度在空间分布上是否有差异，引起空间异质性的机理是什么？本章通过解决以上三大基础科学问题来探索地统计学在柔鱼资源丰度及中心渔场研究中的适用性，并结合海表面温度等海洋环境因子，来阐明空间分布差异及变化的机理，更好地掌握西北太平洋柔鱼资源丰度空间分布规律，丰富地统计学在海洋渔业中的应用。

4.1.2　研究内容及技术路线

4.1.2.1　研究内容

本章以西北太平洋柔鱼为研究对象，采用我国鱿钓船在西北太平洋作业渔区捕获的柔鱼生产统计数据，内容包括作业时间、经度、纬度、单船产量等。以单位捕捞努力量渔获量(CPUE)作为资源丰度的指标，以传统鱿钓作业渔场(150°～160°E、38°～48°N 海域)作为研究范围，基于普通统计、地统计学等方法，探讨西北太平洋柔鱼资源丰度最佳空间尺度问题和最佳模型等问题，研究柔鱼资源丰度的空间变异特征，比较时间和空间上的差异，为进一步认识柔鱼资源分布的空间特征及其与环境关系提供新的手段。

本章内容包括：①西北太平洋柔鱼资源丰度空间尺度分析，比较半变异函数拟合模型差异以及空间自相关性在从小到大的尺度中表现的强弱来判断哪一类尺度更适合柔鱼资源丰度空间变异特征的研究。②中小尺度下西北太平洋柔鱼资源丰度的空间变异分析。在适宜类尺度即中小尺度下分析柔鱼资源丰度的空间分布特征及变异特性，提出最佳研究尺度。③基于地统计学插值法的西北太平洋柔鱼中心渔场分析。在最佳研究尺度下，分别用地统计学中常见的几种插值方法进行建模，分析比较后提出最为可靠的一种方法，并应用此方法对柔鱼中心渔场进行预测分析。④基于协同克里金和普通克里金插值的柔鱼 CPUE 空间插值比较分析。在最佳尺度下，分别采用普通克里金插值法和协同克里金插值法对柔鱼 CPUE 进行插值，对两种方法的拟合精度进行比较分析，并分别作出预测分布图。

4.1.2.2　技术路线

本章研究技术路线如图 4-1 所示。

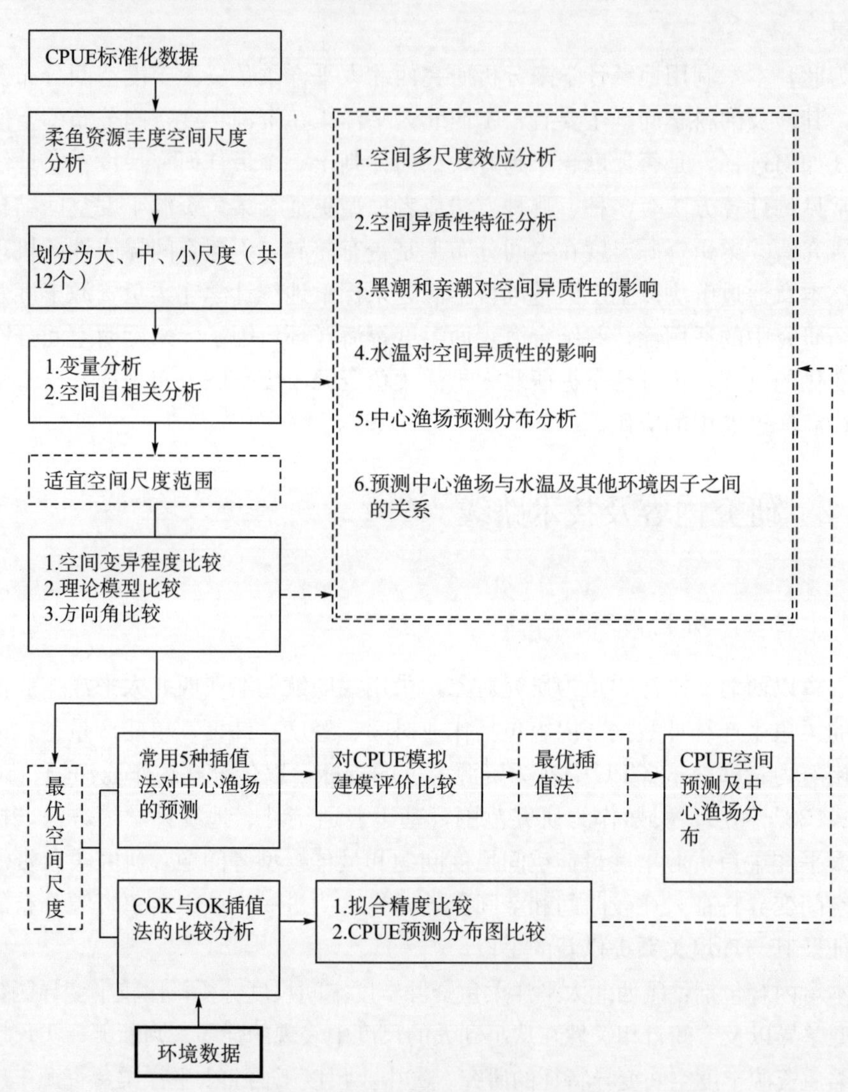

图 4-1　本章研究技术路线图

4.2 材料和方法

4.2.1 材料来源

4.2.1.1 生产统计数据

本章研究所采用的西北太平洋柔鱼生产统计数据均来自上海海洋大学鱿钓技术组。数据包括了我国在西北太平洋作业的所有鱿钓船，其研究海域为150°～160°E、38°～48°N，为柔鱼传统作业渔场。根据研究需要，采用了2011年和2012年7～10月渔汛期间柔鱼生产统计数据作为研究对象，内容包括作业时间、经度、纬度、单船产量等。假设单位捕捞努力量渔获量(CPUE)为表征柔鱼资源丰度的指标(陈新军等，2003)。

4.2.1.2 海洋环境数据

环境数据主要来自NOAA Ocean Watch网站(http：//oceanwatch. pifsc. noaa. gov/)，包括2011～2012年7～10月研究海域的海表面温度(SST)数据、叶绿素浓度(Chl-a)数据和海表面盐度(SSS)数据，SST数据的空间分辨率为0.1°×0.1°，Chl-a数据空间分辨率为0.05°×0.05°，SSS数据空间分辨率为1°×1°。所有数据的时间分辨率为月。

4.2.2 研究方法

4.2.2.1 数据处理方法

(1)西北太平洋柔鱼资源丰度空间尺度分析研究。研究海域为150°～160°E、38°～48°N，以柔鱼盛渔期8月份为例进行研究。将8月柔鱼CPUE(单位为t/d)分别按经纬度10′×10′、20′×20′、30′×30′、40′×40′、50′×50′、60′×60′、70′×70′、80′×80′、90′×90′、100′×100′、110′×110′和120′×120′等12个空间尺度进行划分，形成不同大小的栅格数据(图4-2)，对每一统计单位的站点数据取算术平均值。

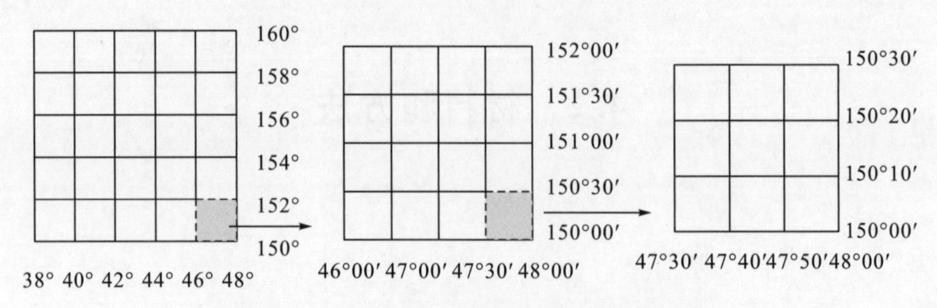

图 4-2 不同尺度下取样站点数据分布示意图

(2)中小尺度下西北太平洋柔鱼资源丰度的空间变异分析研究。以 150°～160°E、38°～48°N 传统鱿钓作业渔场为研究对象，对 2011 年 8～10 月 CPUE 数据进行 7 个空间尺度的划分，即经纬度 10′×10′、20′×20′、30′×30′、40′×40′、50′×50′、60′×60′、70′×70′。将经纬度 10′×10′、20′×20′、30′×30′定义为小尺度，将 40′×40′、50′×50′、60′×60′、70′×70′定义为中尺度。

(3)基于地统计学插值法的西北太平洋柔鱼中心渔场分析研究。采用 2012 年 7～10 月传统作业渔场 150°～160°E、38°～48°N 海域柔鱼 CPUE 数据，采用上述研究获得的最优尺度空间分辨率。

(4)基于协同克里金和普通克里金插值的柔鱼 CPUE 空间插值比较分析研究。以 150°～160°E、38°～48°N 传统鱿钓作业渔场为研究对象，以 0.5°×0.5°作为研究尺度，对 2012 年 10 月西北太平洋柔鱼生产统计数据进行处理，环境数据包括 Chl-a 和 SSS，对其进行栅格化处理，分别处理成为最优的尺度空间分辨率。

4.2.2.2 K-S 检验方法

校验数据的正态分布性是使用地统计学和克里金方法进行空间分析的前提(王政权，1999)。为了满足地统计学空间分析的要求，首先需要对数据进行校验，假如数据符合正态分布，则满足要求；假如数据不符合正态分布，则需要对数据进行转换。为此，本研究采用 K-S(Kolmogorov-Smirnov)检验法，并运用 SPSS 17.0 统计软件对各月 CPUE 单一样本进行正态分布检验。对不符合正态分布的 CPUE 数据进行转换，以便达到地统计学分析的要求。数据转换方法包括对数、平方根、反正弦平方根、倒数和 Cox-Box 转换。其中，单样本 K-S 检验方法如下。

假设 H_0 为样本所来自的总体分布服从正态分布，H_1 所来自的总体分布不服从正态分布。$F_0(x)$ 表示理论分布的分布函数，$F_n(x)$ 表示一组随机样本的累计频率函数。设 D 为 $F_n(x_0)$ 与 $F_0(x)$ 差距的最大值，定义如下式：

$$D = \max\left| F_n(x) - F_0(x) \right| \tag{4-1}$$

标准显著性水平 α 设置为 0.05，若显著性概率 P[Sig.（2-tailed)]>0.05，表明接受假设 H_0，样本服从正态分布，反之则不服从。

4.2.3 地统计学方法

4.2.3.1 区域化变量

当一个变量呈空间分布时，称之为“区域化”。这种变量常常反映某种空间现象的特征，用区域化变量描述的现象称之为区域化现象。区域化变量具有两个显著特征，即随机性和结构性。

$$Z(x) = Z(xu, xv, xw) \tag{4-2}$$

式中，$Z(x)$是随机函数，即区域化变量；xu、xv、xw 分别是空间点 x 的三个直角坐标。

4.2.3.2 变异函数

变异函数(或称变差函数、变异矩)是地统计学所特有的基本工具。变异函数可定义为：

$$\begin{aligned}\gamma(x,h) &= \mathrm{Var}[Z(x)-Z(x+h)]^2/2 \\ &= E\,[Z(x)-Z(x+h)]^2/2-\{E[Z(x)] \\ &\quad -E\,[Z(x+h)]^2/2\end{aligned} \tag{4-3}$$

式中，$\gamma(x, h)$是变异函数；Var 是方差函数；E 是数学期望；其中 h 为步长。

在二阶平稳假设条件下，(4-3)式可改写为

$$\gamma(x,h) = E[Z(x)-Z(x+h)]^2/2 \tag{4-4}$$

当变异函数 $\gamma(x, h)$仅依赖于 h 而与位置 x 无关时，$\gamma(x, h)$可改写为：

$$\gamma(h) = E[Z(x)-Z(x+h)]^2/2 \tag{4-5}$$

上式称为“半变异函数”，将 $2\gamma(h)$称为变异函数。

4.2.3.3 变异函数的常用理论模型

1. 球状模型

一般公式为

$$\gamma(h) = \begin{cases} 0 & h = 0 \\ C_0 + C(3h/2a - h^3/2a^3) & 0 < h \leqslant a \\ C_0 + C & h > a \end{cases} \tag{4-6}$$

2. 指数模型

一般公式为

$$\gamma(h)=\begin{cases}0 & h=0\\ C_0+C(1-\mathrm{e}-h/a) & h<0\end{cases} \tag{4-7}$$

3. 高斯模型

一般公式为

$$\gamma(h)=\begin{cases}0 & h=0\\ C_n+C(1-\mathrm{e}-h^2/a^2) & h<0\end{cases} \tag{4-8}$$

式(4-6)、式(4-7)、式(4-8)中，C_0为块金值，表示随机变异引起的空间异质性程度；C_0+C 为基台值，表示区域化变量的最大变异，是半变异函数达到的极限值，即表示总空间异质性程度；其中 C 为偏基台值；$C_0/(C+C_0)$反映的是自相关部分的空间异质性占总空间异质性的程度，一般认为，其值若<25%时，表示变量的空间自相关较弱；其值>25%且<75%时，表示变量的空间自相关性处于中等；其值>75%时，则表示变量有很强的空间自相关性(刘杏梅，2010)。a 为变程，表示以 a 为半径的领域内任何其他 $Z(x_i)$和 $Z(x_i+h)$间存在的空间相关性，或者 $Z(x_i)$和 $Z(x_i+h)$相互有影响。它与观测尺度以及在取样尺度上影响柔鱼资源丰度的各种生态过程相互作用有关(Wang et al.，2006)。球状模型、指数模型和高斯模型的示意图如图 4-3 所示。

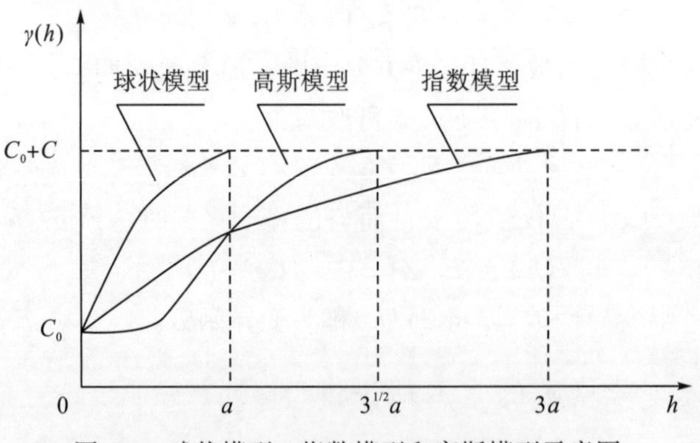

图 4-3 球状模型、指数模型和高斯模型示意图

4.2.3.4 地统计学与经典统计学之间的异同点

地统计学与经典统计学的共同之处在于：它们都是在大量采样的基础上，通过对样本属性值的频率分布或均值、方差关系及其相应规则的分析，确定其空间分布格局与相关关系。

地统计学与经典统计学较大的区别之处在于：①经典统计学研究的变量必须是纯随机变量，该随机变量的取值按某种概率分布而变化。地统计学研究的变量不是纯随机变量，而是区域化变量。该区域化变量根据其在一个区域内的空间位置取不同的值，它是随机变量与位置有关的随机函数。因此地统计学中的区域化变量既有随机性又有结构性；②经典统计学所研究的变量理论上可无限次重复进行大量重复观测试验，而地统计学研究的变量则不能进行这样的重复试验。因为区域化变量一旦在某一空间位置上取得一样品后，就不可能在同一位置再次取到该样品，即区域化变量取值仅有一次；③经典统计学的每次抽样必须独立进行，要求样本中各个取值之间相互独立。而地统计学中的区域化变量是在空间的不同位置取样，因而两个相邻样品的值不一定保持独立，具有某种程度的空间相关性；④经典统计学以频率分布图为基础研究样本的各种数字特征。地统计学除了要考虑样本的数字特征外，更主要的是研究区域化变量的空间分布特征(表 4-1)。

表 4-1　地统计学与经典统计学的异同点

	经典统计学	地统计学
共性	1. 大量采样	
	2. 进行样本属性值分析，确定空间分布格局及相关关系	
异性	1. 研究纯随机变量	1. 研究区域化变量
	2. 变量可无限次重复观测或大量观测	2. 变量不能重复试验
	3. 样本相互独立	3. 样本具有空间相关性
	4. 研究样本的数字特征	4. 研究样本的数字特征和区域化变量的空间分布特征

4.2.3.5　地统计学插值法

1. 常用的五种插值方法

空间插值是利用已知的部分空间样本信息对未知的地理空间特征进行估计，也是地理信息系统的重要功能模块之一(Tian et al.，2009)。常用的五种插值方法为：①反距离权重(inverse distance weighted，IDW)插值法，以插值点与样本点间的距离为权重进行加权平均，离插值点越近的样本点赋予的权重越大。②径向基函数(radial basis function，RBF)插值法，是多个数据插值方法的组合，即经过各个已知样点生成一个圆滑曲面，并使表面的总曲率最小。③全局多项式(global polynomial，GP)插值法，以整个研究区的样点数据集为基础，用一个多项式计算预测值。④局部多项式(local polynomial，LP)插值法，采用处在特定重叠邻近区域内的多个多项式进行插值，其产生的曲面更依赖于局部数据的变异。⑤普通克里金(ordinary Kriging，OK)插值法，是区域化变量的线性估计，但其考虑了空间相关性，更加符合空间数据的特点(王树良等，2003)。

1)反距离权重插值法

反距离加权插值法以插值点与样本点间的距离为权重进行加权平均，离插值点越近的样本点赋予的权重越大。可用若干临近点的线性加权来拟合估计点的值。反距离加权插值法可以很好地应用于采样点分布均匀的案例中，因为其受局部变化的影响。

2)径向基函数插值法

径向基函数插值法是通过基函数计算待估节点的一组权系数，从而实现平滑插值。多个数据插值方法的组合，即经过各个已知样点生成一个圆滑曲面，并使表面的总曲率最小(汪媛媛等，2011)。

通过调整基函数中的平滑因子可以控制插值面的光滑程度及估值精度。该方法可以预测比样点高或低的未知点值，但易受极大值和极小值的影响。因此如果对变化平缓的表面进行插值，是一种精确插值方法。

3)全局多项式插值法

全局多项式插值法也称球面多项式插值或趋势面分析，是以整个研究区的样点数据集为基础，用一个多项式计算预测值，使曲面尽量接近插值点，使用最小平方回归可得到这个曲面，使增加值和该曲面之间的方差最小。同径向基函数插值法，该方法插值所得的表面亦容易受极大值和极小值的影响，尤其是在边缘地带。

4)局部多项式插值法

局部多项式插值采用处在特定重叠邻近区域内的多个多项式进行插值，其产生的曲面更依赖于局部数据的变异，且容易受临近区域间距离的影响，因此可用来解释局部变异，尤其是对于数据集内出现小范围变异的情况。该方法仅用在给定搜索邻近区域内所有样点插值适合于特定阶数的多项式。

5)普通克里金插值法

普通克里金插值方法是地统计学中最为常用的插值方法，它是以空间自相关性为基础，利用原始数据和半方差函数的结构性，对区域化变量的未知采样点进行线性最优无偏估计的一种插值方法(刘志鹏，2013)。该方法实质上是对局部估计的一个加权移动平均，通过半方差图分析获得各个观测点的权重。其主要优点是能够得到内插计算中产生独立误差的估值，且有已知点内插估计点间土壤特性空间自相关性，具有较好的内在关联属性和精确。

2. 协同克里金插值法

协同克里金插值法是利用两个变量之间的互相关性，用其中易于观测的变量对另一变量进行局部估计的方法。协同克里金法比普通克里金法能明显改进估计精度及采样效率。该方法是建立在协同区域化变量理论基础上的，通过建立交叉协方差(cross covariance)函数和交叉变异(cross variogram)函数模型，然后用协同克里金法对未抽样点的变量值进行估计(Issaks and Srivastava.，1989)。

4.2.3.6　插值方法评价

1. 建模方法可靠性评价方法

对2012年7～10月栅格化后的数据分别用不同的插值方法进行预测计算，其中预测样品为各月CPUE栅格数据，随机选取各月预测样品总数的25%作为检验样品，用来检验建模方法可靠性。采用均方根(root-mean-square)作为评价指标，将预测得到的各月均方根与检验得到的值进行回归分析，得到相关系数R^2。

2. 交互检验法评价方法

对普通克里金和协同克里金插值法的插值精度评价均采用交互检验(cross-calidation)法(秦耀东，1998)。交互检验法包含平均误差(ME)、均方根误差(RMSE)、平均标准误差(ASE)、均方误差(MSE)和标准化均方根误差(RMSSE)5个指标(汪媛媛等，2011)，其中ME、MSE越小，精度越高，RMSSE越接近于1表示精度越高。

评价预测结果的变异性参考孙永健(2007)的方法，即在交互检验的基础上用D_{ABS}来表示RMSE与ASE之差的绝对值，其值越小，表明精度越高。表达式为：

$$D_{ABS} = |\mathrm{RMSE} - \mathrm{ASE}| \tag{4-9}$$

预测精度的提高程度参考李润林等(2013)，即采用协同克里金预测方法的均方根误差(RMSE_{cok})相对于参考方法(普通克里金法)的均方根误差(RMSE_{ok})减少的百分数(RMSSE)来表示。其表达式为：

$$\mathrm{RMSSE} = \frac{\mathrm{RMSE}_{ok} - \mathrm{RMSE}_{cok}}{\mathrm{RMSE}_{ok}} \times 100\% \tag{4-10}$$

4.3　研究结果

4.3.1　柔鱼资源丰度的空间尺度分析

4.3.1.1　柔鱼CPUE空间分布特征

2011年8月柔鱼作业区域主要集中在154°～158°E、39°～44°N，累计作业次数达到3360次，累计总产量为9062.56t。作业渔船分布极为密集(图4-4)。8月份 CPUE 主要在 1~10t/d，约占总作业次数的 77.38%；CPUE 达 10t/d 以上的作业次数约占总数的 1.87%。总体累计平均 CPUE 为 2.70t/d。

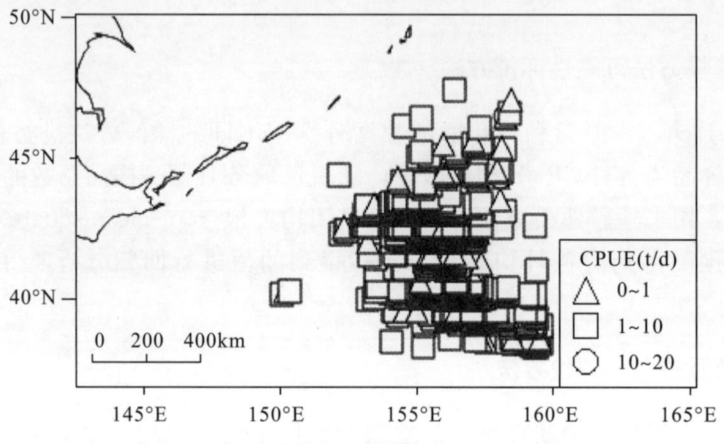

图 4-4　西北太平洋柔鱼日渔获量(CPUE)空间分布图

4.3.1.2　变量分析

随着空间分布尺度的递增，最优模型的选择以及各个参数在某种程度上显现出部分规律性(表 4-2)。空间尺度大于等于 80′×80′时，均以高斯模型拟合的最好。而从方向角分布来看，尺度小于 80′×80′时，随着空间尺度的增大，方向角从 WN—ES 方向逐渐向 N—S 偏转，大于此尺度时则呈现无规律性，说明随机性比较大。同样，从各尺度下的变程趋势也不难发现(图 4-5)，随着空间尺度的递增，变程逐渐增大，但空间尺度大于 80′×80′时则又无规律可言。

由图 4-6 可知，块金值与基台值的走势基本保持一致。空间尺度 40′×40′、60′×60′以及 90′×90′分别出现了高峰，说明在这三个空间尺度下变量变化的幅度相对较大，由随机性引起的可能性也较大。根据以上结果可初步推断，大于 80′×80′这一空间尺度时变量由随机性产生的可能性过大，可能不太适合用来研究柔鱼资源丰度空间异质性。

表 4-2　西北太平洋柔鱼各尺度下有关参数

尺度	最优模型	样本数量	方向角	C_0	C	$C+C_0$	$C_0/(C+C_0)$	a
10′×10′	球状模型	384	152°	0.398	0.299	0.697	0.571	1.984
20′×20′	指数模型	145	167°	0.261	0.440	0.701	0.372	3.969
30′×30′	球状模型	126	167°	0.332	0.318	0.650	0.511	5.458
40′×40′	指数模型	99	168°	0.697	1.578	2.275	0.306	7.145
50′×50′	指数模型	70	175°	0.156	0.202	0.358	0.436	8.833
60′×60′	高斯模型	57	178°	1.236	2.155	3.391	0.364	10.421

续表

尺度	最优模型	样本数量	方向角	C_0	C	$C+C_0$	$C_0/(C+C_0)$	a
70′×70′	球状模型	47	163°	0.108	0.148	0.256	0.422	12.008
80′×80′	高斯模型	37	8°	0.244	0.045	0.289	0.844	7.447
90′×90′	高斯模型	32	27°	1.294	0.296	1.590	0.814	11.822
100′×100′	高斯模型	25	11°	0.090	0.180	0.270	0.333	8.267
110′×110′	高斯模型	23	131°	0.144	0.055	0.199	0.724	8.037
120′×120′	高斯模型	19	27°	0.119	0.100	0.219	0.543	11.401

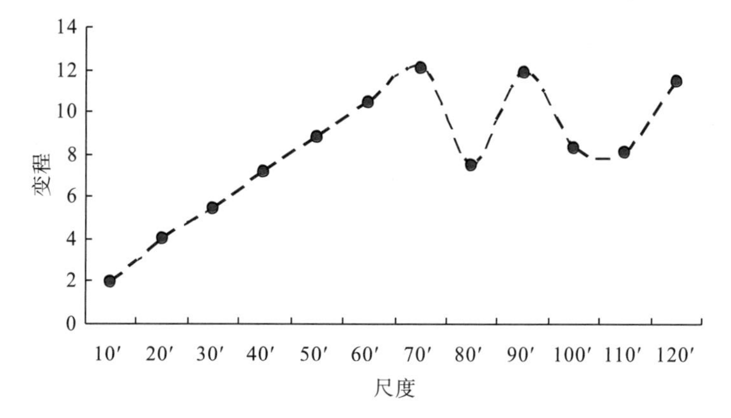

图 4-5　西北太平洋柔鱼丰度各尺度下变程的变化趋势

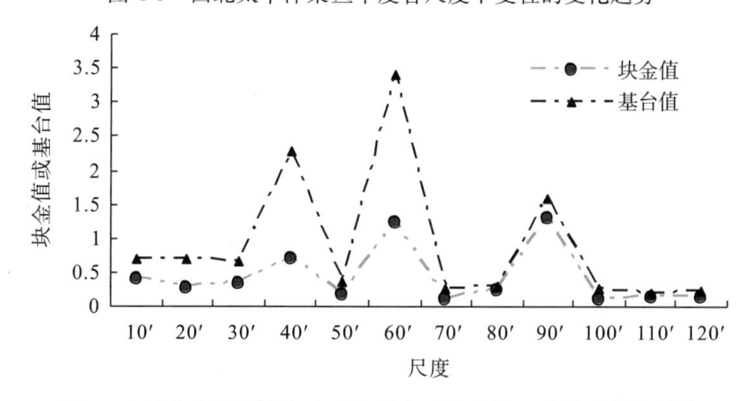

图 4-6　西北太平洋柔鱼丰度各尺度下块金值以及基台值的趋势

4.3.1.3　空间自相关程度分析

块金值与基台值之比表示空间自相关程度，由图 4-7 可知，空间自相关大体上处于中等水平，在各尺度下不存在强空间自相关性。其中在空间尺度 80′×80′和 90′×90′下呈现弱相关性。在经纬度 40′×40′下，其空间自相关性最强，达 69.4%。

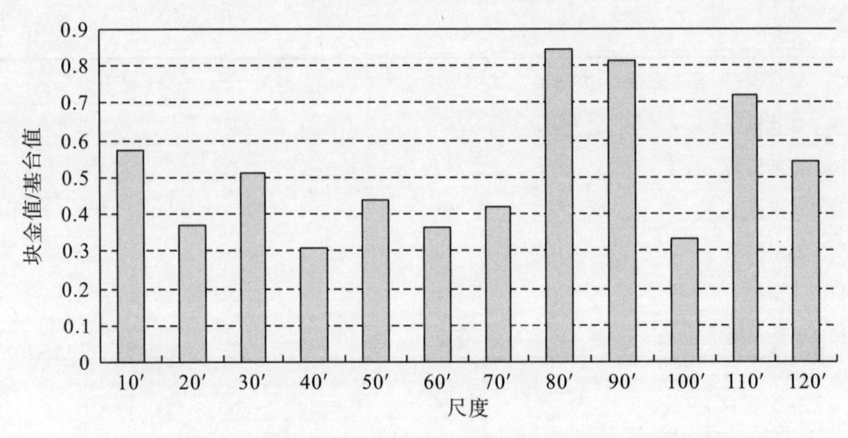

图 4-7 西北太平洋柔鱼资源丰度各尺度下块金值与基台值之比统计图

4.3.2 中小尺度下柔鱼资源丰度空间变异特征

4.3.2.1 CPUE 数据描述性统计与正态分布检验

数据统计显示(表 4-3)，总体平均 CPUE 为 2t/d 左右，最高 CPUE 为 5t/d。在 7 个不同的尺度下分别统计 CPUE 最小值、最大值和均值，发现它们都有所差异，其中每一尺度的最小值基本呈现出随空间尺度变大而逐渐递增的趋势。

K-S 检验表明(表 4-3)，除 8 月在 10′×10′、40′×40′和 50′×50′这三个空间尺度下不符合检验条件外，其他数据均达到了地统计分析的要求。因此，对 8 月这三个尺度的 CPUE 数据进行对数、平方根、反正弦平方根、倒数及 Box-Cox 等方法的转换(表 4-3)，结果发现平方根、反正弦平方根和 Box-Cox 转换后均达到了地统计分析的要求。为了与 ArcGIS 9.3 的地统计模块匹配，拟采用 Box-Cox 转换方法获得的数据(表 4-4)。

表 4-3 描述统计量及 K-S 检验值

空间尺度(经纬度)	月份	样本数量	最小值	最大值	均值	标准差	方差	渐近显著性 P
10′×10′	8	295	0.05	4.87	1.959	1.092	1.193	0.034
	9	201	0.05	5.00	2.431	1.134	1.287	0.256
	10	266	0.02	5.00	1.597	0.969	0.940	0.179
20′×20′	8	140	0.05	4.80	2.109	1.189	1.414	0.063
	9	86	0.16	5.00	2.596	1.073	1.152	0.825
	10	109	0.02	4.59	1.561	0.802	0.644	0.411
	8	118	0.05	4.80	2.093	1.161	1.350	0.216

续表

空间尺度（经纬度）	月份	样本数量	最小值	最大值	均值	标准差	方差	渐近显著性 P
30′×30′	9	78	0.16	5.00	2.616	1.060	1.125	0.432
	10	94	0.02	4.59	1.585	0.897	0.806	0.151
	8	97	0.05	4.90	2.169	1.233	1.522	0.027
40′×40′	9	59	0.16	5.00	2.637	0.981	0.963	0.850
	10	74	0.09	4.59	1.574	0.789	0.624	0.377
	8	69	0.06	4.92	2.281	1.157	1.339	0.041
50′×50′	9	49	0.16	4.94	2.437	1.070	1.145	0.759
	10	53	0.12	3.35	1.564	0.674	0.455	0.476
	8	55	0.11	4.90	2.397	1.172	1.374	0.275
60′×60′	9	35	1.25	4.94	2.621	0.925	0.857	0.982
	10	44	0.20	3.35	1.588	0.670	0.449	0.854
	8	46	0.94	4.59	2.489	0.976	0.953	0.290
70′×70′	9	32	0.88	5.00	2.705	0.927	0.861	0.894
	10	36	0.20	3.35	1.683	0.710	0.505	0.832

表 4-4　数据转换后的 K-S 检验值

空间尺度（经纬度）	月份	样品	渐近显著性 P				
			对数	平方根	反正弦平方根	倒数	Box-Cox
10′×10′	8	295	0.001	0.485	0.490	0.000	0.613
40′×40′	8	97	0.011	0.450	0.433	0.000	0.354
50′×50′	8	69	0.222	0.312	0.301	0.000	0.383

4.3.2.2　CPUE 空间变异特征

1. 变异程度

由图 4-8 可知，8～10 月各月 CPUE 空间变异程度均存在较大的差异。在各向同性条件下（图 4-8），在球状（spherical）模型、指数（exponential）模型和高斯（Gaussian）模型三种理论模型中，总体上分析以指数模型的 CPUE 空间自相关异质性程度较强，球状模型次之，高斯模型最弱。8 月 CPUE 的空间自相关性在小尺度情况下，其变异值基本稳定；在中尺度情况下，其变异值随尺度的增加而减少，在尺度 60′×60′时，其变异值几乎下降到 0，CPUE 的空间自相关较弱；但是，空间尺度 70′×70′时出现一个异常的变异值，为各尺度变异值的最高，达到中等及其以上的空间自相关程度。分析发现，指数模型的空间自相关程度最高，其变异值在不同尺度下都是最高。9 月和 10 月三种模型 CPUE 空间自相关程度均为中等(变异值为 25%～75%)的出现在尺度 30′×30′时，而在其他小尺度下，三种模型的变异值变化不一，均表现为弱空间自相关和中等空间自相关。9 月和 10 月在空间尺度 50′×50′、60′×60′、70′×70′情况下，其变异值均在 10%以下，表现为弱空间自相关程度。

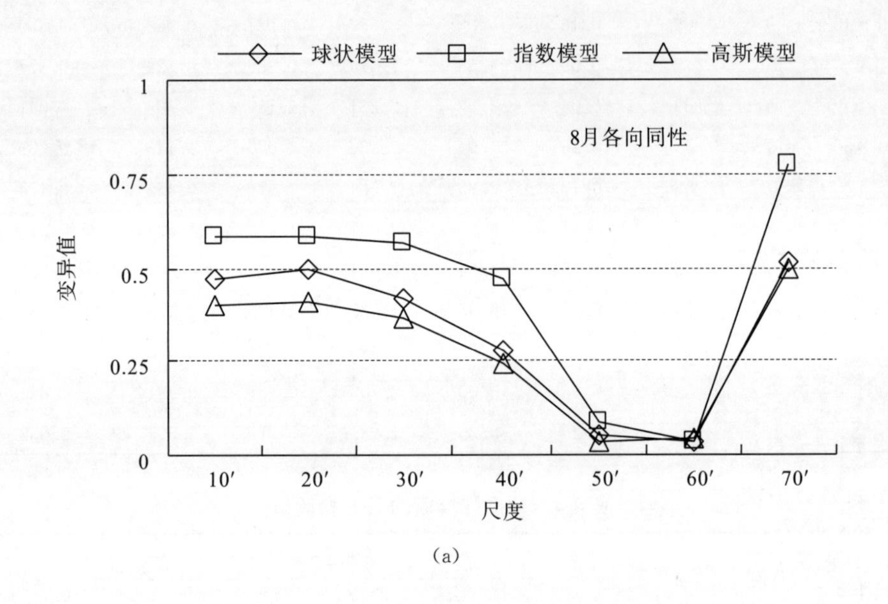

(a)

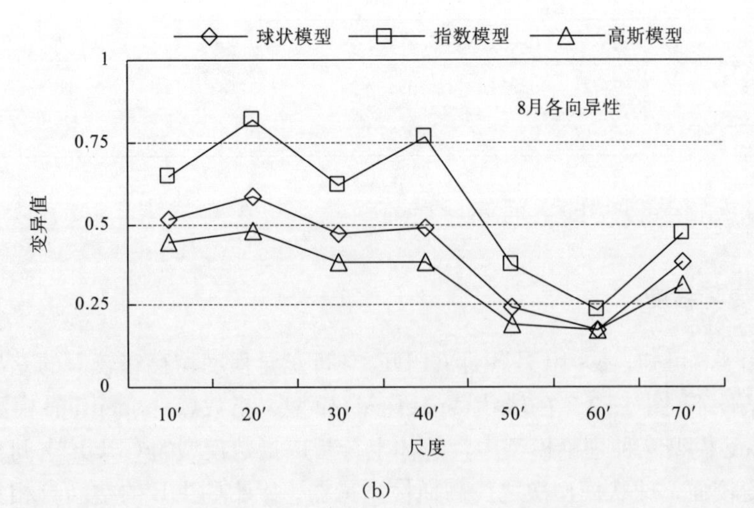

(b)

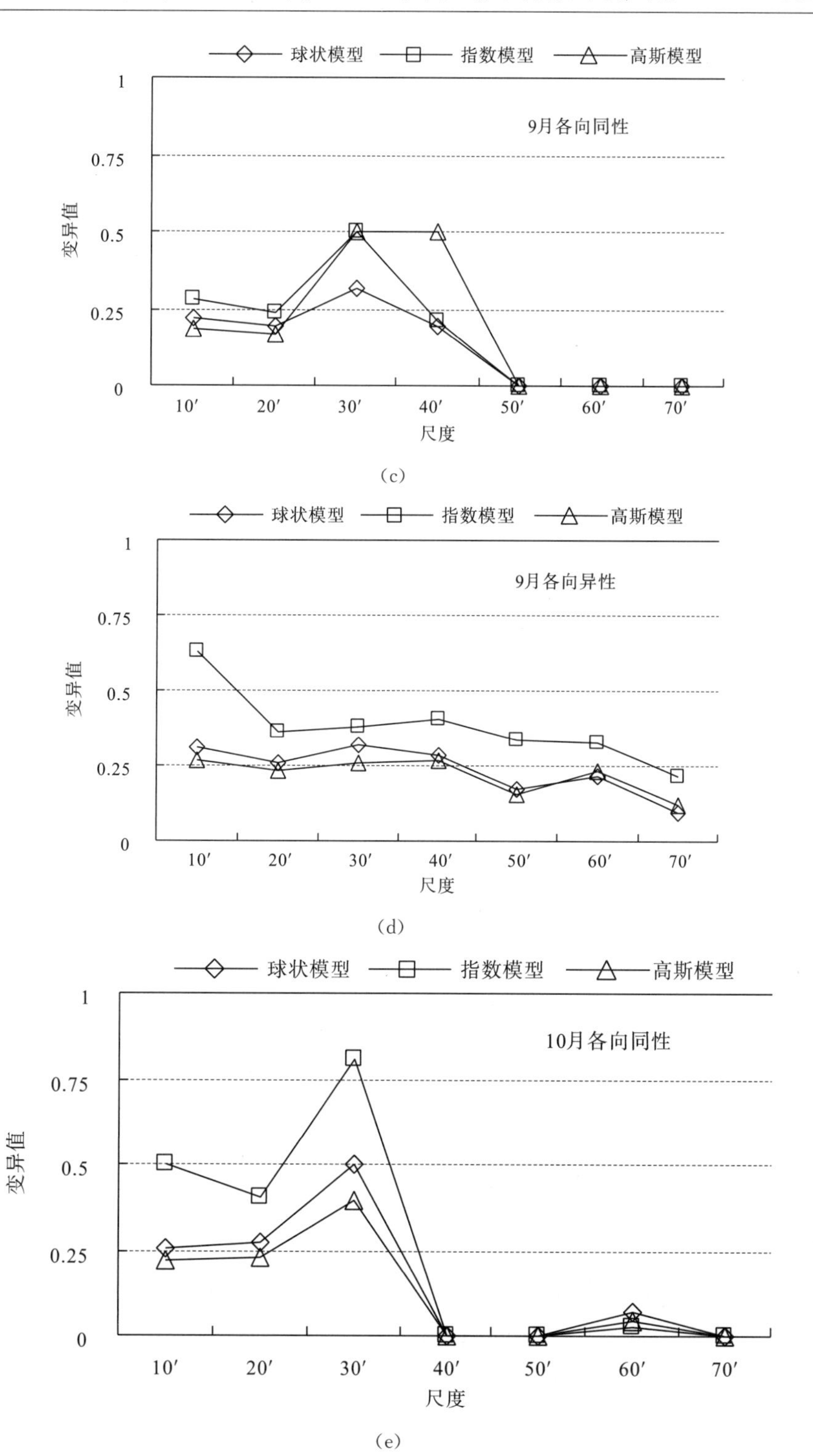

球状模型
指数模型
高斯模型
9月各向同性
变异值
尺度
1
0.75
0.5
0.25
0
10′
20′
30′
40′
50′
60′
70′

(c)

球状模型
指数模型
高斯模型
9月各向异性
变异值
尺度

(d)

球状模型
指数模型
高斯模型
10月各向同性
变异值
尺度

(e)

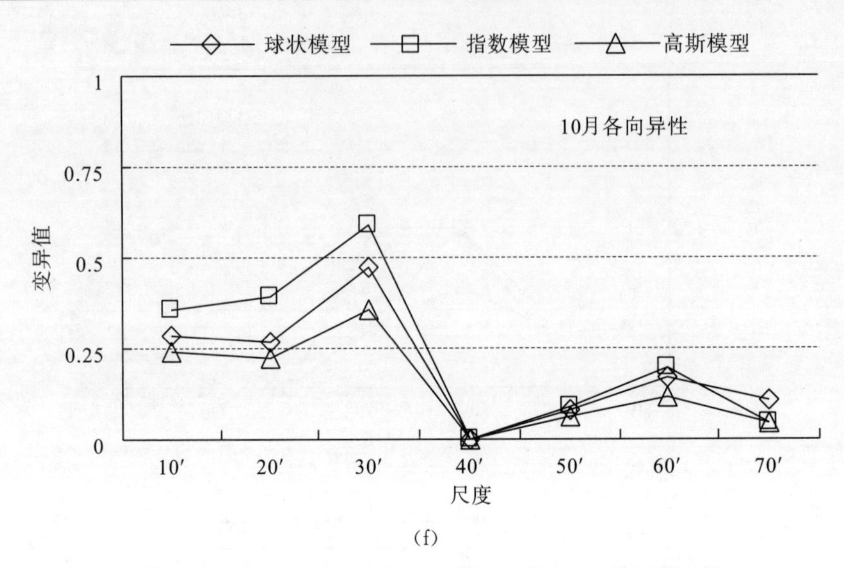

(f)

图 4-8　各个尺度下柔鱼资源丰度各向同性、各向异性比较

在各向异性条件下，8～10 月三种模型的总体空间自相关程度变化趋势与各向同性基本一致。8 月小尺度下三种模型 CPUE 空间自相关程度均在中等及其以上，其中指数模型在尺度 20′×20′下出现了强的空间自相关性，而在中尺度下，三种模型在 40′×40′和 70′×70′尺度下，CPUE 空间自相关程度均在中等及其以上，而其他两个尺度 CPUE 基本上表现为弱空间自相关程度。9 月小尺度下，高斯模型的 CPUE 变异值基本上在 25%左右，表现为弱空间自相关性，球状模型和指数模型的 CPUE 变异值均超过 25%，表温为中等空间自相关性；而在中尺度下，高斯模型和球状模型的 CPUE 变异值均在 25%以下，表现为弱的空间自相关性，指数模型除了 70′×70′尺度外，其变异值都在 25%～50%，表现为中等的空间自相关性。10 月在三种模型的拟合下，其 CPUE 空间自相关的变异情况趋势与各向同性时大致相同(图 4-8)。

2. 理论模型

根据建模误差最小原则，分别选择了各月每一尺度的最优半变异函数模型。从 8～10 月最优模型在各个尺度下所占的比例来看(图 4-9)，球状模型占总数的 29.4%，指数模型占 47.1%，高斯模型占 23.5%。球状模型比较适合中尺度下的柔鱼 CPUE 研究；指数模型则在小尺度的 CPUE 研究中为最适，出现的概率较大，其中尺度 30′×30′时为最优，比例达到 100%；高斯模型对各个尺度则无明显偏好性，在 20′×20′、40′×40′、60′×60′、70′×70′尺度均有一定的比例。

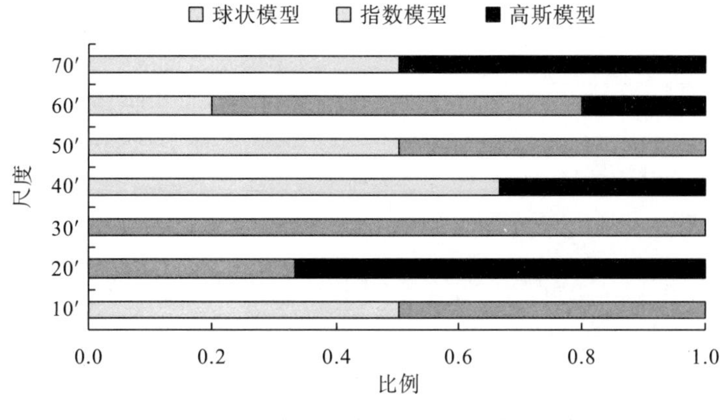

图 4-9 理论模型在各个尺度下所占的比例

从表 4-5 可知，小尺度下，8～10 月的理论模型以指数模型为主，高斯模型次之，球状模型最少，说明在小尺度下，柔鱼资源丰度的空间分布主要以指数分布为主。中尺度下，以球状模型居多，指数模型较少，说明尺度变大后柔鱼资源丰度的空间分布也随之改变。总体上来看(表 4-5)，10 月的块金值为最小，这说明 10 月份由随机变异引起的 CPUE 空间异质性程度较小。变程值基本上随着尺度的变大而变大，在各个月份中，10 月的变程在各个尺度下均要小于其他两个月。

表 4-5 半方差函数理论模型及相关参数

尺度	月份	理论模型	C_0	C_0+C	$C_0/(C_0+C)$	a	残差	分布格局
	8	指数模型	0.354	1.001	0.354	1.984	1.152	聚集分布
10′×10′	9	球状模型	0.842	1.218	0.691	1.984	1.096	聚集分布
	10	指数模型	0.648	1.009	0.642	1.984	1.001	聚集分布
	8	高斯模型	0.631	1.215	0.519	3.969	1.144	聚集分布
20′×20′	9	高斯模型	0.823	1.074	0.766	3.969	1.127	离散分布
	10	高斯模型	0.517	0.666	0.776	3.969	0.971	离散分布
	8	指数模型	0.476	1.234	0.386	4.962	1.140	聚集分布
30′×30′	9	指数模型	0.689	1.116	0.617	4.962	1.141	聚集分布
	10	指数模型	0.365	0.883	0.413	2.884	0.944	聚集分布
	8	球状模型	0.667	1.305	0.511	6.947	1.082	聚集分布
40′×40′	9	球状模型	0.636	0.891	0.714	6.947	1.187	聚集分布
	10	球状模型	0.594	0.594	1.000	6.656	1.006	离散分布
	8	球状模型	0.818	1.081	0.757	8.932	1.085	离散分布
50′×50′	9	球状模型	0.846	1.028	0.823	7.939	1.108	离散分布
	10	指数模型	0.347	0.382	0.908	6.947	1.007	离散分布
	8	指数模型	0.899	1.177	0.764	9.924	1.141	离散分布
60′×60′	9	球状模型	0.602	0.770	0.782	9.823	1.224	离散分布
	10	高斯模型	0.346	0.392	0.883	9.823	1.036	离散分布

续表

尺度	月份	理论模型	C_0	C_0+C	$C_0/(C_0+C)$	a	残差	分布格局
70′×70′	8	高斯模型	0.421	0.613	0.687	8.932	1.181	聚集分布
	9	球状模型	0.649	0.719	0.903	9.300	1.181	离散分布
	10	球状模型	0.388	0.435	0.892	6.411	1.104	离散分布

3. 方向角

从图 4-10 可知，柔鱼 CPUE 在空间上具有各向异性。在不同的尺度下，8 月的方向角基本稳定在 280°～320°，为西北—东南走向；9 月在 10′×10′尺度时方向角为 280°左右，为西北—东南走向，其他尺度时均为东北—西南走向；10 月在 10′×10′和 30′×30′尺度时方向角分别为 282°和 312°，为西北—东南走向，其他尺度时为东北—南西走向。在 10′×10′尺度下，其各月方向角走势基本不变；而其他尺度下，各月方向角均发生了变化。

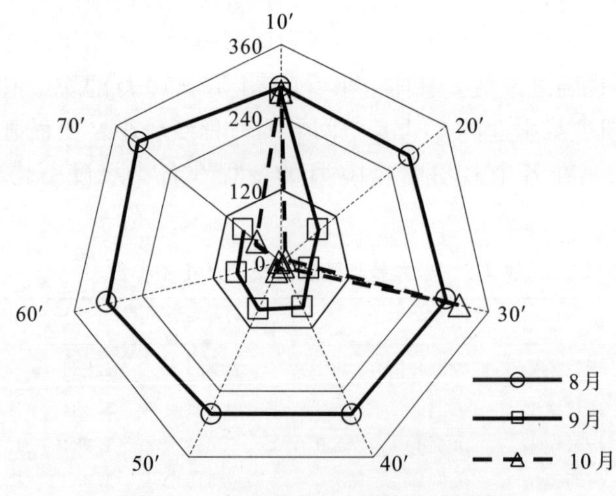

图 4-10 各个尺度下方向角变化趋势

4.3.3 基于不同插值法预测柔鱼中心渔场

4.3.3.1 CPUE 数据描述性统计与正态分布检验

对 2012 年 7～10 月柔鱼 CPUE 数据进行传统描述性统计分析(表 4-6)，发现渔汛期间各月 CPUE 低至 0.01t/d，最大值可达 10.00t/d；7 月 CPUE 平均值最低，为 0.67t/d，8 月最高，达 2.15t/d；变异系数为 0.6～0.9，均表现为中等变异($0.1<C_v<1$)，这表明均值对样本总体具有较好的代表性。

对各月 CPUE 数据进行 K-S 检验，在没有对 CPUE 进行转换前，7～10 月 CPUE 数据的检验结果 P 值($P>0.05$)分别为 0.51、0.42、0.01、0.80，可见 9

月 CPUE 数据不服从假设，即不服从正态分布，其他三个月 CPUE 数据均已接受假设。对 9 月 CPUE 数据进行转换，采用常用的几种转换方法，即对数、平方根、倒数以及 Cox-Box，转换后检验结果分别为 0.00、0.10、0.00、0.00，只有平方根转换后的数据接受假设，故采用此方法使得数据均符合正态分布的要求。

表 4-6　CPUE 描述统计量及 K-S 检验值　单位：t/d

月份	最小值	最大值	平均值	标准差	变异系数 C_v	K-S 检验
7	0.01	7.00	0.67	0.60	0.89	0.51
8	0.01	9.50	2.15	1.65	0.76	0.42
9	0.02	10.00	1.77	1.21	0.68	0.10(经平方根转换)
10	0.01	8.00	1.09	0.80	0.73	0.80

4.3.3.2　不同插值法比较

从表 4-7 的相关系数可知，基于五种插值方法的预测与实际数据在各月的变异程度排列顺序为：普通克里金插值法>反距离权重插值法>径向基函数插值法>局部多项式插值法>全局多项式插值法，故普通克里金插值法的预测与实际数据的变异程度最为相近。另外，比较预测值和实际值的均方根误差(RMSE)发现，7 月和 10 月两者之差最小的为普通克里金插值法，8 月和 9 月差值最小的为局部多项式插值方法。综合考虑预测和实际值的变异程度和均方根评价指标，普通克里金插值法比其他四种插值方法更为合适。

表 4-7　不同插值方法对柔鱼 CPUE 模拟建模评价指标

插值方法	月份	预测		检验		R^2
		样品数	均方根误差	样品数	均方根误差	
反距离权重	7	83	0.30	28	0.32	0.96
	8	82	1.18	28	1.56	
	9	83	0.42	28	0.46	
	10	67	0.38	24	0.65	
径向基函数	7	83	0.30	28	0.32	0.95
	8	82	1.18	28	1.56	
	9	83	0.43	28	0.47	
	10	67	0.38	24	0.65	

续表

插值方法	月份	预测		检验		R^2
		样品数	均方根误差	样品数	均方根误差	
全局多项式	7	83	0.32	28	0.27	0.83
	8	82	1.22	28	1.16	
	9	83	0.41	28	0.46	
	10	67	0.42	24	0.73	
局部多项式	7	83	0.32	28	0.25	0.87
	8	82	1.25	28	1.24	
	9	83	0.43	28	0.45	
	10	67	0.40	24	0.69	
普通克里金	7	83	0.31	28	0.32	0.97
	8	82	1.18	28	1.56	
	9	83	0.42	28	0.47	
	10	67	0.40	24	0.65	

4.3.3.3 CPUE 空间预测分析

由图 4-11 可知，7 月柔鱼中心渔场分布在 151°～154°E、38°～40°N 海域；8 月分布在 153°～158°E、41.5°～45.5°N 海域；9 月分布在 157°～158°E、41.5°～42.5°N 海域；10 月分布在 153°～158°E、42°～43.5°N 海域。从中心渔场的位置来看，7 月与其他 3 个月几乎没有重叠区域，8 月、9 月、10 月中心渔场相互重叠，主要集中在 7 月中心渔场的东北海域；从中心渔场的范围来看，8 月中心渔场占整个渔场的比例最大，9 月最小。

由图 4-11 可知，7 月 CPUE 实际最大值为 1.64t/d，预测最大值为 0.85t/d，最小值均为 0.007t/d，实际和预测的平均值分别为 0.53t/d 和 0.51t/d；8 月 CPUE 实际最大值为 6.75t/d，预测最大值为 6.20t/d，实际最小值为 0.03t/d，预测最小值为 0.048t/d，实际和预测的平均值分别为 1.95t/d 和 1.83t/d；9 月 CPUE 实际最大值为 3.24t/d，预测最大值为 3.21t/d，实际最小值为 0.34t/d，预测最小值为 0.36t/d，实际和预测的平均值分别为 1.28t/d 和 1.27t/d；10 月 CPUE 实际最大值为 2.03t/d，预测最大值为 1.56t/d，实际最小值为 0.02t/d，预测最小值为 0.24t/d，实际和预测的平均值分别为 0.81t/d 和 0.76t/d。各月实际和预测 CPUE 均值相差不大，误差控制在 0.15t/d 以下(CPUE 均值在 0.51～1.95t/d)，其中 7 月实际和预测 CPUE 最大值相差较大，为 0.79t/d，10 月实际和预测 CPUE 最小值相差较大，为 0.22t/d。

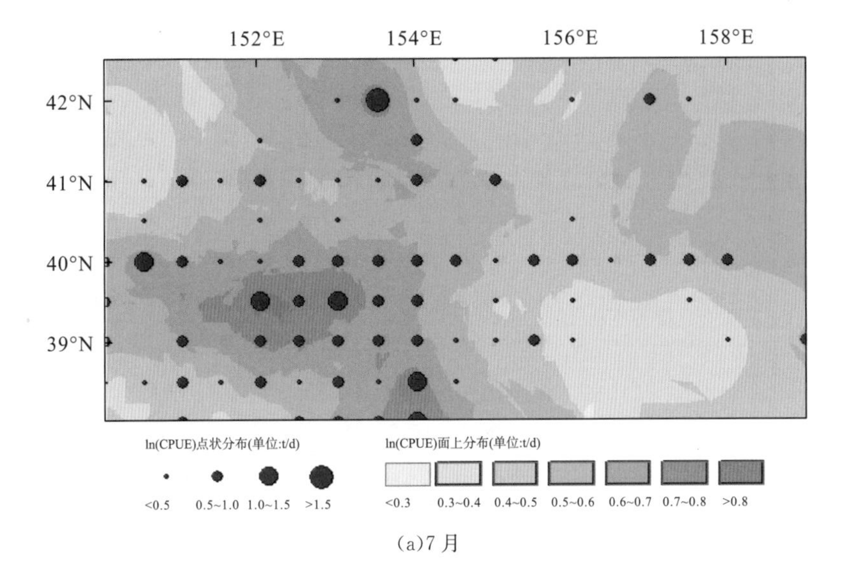
152°E
154°E
156°E
158°E
42°N
41°N
40°N
39°N
ln(CPUE)点状分布(单位:t/d)
<0.5
0.5~1.0
1.0~1.5
>1.5
ln(CPUE)面上分布(单位:t/d)
<0.3
0.3~0.4
0.4~0.5
0.5~0.6
0.6~0.7
0.7~0.8
>0.8

(a)7月

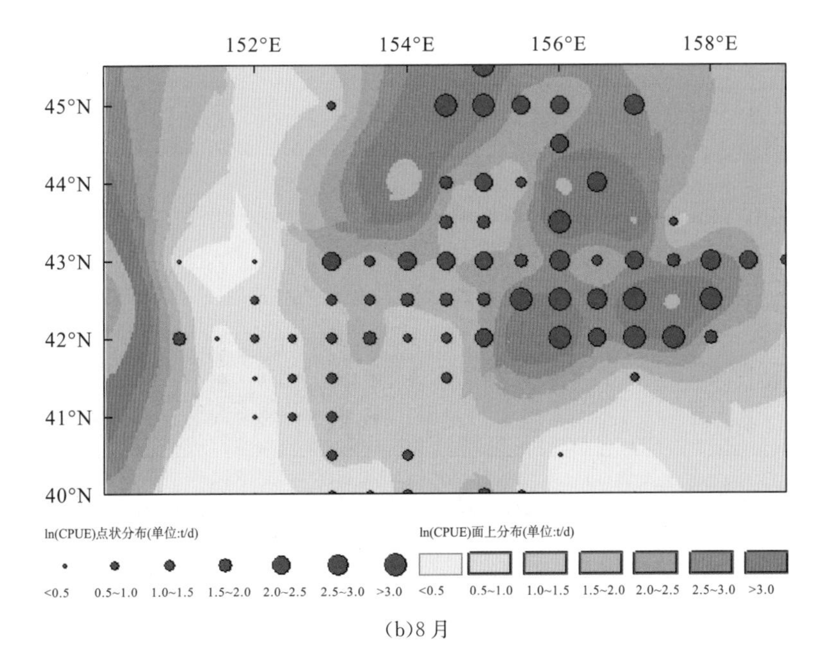
152°E
154°E
156°E
158°E
45°N
44°N
43°N
42°N
41°N
40°N
ln(CPUE)点状分布(单位:t/d)
<0.5
0.5~1.0
1.0~1.5
1.5~2.0
2.0~2.5
2.5~3.0
>3.0
ln(CPUE)面上分布(单位:t/d)
<0.5
0.5~1.0
1.0~1.5
1.5~2.0
2.0~2.5
2.5~3.0
>3.0

(b)8月

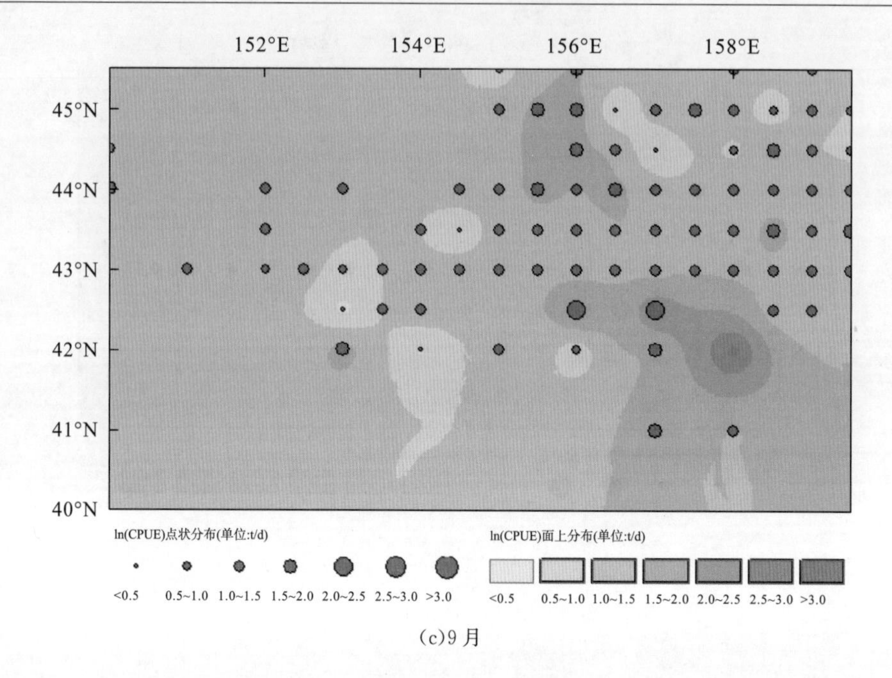

(c)9 月

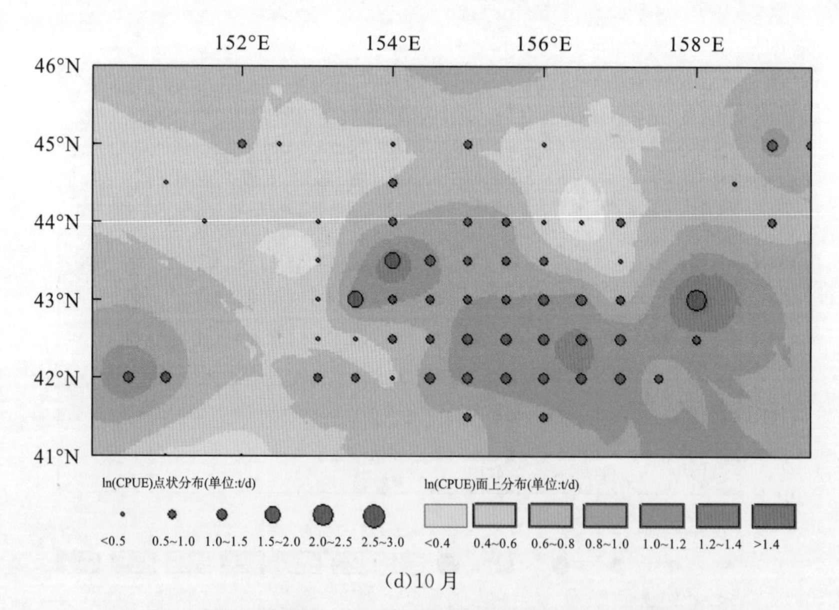

(d)10 月

图 4-11　西北太平洋 7~10 月柔鱼资源丰度分布及预测分布图

4.3.4 基于协同克里金和普通克里金插值的柔鱼 CPUE 空间插值比较分析

4.3.4.1 CPUE、SST、Chl-a 和 SSS 数据描述性统计及正态分布检验

对栅格化处理后的 CPUE、SST、Chl-a 和 SSS 数据进行描述性统计，统计结果显示(表 4-8)，2012 年 10 月柔鱼传统作业渔场平均 CPUE 为 0.82t/d，最大值为 2.03t/d。环境数据值(除 SST 之外)的最小值和最大值相对差距较小，其中 SSS 为 31.78～34.04，均值为 32.96，可见其分布较为均匀。CPUE 的偏度较大，为正偏差，峰度较小，略低于标准正态分布的高峰。CPUE 和 SSS 的中值和均值均较为接近，说明这两组数据可以认为近似正态分布，渐进显著性 P 值分别为 0.80 和 0.72，证明均服从正态分布(表 4-8)。SST 的中值和均值虽然较为相近，但其标准差很大，为 2.66，说明数据整体不稳定，而其 P 值也同样反映了数据整体不服从正态分布特点(表 4-8)；Chl-a 的偏度和峰度均非常大，中值和均值也相差极大，说明这组数据基本不服从正态分布，而从 P 值也可以看出，Chl-a 不服从正态分布(表 4-8)。从变异系数来看，CPUE、SST 和 Chl-a 分别为 0.51、0.20 和 0.24，属于中等变异，而 SSS 为 0.01，属于弱变异(表 4-8)。

表 4-8 描述统计量及 K-S 检验值

项目	统计量	最小值	最大值	中值	均值
CPUE	67	0.02	2.03	0.85	0.82
SST	67	8.70	17.96	13.05	13.12
Chl-a	67	0.33	1.21	1.81	0.58
SSS	67	31.78	34.04	32.97	32.96
项目	标准差	偏度	峰度	变异系数	渐进显著性 P
CPUE	0.42	0.37	−0.04	0.51	0.80
SST	2.66	0.01	−1.58	0.20	0.03
Chl-a	0.14	1.95	5.09	0.24	0.00
SSS	0.51	−0.01	−0.80	0.01	0.72

注：CPUE 单位为 t/d，SST 单位为℃，Chl-a 单位为 mg/m^3，SSS 单位为 PSU

为了满足使用地统计学方法计算的数据需为正态分布这一前提条件，对 SST 和 Chl-a 数据进行转换。本研究对其分别采用对数、平方根、反正弦平方根、倒数以及 Cox-Box 转换方法，转换结果见表 4-9，经 K-S 检验后，SST 数据在任何一种转换下，渐进显著性 P 值均没有>0.05，故本研究不采用 SST 数据作进一

步的分析。而Chl-a数据的渐进显著性 P 值大于0.05的只有倒数转换方法。因此，本研究拟采用倒数转换后的Chl-a数据进行地统计学方法计算。

表4-9 数据转换后的K-S检验值

项目	统计量	渐近显著性 P				
		对数	平方根	反正弦平方根	倒数	Cox-Box
SST	67	0.01	0.02	0.02	0.00	0.01
Chl-a	67	0.04	0.01	0.01	0.21	0.01

4.3.4.2 普通克里金与协同克里金插值法拟合精度比较

为了从整体上更好地了解柔鱼资源丰度的空间变异结构，在应用ArcGis 9.3中地统计模块时对CPUE、Chl-a和SSS三个因子均不考虑各向异性，普通克里金插值法和协同克里金插值法中设置为各向同性。另外，考虑到与栅格化处理后的数据在尺度上更为匹配，将步长均设置为0.5。CPUE单因子的OK插值法与分别以Chl-a、SSS为协助因子，CPUE为主要因子的COK插值法拟合结果如表4-10所示。

表4-10 OK插值法与COK插值法拟合精度比较

项目	插值方法	理论模型	ME	RMSE	MSE	RMSSE	ASE	D_{ABS}
CPUE	OK	高斯模型	0.006	0.407	0.007	1.085	0.368	0.039
Chl-a	COK	高斯模型	0.000	0.398	−0.001	1.083	0.371	0.027
SSS	COK	指数模型	0.002	0.397	0.002	1.062	0.369	0.028

由表4-10可见，OK插值法的理论模型为高斯模型，而COK插值法的理论模型分别为高斯模型和指数模型。综合插值精度评价指标的5个参数来看，COK插值法相对于OK插值法更为精确些。其中OK插值法的ME、MSE分别为0.006、0.007，COK插值法的ME、MSE均不超过0.002，说明COK插值法比OK插值法更加精确。从 D_{ABS} 指标值来看，COK插值法的值分别为0.027、0.028，低于OK插值法的0.039，也说明COK插值法的结果优于OK插值法。而COK插值法相对于OK插值法精度提高的程度见表4-11，RMSSE指标显示，以Chl-a、SSS为协助因子，CPUE为主要因子的COK插值法的预测精度分别提高了2.21%和2.45%，其中以SSS为协助因子的COK插值的精度提高程度略微高于以Chl-a为协助因子的COK插值。

表4-11 COK插值法相对于OK插值法的提高精度指标(%)

指标	Chl-a	SSS
RMSSE	2.21	2.45

4.3.4.3　OK 插值法与 COK 插值法预测 CPUE 空间分布图

对柔鱼 CPUE 栅格化数据分别进行普通克里金插值法以及协同克里金插值法作图，其中普通克里金插值法采用 2012 年 10 月 CPUE 栅格化数据，协同克里金插值法采用以 2012 年 10 月 CPUE 为主要因子，分别以 2012 年 10 月 Chl-a 和 SSS 为辅助因子的栅格化数据。普通克里金插值法效果见图 4-12，协同克里金插值法效果图见图 4-13 和图 4-14。

从插值效果图来看(图 4-12、图 4-13、图 4-14)，协同克里金插值法的插值表面较普通克里金插值法更为连续、光滑，从整体上分析可见，普通克里金插值法和协同克里金插值法效果图指示的柔鱼 CPUE 空间分布情况大致相同。

图 4-12 显示，柔鱼 CPUE 空间分布较为密集的区域为 41°～43°N、154°～159°E，预测 CPUE 值基本上在 0.8t/d 以上。分布最少的区域为 41°～45°N、151°～153°E，以及 43°～45°N、156°～157°E，最低 CPUE 值在 0.4t/d 以下。图 4-13 显示，柔鱼 CPUE 空间分布密集区域为 41°～43°N、155°～159°E，预测 CPUE 值基本大于 1.0t/d，最低 CPUE 值区域 41°～45.5°N、151°～153°E，以及 44°～45°N、156.5°～157.5°E，大多分布于 0.4～0.6t/d。图 4-14 显示，CPUE 空间分布情况与图 4-11 非常相似，边缘区域插值效果略有不同，说明以 Chl-a 和 SSS 作为辅助因子的协同克里金插值法对柔鱼 CPUE 空间分布的指示效果较为一致。

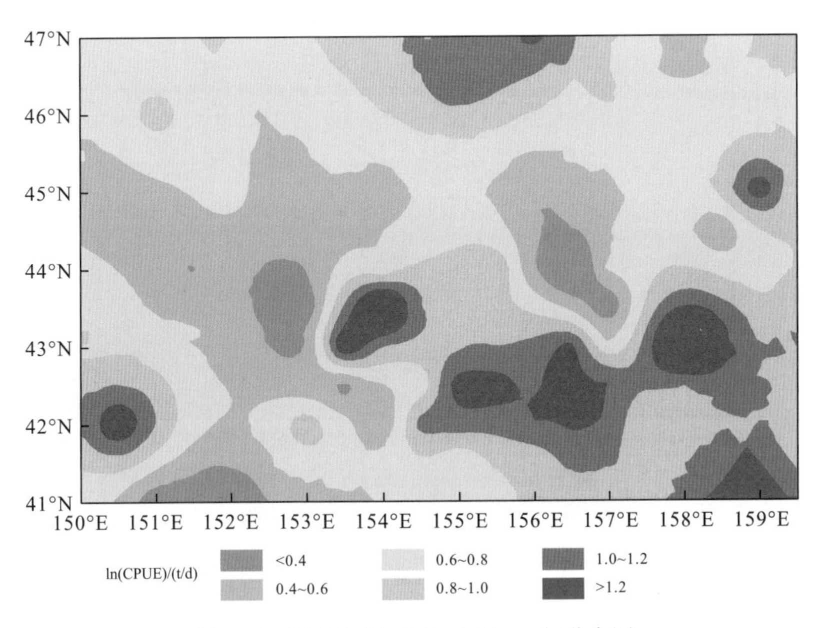

图 4-12　OK 插值法预测 CPUE 空间分布图

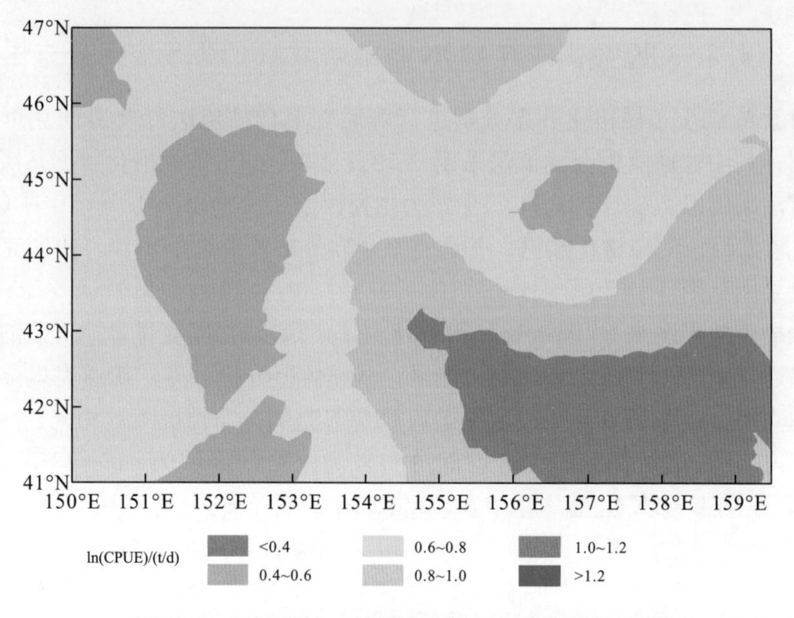

图 4-13　COK(Chl-a)插值法预测 CPUE 空间分布图

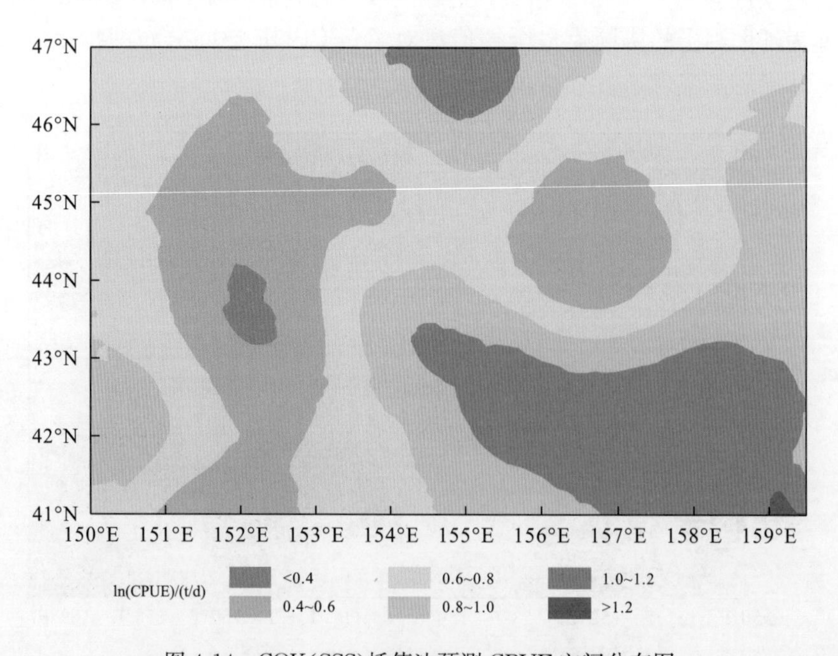

图 4-14　COK(SSS)插值法预测 CPUE 空间分布图

4.4　讨论与分析

4.4.1　柔鱼资源丰度研究尺度探讨

4.4.1.1　空间多尺度效应分析

根据鲁学军等(2000)提出的“空间分辨率圆锥”，各分辨率下反映的区域地理系统内部组织构造单元之间的包含与被包含的空间关系将不同，所发生的地理事件的规模和性质也将不同。本研究将 2011 年 8 月的生产统计数据进行栅格化处理(季民等，2004)，划分为 12 个等级的空间分辨率，将空间分辨率 10′×10′、20′×20′、30′×30′视为小尺度，空间分辨率 40′×40′、50′×50′、60′×60′、70′×70′视为中尺度，空间分辨率 80′×80′、90′×90′、100′×100′、110′×110′、120′×120′视为大尺度，对这 12 种空间分辨率下的研究结果进行分析与比较。

柔鱼资源丰度地理空间分布的研究，可反应群体内部结构机理。小尺度空间分辨率下，块金值和基台值的变化幅度保持相对稳定，说明小空间分辨率内柔鱼群体的内部结构相对稳定，没有太大差异。这反映了柔鱼在索饵期间群体分布的空间格局为聚集型，这种现象在张寒野和胡芬(2005)的研究中也有发生。研究其空间分布格局或许能解释柔鱼在不同生长时期内不同的行为表现，比如为了减轻生长空间的压力和降低种内竞争，柔鱼进行大范围洄游以及多季节产卵等方式(杨林林等，2010)。

柔鱼的生长除了与其自身群体结构及其同类有关之外，还受周围海洋环境的影响。在中尺度空间分辨率下，块金值和基台值(图 4-6)出现大幅度的波动，而变程(图 4-5)的变化率保持稳定，这说明在一定的空间分辨率下柔鱼群体受到某种特定的环境因素的影响，随着分辨率递增，空间自相关的半径范围呈线性增大，但不影响其空间自相关性。据一些学者对柔鱼冬－春生群体和秋生群体的洄游模式的推定(村田守，1990；谷津明彦，1992)，本研究的 2011 年 8 月西北太平洋柔鱼为冬－春生群体。8 月此群体从产卵场洄游至索饵场，也是黑潮与亲潮的交汇区，此间柔鱼的主要移动路线与黑潮暖水系以及亲潮分支关系密切。

随着空间尺度的增大，块金值和基台值在 90′×90′空间分辨率下出现一个高峰，变量的随机性及变化幅度较大，之后则趋于稳定，可能进入了另一个地理事件。但从空间相关性来看，大于等于空间分辨率 80′×80′时变程的上下振荡，空间自相关范围时大时小从某种程度上说明柔鱼群体的空间分布受多因素的交互影响。而由图 4-7 可见，大尺度下柔鱼群体的空间自相关性明显比中小尺度的弱。这可能是因为大范围内柔鱼群体受海洋大环境的影响，因而减弱了其自身结构特征。

陈新军和许柳雄(2004)对西北太平洋 150°～165°E 海域柔鱼日产量与时间、空间、SST、SSH 等环境因子进行了灰色关联分析，认为 8～9 月在 38°～44°N 海域 100m 水层内形成明显的温跃层，200m 以下水温几乎无变化。夜间柔鱼主要在温跃层附近或者在温跃层与海面之间游泳，与柔鱼空间自相关体现的聚集性刚好相吻合，因此温跃层也是影响柔鱼空间分布的一个重要环境因子。柔鱼具有昼夜垂直移动习性，在索饵海域夜间主要游泳层水深在 40m 以上，而白天主要游泳层水深为 150～300m(王尧耕和陈新军，2005)。由于受到数据资料的限制，没有将夜间和白天捕获的柔鱼分开，不能获得不同水层的数据资料，因此在柔鱼资源丰度三维空间格局分布研究中受到了限制。

4.4.1.2 适宜空间尺度分析

西北太平洋柔鱼生产统计数据具有多维性、动态性、多尺度等特点，同时具有强烈的空间相关性特点(季民等，2004)。许多生态系统的空间异质性格局会随空间尺度大小的变化而变化(O′Neil et al.，1991，1996；Qi and Wu，1995)，生态系统特性在不同尺度域上有着不同的变化速率，这种多尺度格局反映了生态系统的等级特征(O′Neil et al.，1991)，因此当利用地统计学来研究柔鱼资源丰度及其空间分布格局时，采用适宜的空间尺度是极为重要的。从本研究结果来看(图 4-8)，2011 年 8～10 月在中尺度的 50′×50′、60′×60′、70′×70′空间分辨率下，柔鱼 CPUE 均表现为弱的空间自相关异质性，其变异值基本上在 25%以下，这说明在中尺度情况下不能很好地表达柔鱼群体本身固有的空间相关性，基本上表现为离散分布(表 4-5)。在小尺度情况下，以 30′×30′的空间分辨率自相关性为最强且稳定，其值均在 25%以上，均为聚集分布；10′×10′的空间分辨率自相关性为次之，均为聚集分布；20′×20′的空间分辨率自相关性则相对不稳定，9 月和 10 月柔鱼资源丰度的分布格局表现为离散分布(表 4-5)。由于不同尺度空间所表达的信息和含义及其特征均会有所差异，因此在今后研究中需要结合海洋环境条件及其所表达的渔业信息特征，对海洋实体或现象重点进行分析(向清华，2011)。

4.4.2 柔鱼资源丰度空间异质性特征分析

近年来，空间信息技术在海洋渔业领域的应用不断深化(季民等，2004)。对柔鱼 CPUE 数据可以按年、月、旬、周、日等多种时间分辨率进行数据平均或差异计算，本研究按月进行了计算，张寒野和胡芬张(2005)、杨晓明等(2012)在对不同鱼类进行空间变异特征、异质性等的分析应用中也采用月作为时间分辨率，并取得较好研究结果。研究已表明，动物、植物和土壤微生物都能够很好地适应环境的异质性，异质性的环境条件有利于大多数生物的生存(陈玉福和董鸣，2003)。从本研究结果来看，柔鱼 CPUE 空间分布有着明显的空间格局，中小尺度下指数模型拟合的空间自相关性基本为强，也存在少量的中等空间自相关。这与柔鱼是大洋性暖水域种类，且进行大规模的南北洄游有关。柔鱼广泛分布在整个北太平洋海域，不同种群的洄游路线、洄游时期也不同(陈新军和许柳雄，2004)，本研究样本主要集中在黑潮向北或东北移动的暖水分支海域及周围，因此其空间分布格局与黑潮的势力及其与亲潮形成的交汇区密切相关。本研究认为(表 4-5)，小尺度下，其变程 a 都不大，均在 5 以下，其分布格局大部分表现为聚集分布，而中尺度下变程 a 都比较大，其值在 6～10，分布格局大多表现为离散分布，随机程度较高。这说明西北太平洋柔鱼资源在小范围内的空间分布较为密集，大范围内可能有多个群体组成，而群体之间存在着差异，这一结果与西北太平洋海域复杂的海洋环境条件是一致的(陈新军和许柳雄，2004)。

4.4.3　海洋环境变化对柔鱼渔场空间异质性及空间分布的影响

4.4.3.1　黑潮和亲潮对柔鱼渔场空间异质性的影响

西北太平洋柔鱼渔场的形成不仅与温度、盐度等密切相关，而且还与海流、锋面、叶绿素浓度、涡旋等有密切的关系，这些因子共同构成了柔鱼的生存环境，因此在柔鱼资源丰度空间分布的分析与研究时应予以充分考虑。研究资料表明(陈新军和许柳雄，2004)，柔鱼渔场是由黑潮和亲潮交汇形成的，柔鱼通常在夏季随着黑潮北上，进行索饵洄游，因此黑潮北上的势力强弱和走向将影响柔鱼的洄游分布和渔场形成(陈新军，1995，1997；陈新军和刘必林，2005)，黑潮大弯曲年份往往带来较好的柔鱼产量(沈惠明，2000)。数据表明，2011 年为黑潮非大弯曲年份，5 月下旬至 10 月初黑潮总体上为平直，仅小部分时间产生小弯曲，而亲潮势力从 7 月开始一直都处于较低水平。8 月和 9 月柔鱼资源分布在空间上的方向角均比较平稳，分别为西北—东南走向和东北—西南走向，这与 8 月和 9 月黑潮势力稍强于亲潮，但总体上较为平缓的海流条件非常吻合。而 10 月柔鱼资源分布的方向角在各个尺度下偏差较大，有多个方向的走向，这可能是 10 月初黑潮产生小弯曲、亲潮与黑潮交汇激烈，以及柔鱼因性成熟初步开始南下洄游等因素影响的结果。柔鱼的生长和栖息活动离不开海洋环境，其群体在海洋中的分布表现为异质性的分布格局。同样，海洋环境因子也有其空间特征，也有特定的分布格局，两种异质性格局相互反映了异质性分布特点，并且起着相互制约的作用。

4.4.3.2 环境因子对柔鱼渔场空间分布的影响

柔鱼渔场在空间的分布上既有连续完整性，又存在地理的独立性，海洋环境及其变化对鱿钓生产的空间格局有着明显的影响。柔鱼种群结构及其渔场空间结构的形成主要受黑潮和亲潮两大海流的影响，在其交汇区的海水温度和浮游生物等是柔鱼索饵和栖息生活必不可少的环境要素。SST已是公认的柔鱼渔获量分析、中心渔场的寻找以及柔鱼种群空间结构研究等主要因子之一(Bower and Ichii，2005；Chen et al.，2008)。此外，很多学者研究认为，西北太平洋传统柔鱼渔场分布格局还与Chl-a、SSS等的分布息息相关(樊伟等，2004)。通过环境因子与柔鱼产量隐含空间关系的信息提取和分析，可发现它们之间存在的联系。以往研究表明(王文宇等，2003；沈新强等，2004)，表层Chl-a的分布与柔鱼中心渔场存在着较好的对应关系，而Chl-a的高值区往往对应柔鱼的中心渔场。本研究柔鱼CPUE和Chl-a的协同克里金插值结果表明(图4-13)，预测柔鱼CPUE空间分布与普通克里金插值预测的分布情况较为类似，等值线的趋势也极为相似。这反映了以Chl-a为辅助因子的柔鱼空间分布插值分析在理论上支持了其他学者的观点。

本研究同样对柔鱼CPUE和SSS也进行了协同克里金插值分析，结果表明(图4-14)预测柔鱼CPUE空间分布与普通克里金插值预测的结果有很好的对应关系，从整体上反映了2012年10月西北太平洋41°～47°N、150°～159°E海域柔鱼中心渔场的位置，对柔鱼资源空间分布及中心渔场的判断有一定的参考价值。但也有学者认为(樊伟，2004)，单纯以SSS作为寻找中心渔场的指标不易把握结果的准确性，必须结合水温等其他因子综合进行分析判断。

4.4.4 柔鱼中心渔场预测及其与海洋环境的关系

4.4.4.1 预测中心渔场分布分析

北太平洋柔鱼渔场可分为东西部两个海域，其中西部海域为中国大陆鱿钓船的传统捕捞对象，主要捕捞区域为38°～46°N、165°E以西海域，以西部冬—春生群为主的传统渔场。图4-11显示，2012年7～10月柔鱼中心渔场有所迁移，纬度上从南向北，经度上从西向东，但2012年10月不是很明显。从经度上看，7月中心渔场在152°～154°E，8月主要在153°～158°E，9月在158°E，10月在154°E、156°E和158°E。与陈新军等(2003a，2003b)对柔鱼中心渔场年间变动的研究比较，7月中心渔场的位置与1995～1997年相似，8～10月基本与1998～2001年的作业渔场重心吻合；从纬度上看，7月中心渔场在39.5°N左右，8月跨度很大在41.5°～45.5°N，9月在42°N，10月在42°～43.5°N，与1995～2001年渔场重心分布非常相似，这证明了地统计学中克里金插值法在预测柔鱼中心渔场中的应用是可行的。从图4-11中还可以发现，152°E以西海域也会形成小范围的柔鱼中心渔场，这可能是黑潮暖水系分支并没有完全将未成熟的柔鱼带走，也不能排除还有新的种群补充进来的可能(唐峰华等，2011)。

4.4.4.2 SST与中心渔场之间的关系

SST与柔鱼中心渔场存在密切联系，往往是寻找中心渔场的重要指标之一。2012年7～10月传统渔场从整体上表温均比往年偏高1～5℃不等。7～9月基本随着时间的推移温度逐渐升高，锋区逐渐向东推进。7月中心渔场SST为15～22℃，锋区在151°～155°E海域；8月SST为15～23℃，锋区在152°～156°E海域；9月SST为15～25℃，锋区在153°～160°E；10月上旬SST为13～23℃，锋区在157°～160°E海域，中旬开始SST骤降，下旬低至10℃，锋区也随着向西有所退回。有学者认为(杨铭霞等，2012)，2009年柔鱼渔获低产是因为传统渔场的冷水涡使得SST以及深层水温偏低而导致，而2012年虽然水温偏高，但渔获总量却比往年偏低，为1995年以来最低值，这说明柔鱼种群对SST可能存在选择性。陈新军(1995)、铃木史纪和赤羽光秋(1997)一致认为，柔鱼鱼群的分布密度与水温的垂直分布关系密切，0～100m的水温差与CPUE基本上成正比。水温差越大，CPUE也有越高的趋势(王尧耕和陈新军，2005)。根据100m水温分布情况来看，7～10月中心渔场海域暖水势力明显很强，并形成明显的10℃等温线的暖水团，但是可能没有形成明显的涡流渔场。

4.4.4.3 中心渔场与其他环境因子之间的关系

研究表明，柔鱼在索饵场向北洄游的过程中主要以鱼类、乌贼和甲壳类动物为食(Watanabe et al.，2004)。甲壳类的分布与柔鱼中心渔场存在较好的对应关系，中心渔场位于浮游动物总生物量高密集区(250～500mg/m^3)和甲壳类的最高丰度区内或边缘区。本研究对2012年7～10月柔鱼中心渔场进行分析，7月是一个盛渔期期，前期柔鱼中心渔场的形成于浮游植物高生物区有着密切的关系，调查认为在浮游植物相对高值区的东侧或东北侧水域(顺海流方向)中心渔场形成的可能性较大(王尧耕和陈新军，2005)。但柔鱼在洄游的同时伴随着摄食对象的改变，由浮游甲壳类动物转向鱼类，而此时柔鱼也正是剑鱼等捕食者高度关注的对象。因此，为了获取足够的食物以及逃避猎捕者，柔鱼群体很有可能会洄游至一个相对安全的场所赖以生存。本章研究认为，7月柔鱼群体开始洄游进入中心渔场；8月中心渔场形成在42°N以北海域，鱼群相对密度较高；9月和10月中心渔场分布在42°N左右海域，这与学者Arimoto和Kawamura(1998)的观点一致。渔场的形成还与柔鱼种群自身的生活特性、SSS、Chl-a等其他因素有关，今后应结合多方面资料进行分析对比。

4.5 结论与展望

4.5.1 主要结论

(1)西北太平洋柔鱼资源丰度的空间适宜分析尺度范围为中小尺度。本研究通过对大、中、小不同尺度下柔鱼CPUE空间分布特征值研究，认为中小尺度下最优模型无指向性，方向角从WN—ES方向逐渐向N—S偏转，空间自相关程度均处于中等水平，在空间分辨率40′×40′时最高值达69.4%。大尺度下最优模型均以高斯模型拟合的最好，方向角分布无规律，随机性较大，空间自相关程度较弱，在空间分辨率80′×80′和90′×90′下呈现了弱相关性。综合以上结果表明，以中小尺度为柔鱼空间研究尺度范围更为适宜，大尺度下计算得到的结果随机性较大，空间自相关程度较弱。

(2)柔鱼资源丰度空间变异研究最佳空间分辨率为30′×30′，该尺度下以指数模型为最优模型。通过对不同月份中小尺度下柔鱼CPUE空间变异特征的研究表明，8～10月各月CPUE空间变异程度均存在较大的差异。8～10月最优模型在各个尺度下球状模型占的比例为29.4%，指数模型占47.1%，高斯模型占23.5%。其中球状模型较适于中尺度的研究，而指数模型则更适于小尺度，在空间分辨率30′×30′时比例达到100%。但高斯模型对各个尺度则无明显偏好性。空间自相关性研究结果显示，指数模型拟合效果最优，高斯模型效果最差。对变量方向角的研究显示，柔鱼CPUE在空间上具有各向异性。在各向同性和各向异性条件下，各月在各个尺度下的空间自相关性分布有所差异，总体上显示在各向异性条件下空间自相关性相对较高，而在空间分辨率30′×30′时无很大差异，各月均表现出最为稳定。综合以上结果表明，空间分辨率30′×30′为柔鱼丰度研究最优的空间尺度。

(3)不同空间插值方法对柔鱼中心渔场的预测结果有所不同。研究认为，普通克里金插值法更适于作为柔鱼丰度空间变异的研究方法。本研究通过五种常见插值方法的预测与实际数据在各月的变异程度分析比较发现，优劣顺序为：普通克里金插值法>反距离权重插值法>径向基函数插值法>局部多项式插值法>全局多项式插值法。由普通克里金插值法得到的柔鱼渔场分布预测图显示，渔汛期间中心渔场位置有所迁移，月份间仍有部分渔场的重叠。比较各月实际和预测 CPUE 最大和最小值发现，最大实际值一般略大于最大预测值，而最小实际值一般略小于最小预测值，两者的均值相差不大，误差在 0.15t/d 以下(CPUE 均值在 0.51～1.95t/d)。

(4)基于协同克里金(COK)插值法的柔鱼资源丰度空间变异研究精度略高于普通克里金(OK)插值法。通过以柔鱼 CPUE 为主要因子，以 Chl-a 和 SSS 两个环境因子为协助因子的 COK 插值法与以 CPUE 为单一变量的 OK 插值法进行了拟合精度的比较。研究认为，COK 插值法拟合结果的精度评价指标 ME、MSE 值均小于 OK 插值法，且 D_{ABS} 指标值也低于 OK 插值法。可见，COK 插值法的拟合精度优于 OK 插值法，以 Chl-a、SSS 为协助因子，CPUE 为主要因子的 COK 插值法的预测精度分别提高了 2.21%和 2.45%，其中以 SSS 为协助因子的 COK 插值法的精度提高程度略微高于以 Chl-a 为协助因子的 COK 插值法。从两种插值方法的效果图可见，COK 插值法的表面较 OK 插值法的更为连续、光滑，但两者指示的柔鱼 CPUE 空间分布情况大致相同。

4.5.2　存在的问题与展望

本研究借鉴了地统计学方法，尝试去避免经典统计学中所忽视的空间位置和方向等缺陷，但本研究不能完全代表地统计学方法在柔鱼空间异质性研究中的常态。在方案的设计中，可能存在一些不足之处，比如对样本的选择较为笼统，没有将异常值或者无效值完全剔除干净；柔鱼样本的采集受现实中捕捞渔船航行路线的约束，研究区域中缺乏对各个站点的采样；本研究只分析了盛渔期柔鱼索饵场资源丰度空间分布等。地统计学这一学科的内容很多，本研究只是引入了部分内容，希望今后的学者能更多挖掘可利用的信息，将地统计学更好的应用到海洋渔业中。在今后的研究中，可在以下几个方面加以深入研究。

(1)关于样本的选取和处理。首先从时间尺度上做出选择，单位时间可以是年、月、旬、日等，分别可以用来探究柔鱼资源年际、月间等变化情况。如果有条件最好采用连续有效的样本，研究整个时间序列能更好地反映柔鱼群体结构及其空间异质性等特征。而对柔鱼样本区域的选取可以是多样化的，本研究选取了一个固定渔区范围作为研究对象，也可以选取固定站点作为研究对象，也可以选取多个渔区的有可比性的站点进行站点间的比较分析。由于目前我国采到的柔鱼样本几乎都为商业数据，站点布局未必理想，因此在有限的样本数据中选取合适的站点也非常重要。不同数目、位置、方向和大小的采样点在地统计学的分析中可能会产生很大的差异。多艘船采集到的相同站点的样本信息需要斟酌后做处理，对有效值采用平均值法或随机抽样等方法进行处理，尽可能地剔除一些因特殊情况而采到的无效值，否则会影响计算结果。

(2)地统计学方法的深入研究和应用。地统计学方法为我国首次应用于西北太平洋柔鱼资源丰度空间分布的研究中，还存在着很多的不确定性，后续需要大量的实验检验其适用性。地统计学中判定空间变异性符合内蕴假设的标准，也需要在柔鱼资源的探究中通过大量的实验找出规律，在不断的验证中建立相对严格而又科学的标准。这样可以尽量避免太多的主观性因素影响实验结果，在半方差函数模型的选择上能较快作出判别，或许可为今后的学者提供一个经验值作为参考。另外，地统计学中还有其他的一些空间局部估计方法，比如泛克里金法等，需要继续探究其应用方法和范围。

(3)通过其他研究手段，与地统计学方法进行对比研究。目前已有很多学者掌握多种方法来对柔鱼资源量进行评估、预测中心渔场等，所得结果有类似的也有差异的。但之前的方法都没有考虑柔鱼群体分布在某种特定空间或时间上所具有的高度空间异质性。因此，可以将考虑空间位置和方向的地统计学方法对柔鱼资源的研究结果与传统方法得出的结果作比较，探究两者之间在结果上体现的差异有哪些。也可以进一步探讨空间角度分析方法对柔鱼资源、种群结构特征、中心渔场预测等研究的重要性有多大。值得注意的是，地统计学结果不能代替合理的生态学推理过程，因此除了本研究涉及结合了柔鱼自身种群结构特征以及SST、Chl-a、SSS海洋环境因子之外，还可以结合更多的因子，比如柔鱼群体的洄游路线、应对海洋环境突变的反应活动等。

参考文献

常变蓉，李仁东，徐兴建，等. 2014. 基于GIS空间自相关的江汉平原钉螺分布特征［J］. 长江流域资源与环境，23(7)：972-978.

陈长胜. 2003. 海洋生态系统动力学与模型［M］. 北京：高等教育出版社，76-85.

陈新军. 1997. 关于西北太平洋的柔鱼渔场形成的海洋环境因子的分析［J］. 上海水产大学学报，6(4)：263-267.

陈新军. 1995. 西北太平洋柔鱼渔场与水温因子关系的探讨［J］. 上海水产大学学报，4(3)：181-185.

陈新军，刘必林. 2005. 2004年北太平洋柔鱼钓产量分析及作业渔场与表温的关系［J］. 湛江海洋大学学报，12(6)：43-44.

陈新军，田思泉. 2007. 利用GAM模型分析表温和空间因子对西北太平洋海域柔鱼资源状况的影响［J］. 海洋湖沼通报，2：104-113.

陈新军，许柳雄. 2004. 北太平洋150°～165°E海域柔鱼渔场与表温及水温垂直结构的关系［J］. 海洋湖沼通报，(2)：36-44.

陈新军，钱卫国，许柳雄，等. 2003a. 北太平洋海域柔鱼重心渔场的年间变动［J］. 湛江海洋大学学报，23(3)：26-32.

陈新军，许柳雄，田思泉. 2003b. 北太平洋柔鱼资源与渔场的空间分析［J］. 水产学报，27(4)：334-342.

陈新军，刘必林，田思泉，等. 2009. 利用基于表温因子的栖息地模型预测西北太平洋柔鱼渔场［J］. 海洋与湖沼，40(6)：707-713.

陈新军，曹杰，刘必林，等. 2011. 基于贝叶斯Schaefer模型的西北太平洋柔鱼资源评估与管理［J］. 水产学报，35(10)：1572-1581.

陈新军，陆化杰，刘必林，等. 2012. 利用栖息地指数预测西南大西洋阿根廷滑柔鱼渔［J］. 上海海洋大学学报，21(3)：431-438.

陈玉福，董鸣. 2003. 生态学系统的空间异质性［J］. 生态学报，23(2)：346-352.

程勖. 2009. 地质统计学软件开发与应用［D］. 长春：吉林大学.

樊伟. 2004. 卫星遥感渔场渔情分析应用研究——以西北太平洋柔鱼渔业为例［D］. 上海：华东师范大学.

樊伟，陈雪忠，沈新强. 2006. 基于贝叶斯原理的大洋金枪鱼渔场速预报模型研究［J］. 中国水产科学，13(3)：426-431.

樊伟，崔雪森，沈新强. 2004. 西北太平洋巴特柔鱼渔场与环境因子关系研究［J］. 高技术通讯，10：84-89.

范江涛，陈新军，钱卫国，等. 2011. 南太平洋金枪鱼渔场预报研究［J］. 广东海洋大学学报，31(6)：61-67.

方学燕，陈新军，丁琪. 2014. 基于栖息地指数的智利外海茎柔鱼渔场预报模型优化［J］. 广东海洋大学学报，34(4)：67-73.

冯波，田思泉，陈新军. 2010. 基于分位数回归的西南太平洋阿根廷滑柔鱼栖息地模型研究［J］. 海洋湖沼通报，1：15-22.

冯永玖，陈新军，杨铭霞，等. 2014a. 基于ESDA的西北太平洋柔鱼资源空间热点区域及其变动研究［J］. 生态学报，34(7)：1841-1850.

冯永玖，杨铭霞，陈新军. 2014b. 基于 Voronoi 图与空间自相关的西北太平洋柔鱼资源空间聚集特征分析 [J]. 海洋学报，36(12)：74-84.

高义民，同延安，常庆瑞. 2009. 陕西关中葡萄园土壤有效钾空间格局研究 [J]. 西北农林科技大学学报（自然科学版），37(9)：95-99.

侯景儒，尹镇南，李维明，等. 1998. 实用地质统计学 [M]. 北京：地质出版社.

胡振明，陈新军，周应祺，等. 2010. 利用栖息地适宜指数分析秘鲁外海茎柔鱼渔场分布 [J]. 海洋学报（中文版），32(5)：67-75.

Rendu J M M. 1981. 采样方法的最佳化：地质统计学方法 [J]. 国外金属矿采矿，11：9-17.

季民，靳奉祥，李云岭，等. 2004. 海洋渔业专题属性数据多尺度综合与表达 [J]. 测绘通报，(6)：28-31.

金岳，陈新军. 2014. 利用栖息地指数模型预测秘鲁外海茎柔鱼热点区 [J]. 渔业科学进展，35(3)：19-26.

李润林，姚艳敏，唐鹏钦，等. 2013. 县域耕地土壤锌含量的协同克里金插值及采样数量优化 [J]. 土壤通报，44(4)：830-838.

林幼斌，杨文凯. 2001. 地质统计学研究现状及在我国的应用 [J]. 云南财贸学院学报，17：26-30.

刘爱利，王培法，丁园圆. 2012. 地统计学概论 [M]. 北京：科学出版社.

刘必林. 2006. 利用耳石微结构研究印度洋鸢乌贼的年龄和生长 [D]. 上海：上海水产大学.

刘连为. 2014. 三种大洋性柔鱼类种群遗传结构及分子系统地理学研究 [D]. 上海：上海海洋大学.

刘昱. 2012. 多点地质统计学在河流相建模中研究进展 [J]. 高校理科研究，6：160-161.

刘志鹏. 2013. 黄土高原地区土壤养分的空间分布及其影响因素 [D]. 北京：中国科学院大学.

鲁学军，励惠国，陈述彭. 2000. 地理空间等级组织体系初步研究 [J]. 地球信息科学，2(1)：60-66.

秦耀东. 1998. 土壤空间变异研究中的半方差问题 [J]. Transactions of the CSAE，4：42-47.

沈新强，王云龙，袁骐，等. 2004. 北太平洋鱿鱼渔场叶绿素 a 分布特点及其与渔场的关系 [J]. 海洋学报，26(6)：118-123.

宋利明，高攀峰，周应祺，等. 2007. 基于分位数回归的大西洋中部公海大眼金枪鱼栖息环境综合指数 [J]. 水产学报，31(6)：798-804.

苏奋振，周成虎，仉天宇. 2003. 东海水域中上层鱼类资源的空间异质性 [J]. 应用生态学报，14(11)：1971-1975.

苏奋振，周成虎，史文中，等. 2004. 东海区底层及近底层鱼类资源的空间异质性 [J]. 应用生态学报，15(4)：683-686.

孙海泉，肖革新，郭莹，等. 2014. 流行病生态学研究的统计分析方法 [J]. 中国卫生统计，31(2)：352-356.

孙永健. 2007. 稻麦两熟农田土壤速效钾空间变异及原因分析 [D]. 扬州：扬州大学.

唐峰华，伍玉梅，樊伟. 2011. 北太平洋柔鱼生殖群体结构特征及繁殖生物学 [J]. 中国海洋大学学报，41(7/8)：72-78.

唐启义，冯明光. 2006. DPS 数据处理系统——实验设计、统计分析及模型优化 [M]. 北京：科学出版社，36-40.

汪金涛，雷林，高峰，等. 2014. 基于神经网络的东南太平洋茎柔鱼渔场预报模型的建立及解释 [J]. 海洋渔业，36(2)：131-137.

汪媛媛，杨忠芳，余涛，等. 2011. 土壤储量计算中不同插值方法对比研究 [J]. 中国岩溶，30(4)：479-486.

王仁铎，胡光道. 1987. 线性地质统计学 [M]. 北京：地质出版社.

王树良，史文中，李德毅，等. 2003. 基于张力样条插值函数的土地数据挖掘［J］. 计算机工程与应用，39(25)：5-7.

王文宇，邵全琴，薛允传，等. 2003. 西北太平洋柔鱼资源与海洋环境的GIS空间分析［J］. 地球信息科学，(1)：39-44.

王鑫厅，王炜，梁存柱. 2009. 典型草原退化群落不同恢复演替阶段羊草种群空间格局的比较［J］. 植物生态学报，33(1)：63-70.

王尧耕，陈新军. 2005. 世界大洋性经济柔鱼资源及其渔业［M］. 北京：海洋出版社.

王正军，李典谟. 2002. 地质统计学理论与方法及其在昆虫生态学中的应用［J］. 昆虫知识，39(6)：405-411.

王政权. 1999. 地统计学及在生态学中的应用［M］. 北京：科学出版社.

向清华. 2011. 远洋渔业生产网络研究［D］. 上海：华东师范大学.

徐爱萍，胡力，舒红. 2011. 空间克里金插值的时空扩展与实现［J］. 计算机应用，31(1)：273-276.

徐冰，陈新军，田思泉，等. 2012. 厄尔尼诺和拉尼娜事件对秘鲁外海茎柔鱼渔场分布的影响［J］. 水产学报，36(5)：696-707.

许嘉锦. 2003. *Octopus* 与 *Cistopus* 属章鱼口器地标点之几何形态测量学研究［D］. 高雄：中山大学海洋生物研究所.

薛毅，陈立萍. 2007. 统计建模与 R 软件［M］. 北京：清华大学出版社.

杨桂元. 1999. 对预测模型优劣性评价的方法探讨［J］. 统计与信息论坛，(1)：12-16.

杨林林，姜亚洲，程家骅. 2010. 东海太平洋褶柔鱼生殖群体的空间分布及其与环境因子的关系［J］. 生态学报，30(7)：1825-1833.

杨铭霞，陈新军，刘必林，等. 2012. 西北太平洋柔鱼渔获群体组成及生长率的年间比较［J］. 上海海洋大学学报，21(5)：872-877.

杨铭霞，陈新军，冯永玖，等. 2013. 中小尺度下西北太平洋柔鱼资源丰度的空间变异［J］. 生态学报，33(20)：6427-6435.

杨晓明，戴小杰，朱国平. 2012. 基于地统计分析西印度洋黄鳍金枪鱼围网渔获量的空间异质性［J］. 生态学报，32(15)：4682-4690.

于化龙. 2013. 主成分分析应用研究综述［J］. 经营管理者，(3)：9-10.

张寒野，胡芬. 2005. 冬季东海太平洋褶柔鱼的空间异质性特征［J］. 生态学杂志，24(11)：1299-1302.

张寒野，林龙山. 2005. 东海带鱼和小型鱼类空间异质性及其空间关系［J］. 应用生态学报，16(4)：708-711.

张寒野，程家骅. 2014. 东海区小黄鱼空间格局的地统计学分析［J］. 中国水产科学，12(4)：419-423.

张松林，张昆. 2007. 全局空间自相关 Moran 指数和 G 系数对比研究［J］. 中山大学学报(自然科学版)，46(4)：93-97.

赵斌，蔡庆华. 2000. 地统计学分析方法在水生态系统研究中的应用［J］. 水生生物学报，24(5)：514-520.

郑波，陈新军，李刚. 2008. GLM 和 GAM 模型研究东黄海鲐资源渔场与环境因子的关系［J］. 水产学报，32(3)：379-386.

村田守. 1990. 北太平洋におけるいか流し网渔場の海洋環境及びアカイカの分布洄游［R］. 北海道区水産研究所，第 17 号，144-148.

谷津明彦. 1992. 北太平洋における釣り調査によるアカイカの分布(1976-1983 年)［R］. 研究報告 29. 遠洋水産研究所，清水，13-37.

铃木史纪，赤羽光秋. 1997. 北西太平洋におけゐアカイカの分布についこ［A］. 日本海ブロッテ试验研究集录，(1)：63-70.

Addis P，Secci M，Manunza A，et al. 2009. A geostatistical approach for the stock assessment of the edible sea urchin，*Paracentrotus lividus*，in four coastal zones of Southern and West Sardinia (SWItaly，Mediterranean Sea) [J]. Fisheries Research，100(3)：215-221.

Addis P，Secci M，Angioni A，et al. 2012. Spatial distribution patterns and population structure of the sea urchin *Paracentrotus lividus*(Echinodermata：Echinoidea)，in the coastal fishery of western Sardinia：a geostatistical analysis [J]. Scientia Marina，76(4)：733-740.

Agostini V A，Hendrix A N，Hollowed A B，et al. 2008. Climate-ocean variability and Pacific hake：A geostatistical modeling approach [J]. Journal of Marine Systems，71(3-4)：237-248

Akihiko Y，Junta M. 2000. Early growth of the autumn cohort of neon flying squid，*Ommastrephes bartramii* in the North Pacific Ocean [J]. Fisheries Research，45：189-194.

Akihiko Y，Satoshi M，Takahiro S. 1997. Age and growth of the neon flying squid，*Ommastrephes bartramii*，in the North Pacific Ocean [J]. Fisheries Research，29：257-270.

Alegre A，Ménard F，Tafur R，et al. 2014. Comprehensive model of jumbo squid *Dosidicus gigas* trophic ecology in the northern Humboldt Current System [J]. Plos One，9(1)：e85919.

Anne L，Juan A，Ana A，et al. 2011. Sequential isotopic signature along gladius highlights contrasted individual foraging strategies of jumbo squid(*Dosidicus gigas*) [J]. Plos One，6(7)：e22194.

Argüelles J，Rodhouse P，Villegas P，et al. 2001. Age，growth and population structure of the jumbo flying squid *Dosidicus gigas* in Peruvian waters [J]. Fisheries Research，54(1)：51-61.

Arimoto Y，Kawamura A. 1998. Characteristics of the fish prey of neon flying squid，*Ommastrephes bartramii*，in the central North Pacific [R]. National Research Institute of Far Seas Fisheries.

Arkhipkin A I，Bjùrke H. 1999. Ontogenetic changes in morphometric and reproductive indices of the squid *Gonatus fabricii*(Oegopsida，Gonatidae)in the Norwegian Sea [J]. Polar Biology，22(6)：357-365.

Arkhipkin A，Argüelles J，Shcherbich Z，et al. 2014. Ambient temperature influences adult size and life span in jumbo squid (*Dosidicus gigas*) [J]. Canadian Journal of Fisheries & Aquatic Sciences，72(3)：1-10.

Arkhipkin K，Bizikov V A. 1997. Statolith shape and microstructure in studies of systematics，age and growth in planktonic paralarvae of gonatid squids(Cephalopoda，Oegopsida)from the western Bering Sea [J]. Journal of Plankton Research，19(12)：1993-2030.

Barange M，Hampton I. 1997. Spatial structure of co-occurring anchovy and sardine populations from acoustic data：implications for survey design [J]. Fisheries Oceanography，6(2)：94-108.

Bez N，Rivoirard J. 2001. Transitive geostatistics to characterise spatial aggregations with diffuse limits：an application on mackerel ichtyoplankton [J]. Fisheries Research，50(1)：41-58.

Bordalo-Machado P. 2006. Fishing effort analysis and its potential to evaluate stock size [J]. Reviews in Fisheries Science，14(4)：369-393.

Bower J R，Ichii T. 2005. The red flying squid(*Ommastrephes bartramii*)：A review of recent research and the fishery in Japan [J]. Fisheries Science.，76：39-55.

Cao J，Chen X J，Chen Y. 2009. Influence of surface oceanographic variability on abundance of the western winter-spring cohort of neon flying squid *Ommastrephes bartramii* in the NW Pacific Ocean [J]. Mar. Ecol. Progr. Ser.，381：119-127.

Catarina V，Vanessa F，HenriqueC，et al. 2006. Habitat suitability index models for the juvenile soles，*Solea solea* and *Solea senegalensis*，in the Tagus estuary：Defining variables for species management [J].

Fisheries Research, 82(1-3): 140-149.

Chen X J, Liu B L. 2006. The catch distribution of Ommastrephes batramii squid jigging fishery and the relationship between fishing ground and SST in the North Pacific Ocean in 2004 [J]. Mar. Sci. Bull., 8: 83-91.

Chen X J, Liu B L, Chen Y. 2008. A review of the development of Chinese distant-water squid jigging fisheries [J]. Fisheries Science., 89: 211-221.

Chen X J, Li G, Feng B, Tian S Q. 2009. Habitat suitability index of Chub mackerel(*Scomber japonicus*) in the East China Sea [J]. Journal of Oceanograpgy, 65: 93-102.

Clarke M R, Maddock L. 1988. Statolith from living species of Cephalopods and Evolution [C] //(Clarke M R, Trueman E R, eds). The Mollusca, Paleontology and Neontology of Cephalopods. San Diego: Academic Press, 169-184.

Conan G Y. 1985. Assessment of shellfish stocks by geostatistical techniques [J]. ICES. CM, K: 30.

Csirke J, Arguelles J, Guevara-Carrasco R, et al. 2015. Main biological and fishery aspects of the umbo squid(*Dosidicus gigas*) in the Peruvian Humboldt Current System [A]. The Third Meeting of the Scientific Committee, Port Vila, Vanuatu.

Ehrhardt N M, Solís A, Jacquemin P, et al. 1986. Analisis de la biología y condiciónes del stock del calamar gigante *Dosidicus gigas* en el Golfo de California, México, Durante, 1980 [J]. Ciencia Pesquera, 5(1): 63-76.

FAO. 2015. http: //www. fao. org/fishery/statistics/global-aquaculture-production/en.

Florin A B, Sundblad G, Bergström U. 2009. Characterisation of juvenile flatfish habitats in the Baltic Sea [J]. Estuarine, Coastal and Shelf Science, 82(2): 294-300.

Francis M P, Morrison M A, Leathwick J, et al. 2005. Predictive models of small fish presence and abundance in northern New Zealand harbours [J]. Estuarine, Coastal and Shelf Science, 64 (2): 419-435.

Getis A, Ord J K. 1992. The analysis of spatial association by use of distance statistics [J]. Geographical Analysis, 24(3): 189-206.

Grados D, Fablet R, Ballon M. 2012. Multiscale characterization of spatial relationships among oxycline depth, macrozooplankton, and forage fish off Peru using geostatistics, principal coordinates of neighbour matrices(PCNMs), and wavelets [J]. Canadian Journal of Fisheries and Aquatic Sciences, 69 : 740-754.

Guillemette N, St-Hilaire A, Ouarda T B M J. 2011. Statistical tools for thermal regime characterlization at segment river scale: case study of the Ste-Marguerite river [J]. River Research and Applications, 27: 1058-1071.

Hanlon R T, Messenger J B. 1996. Cephalopod Behavior [M]. Cambridge: Cambridge University Press, 1-248.

Hernández-Herrera A, Morales-Bojórquez E, Nevárez-Martínez M O, et al. 1996. Distribución de tallas y aspectos reproductivos del calamar gigante(*Dosidicus gigas*, d'Orbigny, 1835)en el Golfo de California, México [J]. Ciencia Pesquera, 12(1): 85-89.

Issaks E H, Srivastava R M. 1989. An Introduction to Applied Geostatistics [M]. New York: Oxford University Press.

Jackson G D, Domeier M L. 2003. The effects of an extraordinary El Niño / La Niña event on the size and growth of the squid *Loligo opalescens* off Southern California [J]. Marine Biology, 142(5): 925-935.

Kirk A M, Antoine M, Simon A L. 1991. Interpreting ecological patterns generated through simple stochastic processes [J]. Landscape Ecology，5(3)：163-174.

Kupschus S. 2003. Development and evaluation of statistical habitat suitability models：an example based on juvenile spotted seatrout *Cynoscion nebulosus* [J]. Marine Ecology Progress Series，265：197-212.

Kuroiwa M. 1998. Exploration of the jumbo squid，Dosidicus gigas，resources in the Southeastern Pacific Ocean with notes on the history of jigging surveys by the Japan Marine Fishery Resources Research Center [R]. Tokyo.

Le Pape O，Baulier L，Cloarec A，et al. 2007. Habitat suitability for juvenile common sole(*Solea solea*，*L.*)in the Bay of Biscay(France)：A quantitative description using indicators based on epibenthic fauna [J]. Journal of Sea Research，57(2)：126-136.

Leadley P，Li H，Ostendorf B，et al. 1996. Road-Related Disturbances in an Arctic Watershed：Analyses by a Spatially Explicit Model of Vegetation and Ecosystem Processes [C] //(Reynolds J F and Tenhunen J D，eds). Landscape function and disturbance in arctic tundra. Ecological Studies Series 120. Berlin：Springer Verlag，387-415.

Li H，Reyolds J F. 1995. On definition and quantification of heterogeneity [J]. Oikos，73(2)：280-284.

Lin Y P，Wang C L，Chang C R. 2011. Estimation of nested spatial patterns and seasonal variation in the longitudinal distribution of *Sicyopterus japonicus* in the Datuan Stream，Taiwan by using geostatistcal methods [J]. Environmental Monitoring and Assessment，178：1-18.

Maravelias C D，Reid D G，Simmonds E J，et al. 1996. Spatial analysis and mapping of acoustic survey data in the presence of high local variability：geostatistical application to North Sea herring(*Clupea harengus*) [J]. Canadian Journal of Fisheries and Aquatic Sciences，53(7)：1497-1505.

Markaida U，Quiñónez-Velázquez C，Sosa-Nishizaki O. 2003. Growth and maturation of jumbo squid *Dosidicus gigas* (Cephalopoda：Ommastrephidae) from the Gulf of California，Mexico [J]. Fisheries Research，66(1)：31-47.

Masuda S，Yokawa K，Yatsu A，et al. 1996. Growth and population structure of *Dosidicus gigas* in the southeastern Pacific Ocean [C] // Okutani T. Contributed Papers to International Symposium on Large Pelagic Squids. Tokyo：JAMARC，107-118.

Matheron G. 1963. Principles of geostatistics [J]. Economic Geology，58：1246-1266.

Maunder M N. 2001. A general framework for integrating the standardization of catch per unit of effort into stock assessment models [J]. Canadian Journal of Fisheries and Aquatic Sciences，58(4)：795-803.

Maynou F X，Sarda F，Conan G Y. 1998. Assessment of the spatial structure and biomass evaluation of *Nephrops norvegicus* (L.) populations in the northwestern Mediterranean by geostatistics [J]. ICES Journal of Marine Science：Journal du Conseil，55(1)：102-120.

Mitchell A. 2005. The ESRI guide to GIS analysis，Vol. 2：Spatial measurement and statistics [M]. Redlands：Esri Press.

Monestieza P，Dubrocab L，Bonnin E，et al. 2006. Geostatistical modelling of spatial distribution of Balaenoptera physalus in the NorthwesternMediterranean Sea from sparse count data andheterogeneous observation efforts [J]. Ecological Modelling，193(3-4)：615-628.

Nesis K N. 1970. Biology of the giant squid of Peru and Chile，*Dosidicus gigas* [J]. Oceanoloy-Ussr，10(1)：108-118.

Nesis K N. 1983. Dosidicus gigas [C] //Boyle P R(Ed.). Cephalopod Life Cycles：Species Accounts. London：Academic Press，215-231.

Nesis K N. 1985. Oceanic cephalopods：distribution，life forms，evolution [M]. Moscow：Nauka Press.

Nevárez-Martinez M O，Hernández-Herrera A，Morales-Bojórquez E，et al. 2000. Biomass and distribution of the jumbo squid(Dosidicus gigas; d' Orbigny, 1835) in the Gulf of California, Mexico [J]. Fisheries Research, 49(2): 129-140.

Nieto K, Ynez E, Silvay C. 2001. Probable fishing grounds for anchovy in northern Chile using an expert system [A]. IGARSS, International Geoscience and Remote Sensing Symposium [C]. Sydney, IEEE, 9-13.

Nigmatullin C M, Markaida U. 2009. Oocyte development, fecundity and spawning strategy of large sized jumbo squid *Dosidicus gigas* (Oegopsida: Ommastrephinae) [J]. Journal of the Marine Biological Association of the United Kingdom, 89(4): 789-801.

Nigmatullin C M, Nesis K N, Arkhipkin A I. 2001. A review of the biology of the jumbo squid *Dosidicus gigas*(Cephalopoda: Ommastrephidae) [J]. Fisheries Research, 54(1): 9-19.

Nishida T, Chen D G. 2004. Incorporating spatial autocorrelation into the general linear model with an application to the yellowfin tuna(*Thunnus albacares*) longline CPUE data [J]. Fisheries Research, 70(s 2-3): 265-274.

O'Dor R K, Coelho M L. 1993. Big squid, big currents and big fisheries [C] //Okutani T, O' Dor R K, Kubodera T(Eds). Recent advances in fisheries biology. Tokyo: Tokai University Press, 385-396.

O'Neil R V, Gardner R H, Milne B T. 1991. Heterogeneity and spatial hierarchies [M]. In: Kolasa J and Pickett S T A, eds. Ecological Heterogeneity. New York: Springer-Verlag, 85-96.

O'Neil R V, Hunsaker C T, Timmins S P. 1996. Scale problems in reporting landscape pattern at the region scale [J]. Landscape Ecology, 11: 169-180.

Osse J W M, Mvanden B J G, Jvan S G M, et al. 1997. Priorities during early growth of fish larvae [J]. Aquaculture, 155: 249-258.

Palialexis A, Georgakarakos S, Karakassis I. 2011. Fish distribution predictions from different points of view: comparing associative neural networks, geostatistics and regression models [J]. Hydrobiologia, 670: 165-188.

Palmer M W. 1988. Fractal geometry: A toll for describing spatial patterns of plant communities [J]. Vegetatio, 75: 91-102.

Pasual E M A, Mcwillams J C A. 2014. New sea surface height-based code for oceanic mesoscale eddy tracking [J]. Journal of Atmospheric and Oceanic Techonology, 31(5): 1181-1188.

Pedro M, Ester D, John B. 2011. The migration patterns of the European flounder *Platichthys flesus* (Linnaeus, 1758) (Pleuronectidae, Pisces) at the southern limit of its distribution range: Ecological implications and fishery management [J]. Journal of Sea Research, 65(2): 235-246.

Pelletier D, Parma A M. 1994. Spatial distribution of Pacific halibut (*Hippoglossus stenolepis*): an application of geostatistics to longline survey data [J]. Canadian Journal of Fisheries and Aquatic Sciences, 51(7): 1506-1518.

Petitgas P. 1993. Geostatistics for fish stock assessments: a review and an acoustic application [J]. ICES Journal of Marine Science: Journal du Conseil, 50(3): 285-298.

Petitgas P. 2001. Geostatistics in fisheries survey design and stock assessment: models, variances and applications [J]. Fish and Fisheries, 2(3): 231-249.

Petitgas P, Levenez J J. 1996. Spatial organization of pelagic fish: echogram structure, spatio-temporal condition, and biomass in Senegalese waters [J]. ICES Journal of Marine Science: Journal du Conseil, 53 (2): 147-153.

Polovina J J, Kleiber P, Kobayashi D R. 1999. Application of Topex-Poseidon satellite altimetry to simulate transport dynamics of larvae of spiny lobster, Panulirus marginatus, in the Northwestern Hawaiian Islands, 1993-1996 [J]. Fish. Bull., 97: 132-143.

Qi Y, Wu J. 1995. Effects of changing spatial resolution on the result s of landscape pattern analysis using spatial au-to correlation indices [J]. Landscape Ecology, 11: 39-50.

Riou P, Le Pape O, Rogers S I. 2001. Relative contributions of different sole and plaice nurseries to the adult population in the Eastern Channel: application of a combined method using generalized linear models and a geographic information system [J]. Aquatic living resources, 14(2): 125-136.

Rivoirard J, Simmonds J, Foote K G, et al. 2008. Geostatistics for Estimating Fish Abundance [M]. New York: John Wiley & Sons.

Robertson G P. 1987. Goestatistics in ecology: interpolating with known variance [J]. Ecology, 68: 744-748.

Robinson C J, Gómez-Gutiérrez J, de Le-G D A S. 2013. Jumbo squid(*Dosidicus gigas*)landings in the Gulf of California related to remotely sensed SST and concentrations of chlorophyll a (1998-2012) [J]. Fisheries Research, 137: 97-103.

Rochette S, Rivot E, Morin J, et al. 2010, Effect of nursery habitat degradation on flatfish population: Application to(*Solea solea*)in the Eastern Channel(Western Europe) [J]. Journal of Sea Research, 64 (1): 34-44.

Rossi R E, Mulla D J, Journel A G, et al. 1992. Geostatistical tools for modeling and interpreting ecological spatical dependence [J]. Ecol. Monogr, 62: 277-314.

Sandoval-Castellanos E, Uribe-Alcocer M, Díaz-Jaimes P, et al. 2010. Population genetic structure of the Humboldt squid(*Dosidicus gigas* d'Orbigny, 1835)inferred by mitochondrial DNA analysis [J]. Journal of Experimental Marine Biology and Ecology, 385(1): 73-78.

Simard Y, Legendre P, Lavoie G, et al. 1992. Mapping, estimating biomass, and optimizing sampling programs for spatially autocorrelated data: case study of the northern shrimp (*Pandalus borealis*) [J]. Canadian Journal of Fisheries and Aquatic Sciences, 49(1): 32-45.

Stelzenmüller V, Ehrich S, Zauke G P. 2006. Analysis of meso scaled spatial distribution of dab *Limanda limanda* in the German Bight: does the type of fishing gear matter [J]. Fisheries Science, 72: 95-104.

Stoner A W, Manderson J P, Pessutti J P. 2001. Spatially explicit analysis of estuarine habitat for juvenile winter flounder: combining generalized additive models and geographic information systems [J]. Marine Ecology Progress Series, 213: 253-271.

Sullivan P J. 1991. Stock abundance estimation using depth-dependent trends and spatially correlated variation [J]. Canadian Journal of Fisheries and Aquatic Sciences, 48(9): 1691-1703.

Sumfleth K, Duttmann R. 2008. Prediction of soil property distribution in paddy soil landscapes using terrain data and satellite information as indicators [J]. Ecological Indicators, 8(5): 485-501.

Tafur R, Villegas P, Rabí M, et al. 2001. Dynamics of maturation, seasonality of reproduction and spawning grounds of the jumbo squid *Dosidicus gigas*(Cephalopoda: Ommastrephidae)in Peruvian waters [J]. Fisheries Research, 54(1): 33-50.

Taipe A, Yamashiro C, Mariategui L, et al. 2001. Distribution and concentrations of jumbo flying squid (*Dosidicus gigas*)off the Peruvian coast between 1991 and 1999 [J]. Fisheries Research, 54(1): 21-32.

Tian S, Chen X, Chen Y, et al. 2009. Evaluating habitat suitability indices derived from CPUE and fishing effort data for *Ommatrephes bratramii* in the northwestern Pacific Ocean [J]. Fisheries Research, 95 (2-3): 181-188.

Trangmar B B, Yost R S, Ushara G U. 1985. Application of geostatistics to spatial studies of soil properties [J]. Advanced Agronomy, 38: 44-94.

Triantafilis J, Odeh I O A, Mcbratney A B. 2001. Five Geostatistical Models to Predict Soil Salinity from Electromagnetic Induction Data Across Irrigated Cotton [J]. Soil Science Society of America Journal, 65 (3): 869-878.

Turner M G, O'Neil R V, Gardner R H. 1989. Effects of changing spatial scale on the analysis of landscape pattern [J]. Landscape Ecology, 3: 153-162.

Vincenzi S, Caramori G, Rossi, et al. 2006. A GIS-based habitat suitability model forcommercial yield estimation of *Tapes philippinarum* in a Mediterranean coastal lagoon (Sacca di Goro, Italy) [J]. Ecological Modelling, 193(1-2): 90-104.

Vining I, Blau S F, Pengilly D. 2001. Evaluating changes in spatial distribution of blue king crab near St. Matthew Island [R]. The University of Alaska Fairbanks.

Wang H B, Yang Q, Lin Z J, et al. 2006. Determining optimal density of grid soil-sampling points using computer simulation [J]. Transactions of the Chinese Society of Agricultural Engineering, 22(8): 145-148.

Watanabe H, Kubodera T, Ichii T, et al. 2004. Feeding habits of neon flying squid *Ommastrephes bartramii* in the transitional region of the central North Pacific[J]. Mar. Ecol. Prog. Ser, 266: 173-184.

Watanabe H, Kubodera T, Yokawa K. 2003. Preliminary results of seasonal change in diets of the swordfish, *Xiphias gladius*, in the subtropical and the transition zone of the western North Pacific [A]. Interim Scientific Committee for Tuna and Tuna-like Species in the North-Swordfish Working Group.

Webester R. 1985. Quantitative spatial analysis of soil in the field [J]. Advance in Soil Science, 3: 1-70.

Yamashiro C, Mariátegui L, Taipe A. 1997. Cambios en la distribución y concentración del Calamar gigante(*Dosidicus gigas*)frente a la costa peruana durante 1991-1995 [J]. Inf. Prog. Inst. Mar. Perú, 52(1): 3-40.

Yang Q, Jiang Z, Ma Z, et al. 2014. Spatial prediction of soil water content in karst area using prime terrain variables as auxiliary cokriging variable [J]. Environmental Earth Sciences, 72(11): 4303-4310.

Zainuddin M, Nelwan A, Farhum S A, et al. 2013. Characterizing Potential Fishing Zone of Skipjack Tuna during the Southeast Monsoon in the Bone Bay-Flores Sea Using Remotely Sensed Oceanographic Data [J]. International Journal of Geosciences, 4(1): 259-266.

Zucchetta M, Franco A, Torricelli P, et al. 2010. Habitat distribution model for European flounder juveniles in the Venice lagoon [J]. Journal of Sea Research, 64(1): 133-144.

Zulu L C, Kalipeni E, Johannes E. 2014. Analyzing spatial clustering and the spatiotemporal nature and trends of HIV/AIDS prevalence using GIS: the case of Malawi, 1994—2010 [J]. BMC Infectious Diseases, 14(1): 285.